Spring REST API
開發與測試指南

使用 Swagger、HATEOAS、JUnit
Mockito、PowerMock、Spring Test

序

繼：

1. Java SE8 OCAJP 專業認證指南 (Java SE7/8 OCAJP 專業認證指南：擬真試題實戰)
2. Java SE8 OCPJP 進階認證指南 (Java SE7/8 OCPJP 進階認證指南：擬真試題實戰)
3. Java RWD Web 企業網站開發指南：使用 Spring MVC 與 Bootstrap
4. Spring Boot Web 情境式網站開發指南：使用 Spring Data JPA、Spring Security、Spring Web Flow

之後，這是個人第 5 本作品。

每段時間的著作，大概就是反映該區間自己的工作內容、關注課題、讀書心得等等；記錄下來分享給大家，也為自己的職涯留個紀念。

這本書分成 3 個部分：

Part 1：建立單元測試，含第 1~6 章。
Part 2：建立 REST API，含第 7~12 章。
Part 3：建立 REST API 的單元測試、整合測試、端對端測試，是第 1~12 章結合後的綜合實作，即最終的第 13 章。

如果工作環境要開發前後端分離的系統、或採用微服務架構、或實施 DevOps 流程，希望這本書對您會有幫助。

限於篇幅與秉持的教學習慣，書中內容若涉及或傳承前書知識，將請讀者參閱指定篇章。

著作與出版過程已經力求完善，若有疏漏尚祈各界先進不吝予以指正。

謹致 2021.11

目錄

03 使用 Mockito（一）

04 使用 Mockito（二）

05 使用 PowerMock

06　依據 Mockito 的可測試性設計正式程式碼

Part 2：建立 REST API

07 簡介 REST

10 建立 REST API 使用文件

11 REST API 的版本控制、分頁與排序

12　套用 HATEOAS

Part 3：建立 REST API 的單元測試、整合測試、端對端測試

13　存取與測試 REST API

PART 1

建立單元測試

01

使用 JUnit 執行單元測試

本章提要

1.1 正式程式碼與測試程式碼的差異
1.2 單元測試常見名詞說明
1.3 使用 JUnit 5

1.1 正式程式碼與測試程式碼的差異

在撰寫**正式程式碼 (production code)** 時，我們需要同時撰寫**測試程式碼 (test code)** 以確保正式程式碼的執行結果可以如規格或需求所預期。

因為兩者目的不同，在撰寫程式碼時標準也不同。對於正式程式碼，著眼於未來程式碼的維護性，我們會依循一些常見的物件導向開發 (Object Oriented Programming, OOP) 原則，如 Robert C. Martin 提出的「SOLID」，SOLID 分別是 SRP、OCP、LSP、ISP、DIP 等原則的首字縮寫詞，分別是：

1. 單一責任原則 (Single Responsibility Principle, SRP)
2. 開放封閉原則 (Open-Closed Principle, OCP)
3. 里氏替換原則 (Liskov Substitution Principle, LSP)
4. 介面分割原則 (Interface Segregation Principle, ISP)
5. 依賴反轉原則 (Dependency Inversion Principle, DIP)

對於測試程式碼，因為希望一個單元測試方法可以滿足一個測試情境，通常具備 Given、When、Then 的三段式結構：

1. Given：在什麼條件下
2. When：做什麼事情
3. Then：預期得到什麼結果

所以程式碼看起來比較瑣碎，不會太計較重複的程式碼，以看得清楚每一個單元測試的邏輯為優先考量。又一個單元測試像是在確認一項正式程式碼的規格需求，所以方法的命名也可以很長，常見使用底線區隔個別單字，不計較駝峰規則 (camel case)，以說明清楚為原則。

1.2 單元測試常見名詞說明

撰寫單元測試和小時後做自然科學實驗很像，老師常說：「做一個成功的實驗需要掌控會影響實驗結果的變因」。這些變因通常包含：

1. 操作變因：實驗中唯一能改變的因素，即實驗組與對照組不同的因素。
2. 控制變因：實驗中維持不變的眾多因素，即實驗組與對照組相同的因素。
3. 應變變因：實驗結果或關注項目。

所以當我們設定好一個環境，把所有**控制變因**都保持固定後，就開始改變**操作變因**，給不同的輸入得到不同的結果，這結果就是**應變變因**。比如說我們要了解「新冠病毒對身體的影響」，則是否有新冠病毒，或該病毒強弱，就是操作變因，身體就是應變變因，實驗過程中自然不能有其他病毒介入，就是控制變因。

撰寫單元測試的原理相似，先介紹一些常見英文名詞：

SUT (System Under Test)

一個單元測試裡會有一個要測試的目標類別或方法，稱為 **SUT**，即為「**待測試元件**」，可以對比前述的應變變因。

DOC (Depended-On Component)

在物件導向的世界中，待測試類別 SUT 會有協同作用的其他類別，稱為 **DOC**，即為「**依賴元件**」，改變 DOC 的行為會影響 SUT 測試結果，如同實驗中我們挑選多個控制變因的其一作為操作變因，改變操作變因就會改變應變變因的結果。

Test Double

要把 DOC 控制不變，如同控制變因，需要控制協同作用的 DOC 類別的方法呼叫結果能符合我們預期；做法通常是以繼承 DOC 類別來建立測試用途的物件，並替換原本的 DOC。這些配合測試而建立的物件又可以再細分不同種類，如圖 1-1，統稱為 **Test Double**，常翻譯為「**測試替身**」，會在後續章節以程式範例說明。這些測試替身不需要和真實 DOC 一樣具備完整功能，只要能讓 SUT 運作正常即可：

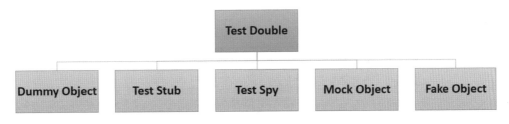

▲ 圖 1-1 測試替身分類

電影業需要拍攝對主角有潛在風險或危險的場景時，他們會聘請「特技替身」來代替演員在場景中的表演。特技替身是受過良好訓練的個人，具有「特定技能」能夠滿足現場的特定要求。他們可能無法全方位精通，但他們知道如何表現從高處墜落、撞車或現場需要的技術。我們也會為不同場景找不同種類的測試替身，所以有上圖的分類。

Direct Input/Output

單元測試的程式碼如同一般用戶端，將建立 SUT 物件，然後提供輸入參數呼叫 SUT 的方法，進而改變 SUT 的狀態，這些輸入稱為「Direct Input（直接輸

入)」。經由 SUT 的方法運算後，若回傳特定結果，稱為「Direct Output (直接輸出)」，如下圖：

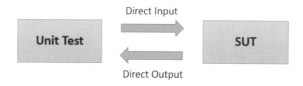

▲ 圖 1-2 直接輸入 & 直接輸出

Indirect Input

事實上系統中只有極少數類別可以獨立運行並實現預期功能；絕大多數類別都會有與其協作的相依類別進行交互作用，以提供完整的功能，這就是先前討論的 SUT 與 DOC 的關係。當 SUT 狀態被 DOC 運作的結果所影響，就稱這些 DOC 結果是 SUT 的「Indirect Input (間接輸入)」，如下圖：

▲ 圖 1-3 間接輸入

Test Stub

對於提供 Indirect Input (間接輸入) 給 SUT 的 DOC，可以使用 Test Double (測試替身) 中的「Test Stub」來替換。英文單字 stub 常見翻譯為「存根」或「殘端 / 枝」，筆者認為「殘端 / 枝」可能是比較好的解釋，因為 Test Stub 相較於完整 DOC，通常只實作被 SUT 呼叫的方法，如同殘枝的殘缺不全。Test Stub 有實作的少數方法通常固定做某些簡單的事，或回傳某些固定值給 SUT。以一般開發網站應用程式為例，Controller 會呼叫 Service；若要對 Controller 進行單元測試，就要對 Service 進行控制：

1. 以 Test Stub 實作 Service 的 interface 然後取代原本的 Service。
2. 若 Controller 需要呼叫 Service 的 A 方法，就要實作 Test Stub 的 A 方法以得到預先控制的目的，但不需要 Test Stub 的全部方法都予以控制。

Indirect Output

當 SUT 的「某些方法」的執行結果無法藉由本身的其他方法取得狀態變化，只能依靠由 SUT 輸出至 DOC 而造成 DOC 的變化來理解，就稱這些方法為「Indirect Output (間接輸出)」，如圖 1-4。

常見能讓我們知道 SUT 變化的間接輸出如：

1. SUT 傳送訊息至 MQ 或 JMS。
2. SUT 新增資料至資料庫。
3. SUT 寫資料到檔案等。

後續就可以藉由觀察 MQ、JMS、資料庫、檔案等 DOC 的改變來判斷 SUT 的狀態變化：

▲ 圖 1-4 間接輸出

Mock Object

要觀察 SUT 的 Indirect Output (間接輸出)，可以使用測試替身中的 Mock Object 攔截輸出，再與預期值進行比較。以前例 Controller 呼叫 Service 的情境來說，對 Controller 進行單元測試時，除了要有 Test Stub 讓 Controller 會呼叫 Service 的 A 方法時不會拋出 NullPointerException，有些時候我們也要釐清 Service 的 A 方法實際上有無被呼叫？被呼叫的次數是否如預期？這時候就需要 Mock Object 攔截間接輸出，如同過濾器或攔截器的概念。實務上 Mock Object 通常也具備 Test Stub 的功能，在之後要介紹的 Mockito 框架中，Mock Object 可以取代 Test Stub。

Test Spy

Test Spy 是強化版的 Test Stub，除了需要提供 Indirect Input 給 SUT，執行時也可以捕獲 SUT 的 Indirect Output 並保存它們以供測試驗證。

Fake Object

Fake Object 具備和 DOC 相似的功能，通常是簡化版，當真實 DOC 不可用於測試、或用於測試時速度太慢將使用 Fake Object。以 DAO 為例，真實 DAO 將存取實體資料庫，對於測試而言效率太差，因此 DAO 的 Fake Object 就可以HashMap 取代資料庫，或是使用內嵌於記憶體的資料庫以提高測試效率！

Dummy Object

SUT 的某些方法可能需要某些物件參考作為參數，但若因為測試情境的關係，該參數實際上不會影響測試結果，我們就可以傳入一個「Dummy Object」，可能是一個 null 的物件參考、或是 Object 類別的物件實例、或是符合型別而沒有欄位狀態的簡單物件等等，目的是讓測試正常進行。

Test Fixture

測試時需要一些裝置或環境，如測試用的資料，稱為「Test Fixture (測試裝置)」，或稱為「Test Context (測試情境)」。

單元測試架構

下圖是節錄自 xunitpatterns.com 網站的單元測試架構示意：

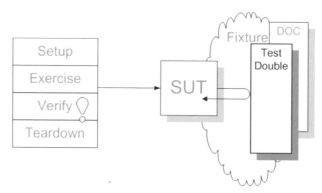

▲ 圖 1-5　單元測試架構示意 (http://xunitpatterns.com/Test Double.html)

可以把目前理解的名詞與觀念做一串聯：

1. 左側代表一個單元測試程式碼的結構，包含：
   * Setup：初始設定。
   * Exercise：測試活動。
   * Verify：驗證結果。
   * Teardown：測試結束，回收測試資源。
2. 單元測試程式碼將直接操作 SUT。
3. SUT 坐落在 Fixture 上，同時還有 DOC。
4. 以 Test Double 取代 DOC，因此 SUT 與 Test Double 互動。

1.3 使用 JUnit 5

1.3.1 簡介 JUnit 5

JUnit 是相當廣泛使用的 Java 測試框架，通常會再搭配其他測試框架如 Mockito 使用，目前已經相當成熟。JUnit 5 是本書出版時最新版測試框架 (2017 年釋出)，和前版本 JUnit 4 (2006 年釋出) 就開發上最大的差異應該是支援 Java 8 的 lambda 表達式，但架構上的設計也允許向前相容，因此依然可以執行用 JUnit 4 編寫的測試。

與 JUnit 4 相比，JUnit 5 由 3 個子項目組成，分別是：

1. JUnit Platform
2. JUnit Jupiter
3. JUnit Vintage

在 JUnit 5 的架構下要執行單元測試，需要在 Java 工具上具備基礎的「測試平台 (platform)」，然後以「測試引擎 (engine)」執行開發的「測試程式碼 (code)」。

3 個子項目簡單說明如下：

JUnit Platform

為了能夠在 JVM 上進行單元測試，包含使用 IDE 開發工具如 Eclipse、構建工具 (build tools) 如 Gradle 與 Maven、或擴充插件 (plugins) 等，必須先具備測試平台，就是指 JUnit Platform。

JUnit Jupiter

JUnit Jupiter 是 JUnit 5 裡最直接影響開發者編寫測試程式碼的部分，主要包含 2 個函式庫：

1. junit-jupiter-api

   我們使用 API 裡的函式庫來撰寫測試和進行套件擴充，包含新增的標註 (annotation) 類別和 lambda 表達式。

2. junit-jupiter-engine

   要執行符合 Jupiter 編寫的測試程式碼，執行時期就需要 junit-jupiter-engine 提供的測試引擎。

JUnit Vintage

JUnit 5 藉由 JUnit Vintage 達成向前相容的功能性，只要把測試引擎由 junit-**jupiter**-engine 改為 junit-**vintage**-engine，就可以執行以 JUnit 4 編寫的舊版測試程式碼。

後續我們以專案「ch01-junit5-helloWorld」與「ch01-junit5-run-junit4」來驗證前述說明。

1.3.2 建立第一個 JUnit 5 測試專案

專案「ch01-junit5-helloWorld」的 pom.xml 設定 **junit-jupiter-engine** 的依賴項目
如下行 4：

🎯 範例：/ch01-junit5-helloWorld/pom.xml

```
1  <dependencies>
2      <dependency>
3          <groupId>org.junit.jupiter</groupId>
4          <artifactId>junit-jupiter-engine</artifactId>
5          <version>5.7.2</version>
6          <scope>test</scope>
7      </dependency>
8  </dependencies>
```

雖然只有設定 junit-jupiter-engine，實際上 Maven 卻包含了 JUnit Platform 與
JUnit Jupiter 等 JUnit 5 的 2 個子項目的相關函式庫，如下圖：

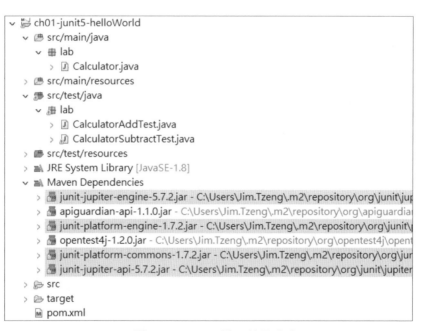

▲ 圖 1-6 Maven 引入的函式庫

撰寫簡單的計算器類別：

🎯 **範例**：/ch01-junit5-helloWorld/src/main/java/lab/Calculator.java

```
1  public class Calculator {
2      public int add(int a, int b) {
3          return a + b;
4      }
5      public int subtract(int a, int b) {
6          return a - b;
7      }
8  }
```

接著撰寫單元測試。我們故意分拆兩個測試類別 CalculatorAddTest 與 Calculator SubtractTest，單元測試以類別裡的方法為單位，在執行測試的方法上標註 **@Test**，如以下範例行 6：

🎯 **範例**：/ch01-junit5-helloWorld/src/test/java/lab/CalculatorAddTest.java

```
1   import static org.junit.jupiter.api.Assertions.assertEquals;
2   import org.junit.jupiter.api.DisplayName;
3   import org.junit.jupiter.api.Test;
4
5   public class CalculatorAddTest {
6       @Test
7       @DisplayName("1 + 1 = 2")
8       void addsTwoNumbers() {
9           Calculator calculator = new Calculator();
10          assertEquals(2, calculator.add(1, 1));
11      }
12  }
```

因為是 JUnit 5，在行 1-3 均匯入以 **org.junit.jupiter.api** 開頭的 API。

測試類別 CalculatorAddTest 的行 7 使用標註類別 **@DisplayName**，測試結果將以標註的內容「**1 + 1 = 2**」呈現。對照組 CalculatorSubtractTest 則未使用 @DisplayName：

🎯 **範例**：/ch01-junit5-helloWorld/src/test/java/lab/CalculatorSubtractTest. java

```
1   public class CalculatorSubtractTest {
2       @Test
```

```
3    public void subtractNumbers() {
4        Calculator calculator = new Calculator();
5        assertEquals(2, calculator.subtract(3, 1));
6    }
7 }
```

執行單元測試：

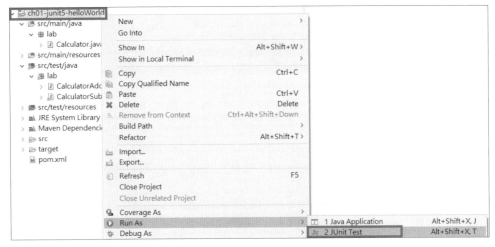

▲ 圖 1-7 點擊「Junit Test」

單元測試結果：

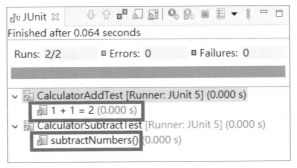

▲ 圖 1-8 單元測試執行結果

可以發現若單元測試的方法使用 @DisplayName 標註，結果將以標註的內容文字如「1＋1＝2」呈現，增加測試報告可讀性；若無則以原單元測試的方法名稱呈現。

1.3.3 在 JUnit 5 的架構下執行 JUnit 4 的測試

專案「ch01-junit5-run-junit4」的 pom.xml 設定 **junit-vintage-engine** 的依賴項目如下行 4：

🎯 **範例**：/ch01-junit5-run-junit4/pom.xml

```
1  <dependencies>
2      <dependency>
3          <groupId>org.junit.vintage</groupId>
4          <artifactId>junit-vintage-engine</artifactId>
5          <version>5.7.2</version>
6          <scope>test</scope>
7      </dependency>
8  </dependencies>
```

因為要驗證 JUnit 5 是否可以向前相容 JUnit 4 程式碼的執行，在以下範例行 1-2 捨棄以 org.junit.jupiter.api 開頭的 API，改匯入 **org.junit** 等開頭的測試 API：

🎯 **範例**：/ch01-junit5-run-junit4/src/test/java/lab/CalculatorAddTest.java

```
1  import static org.junit.Assert.assertEquals;
2  import org.junit.Test;
3
4  public class CalculatorAddTest {
5      @Test
6      public void addsTwoNumbers() {
7          Calculator calculator = new Calculator();
8          assertEquals(2, calculator.add(1, 1));
9      }
10 }
```

同時，我們再建立 JUnit 4 的成套 (Suite) 測試類別。關鍵做法是在類別名稱上以 **@RunWith(Suite.class)** 和 **@Suite.SuiteClasses** 標註，如行 4 與行 5；並指定該成套測試包含的類別為 CalculatorAddTest.class 與 CalculatorSubtractTest. class，如行 6 與行 7：

🎯 **範例**：/ch01-junit5-run-junit4/src/test/java/lab/TestJUnit4Suite.java

```
1  import org.junit.runner.RunWith;
2  import org.junit.runners.Suite;
3
```

```
4   @RunWith(Suite.class)
5   @Suite.SuiteClasses({
6       CalculatorAddTest.class,
7       CalculatorSubtractTest.class })
8   public class TestJUnit4Suite {
9   }
```

對成套測試類別 TestJUnit4Suite 啟動單元測試,就可以一次啟動成套內所有測試類別的單元測試:

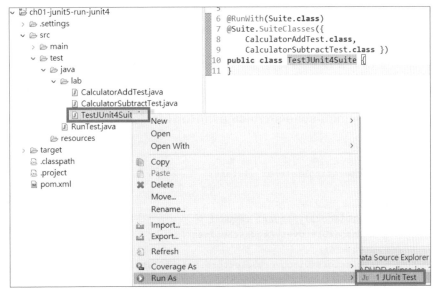

▲ 圖 1-9 點擊「Junit Test」

測試 TestJUnit4Suite 類別時如下圖顯示使用的 Runner 為 JUnit 5:

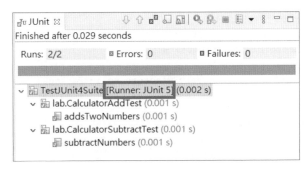

▲ 圖 1-10 單元測試執行結果

在本小節中，範例都是匯入 JUnit 4 的 API，但執行時期都是使用 JUnit 5 的子項目 JUnit Vintage，驗證了 JUnit 5 的向前相容包含 JUnit 4 的個別與成套單元測試。

1.3.4 以程式驅動專案內大量測試

要以 JUnit 5 執行專案內的大量單元測試，除了使用 IDE 如 Eclipse 驅動測試外，也可以使用程式驅動測試，更可以達到大量且分類執行的目的，將以專案「ch01-junit5-suite」示範。

以下使用程式驅動測試類別 CalculatorAddTest.java、CalculatorSubtractTest.java 的執行：

🎯 **範例**：/ch01-junit5-suite/src/test/java/RunTest.java

```
1  public class RunTest {
2
3      SummaryGeneratingListener listener = new SummaryGeneratingListener();
4
5      private void testSelectClass() {
6          LauncherDiscoveryRequest request =
7              LauncherDiscoveryRequestBuilder
8              .request()
9              .selectors(DiscoverySelectors.selectClass(CalculatorAddTest.class))
10             .build();
11         Launcher launcher = LauncherFactory.create();
12         launcher.registerTestExecutionListeners(listener);
13         launcher.execute(request);
14     }
15
16     private void testSelectPackage() {
17         LauncherDiscoveryRequest request =
18             LauncherDiscoveryRequestBuilder
19             .request()
20             .selectors(DiscoverySelectors.selectPackage("lab"))
21             .filters(includeClassNamePatterns(".*AddTest"))
22             .build();
23         Launcher launcher = LauncherFactory.create();
24         launcher.registerTestExecutionListeners(listener);
25         launcher.execute(request);
26     }
```

```
27
28    public static void main(String[] args) {
29        RunTest runner = new RunTest();
30        TestExecutionSummary summary = null;
31
32        System.out.println("testSelectClass(): ");
33        runner.testSelectClass();
34        summary = runner.listener.getSummary();
35        summary.printTo(new PrintWriter(System.out));
36
37        System.out.println("testSelectPackage(): ");
38        runner.testSelectPackage();
39        summary = runner.listener.getSummary();
40        summary.printTo(new PrintWriter(System.out));
41    }
42 }
```

RunTest.java 裡的 testSelectClass() 和 testSelectPackage() 方法內容相近，差別在：

1. 行 9 與行 20 的 **LauncherDiscoveryRequestBuilder** 的 **selectors()** 方法傳入的參數不同。該方法接受 **DiscoverySelector** 介面的實作，列舉如下圖，顧名思義是找出要執行的單元測試類別。

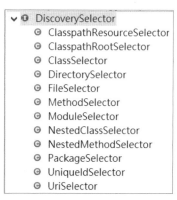

▲ 圖 1-11 DiscoverySelector 介面的實作

我們不直接建立 DiscoverySelector 介面的實作，而是由 org.junit.platform.engine. discovery.**DiscoverySelectors** 的靜態方法如 **selectClass()** 與 **selectPackage()** 提供，第一個是選擇指定的類別，第二個是選擇指定的 package 內的所有類別。使用 static import 之後可以簡化程式碼。

2. 行 21 使用的 **LauncherDiscoveryRequestBuilder** 的 **filters()** 方法可以將篩選出來的測試類別再過濾一次，傳入的參數為 org.junit.platform.engine.Filter 介面的實作，本例由 org.junit.platform.engine.discovery.ClassNameFilter 介面的靜態方法 **includeClassNamePatterns**() 提供，傳入的字串必須符合正規表示式，有過濾效果。

無論是 **selectors()** 或 **filters()** 方法都回傳 **LauncherDiscoveryRequestBuilder**，這是 builder 設計模式的應用，因此可以重複呼叫多次達到多層選項、多重過濾的效果，而且保持程式碼精簡！

兩個方法執行結果如下，篩選後都只有測試類別 CalculatorAddTest 進行測試：

🔁 結果

```
testSelectClass():

Test run finished after 100 ms
[         2 containers found      ]
[         0 containers skipped    ]
[         2 containers started    ]
[         0 containers aborted    ]
[         2 containers successful ]
[         0 containers failed     ]
[         1 tests found           ]
[         0 tests skipped         ]
[         1 tests started         ]
[         0 tests aborted         ]
[         1 tests successful      ]
[         0 tests failed          ]


testSelectPackage():

Test run finished after 3 ms
[         2 containers found      ]
[         0 containers skipped    ]
[         2 containers started    ]
[         0 containers aborted    ]
[         2 containers successful ]
[         0 containers failed     ]
[         1 tests found           ]
[         0 tests skipped         ]
[         1 tests started         ]
```

```
[          0 tests aborted        ]
[          1 tests successful     ]
[          0 tests failed         ]
```

1.3.5 以成套 (Suite) 驅動專案內大量測試

要以 JUnit 5 執行專案內的大量單元測試，除了使用 IDE、與程式驅動測試外，也可以使用成套 Suite 驅動測試。

JUnit 5 在成套測試的支援相較於 JUnit 4 擴充了許多標註類別，讓分類與過濾的功能更加完整，以下將逐一介紹常用的標註類別與其效果。

本範例套件結構設計如下圖：

▲ 圖 1-12　專案 ch01-junit5-suite 的 Suite 驅動測試結構

需要被篩選出來執行的測試類別為 packageA.ClassATest、packageB.ClassBTest、packageC.ClassCTest；類別 TestSuiteExample1~8 則是以不同的方式挑選出前述 3 個測試類別的組合。另我們在 TestSuiteExample1~8 都會加上 **@RunWith (JUnitPlatform.class)**，主要目的是讓不支援 JUnit 5 的包版工具 (build tools) 和 IDE 可以使用 JUnit 4 正常執行成套測試類別，一般測試類別如 ClassATest 等則不需要。

測試類別 packageA.ClassATest 內容如下，行 2 的標籤類別 **@Tag** 顧名思義是一個標籤 (tag)，可以作為 TestSuiteExample1~8 的挑選條件：

⑥ **範例**：/ch01-junit5-suite/src/test/java/lab/packages/packageA/ClassATest.java

```
1  public class ClassATest {
2      @Tag("production")
3      @Test
4      @DisplayName("packageA > ClassATest")
5      public void testCaseA() {
6      }
7  }
```

測試類別 packageB.ClassBTest 也具備 **@Tag**：

⑥ **範例**：/ch01-junit5-suite/src/test/java/lab/packages/packageB/ClassBTest.java

```
1  public class ClassBTest {
2      @Tag("development")
3      @Test
4      @DisplayName("packageB > ClassBTest")
5      public void testCaseB() {
6      }
7  }
```

測試類別 packageC.ClassCTest 不具備 **@Tag**：

⑥ **範例**：/ch01-junit5-suite/src/test/java/lab/packages/packageC/ClassCTest.java

```
1  public class ClassCTest {
2      @Test
3      @DisplayName("packageC > ClassCTest")
4      public void testCaseC() {
5      }
6  }
```

1. 使用 @SelectPackages

類別 TestSuiteExample1 範例如下。行 2 以 **@SelectPackages** 選擇了套件 lab.packages.packageA 與 lab.packages.packageB：

範例：/ch01-junit5-suite/src/test/java/lab/packages/suiteTest/
TestSuiteExample1.java

```
1  @RunWith(JUnitPlatform.class)
2  @SelectPackages({ "lab.packages.packageA", "lab.packages.packageB" })
3  public class TestSuiteExample1 {
4  }
```

結果如預期，ClassATest 與 ClassBTest 皆被選出並執行：

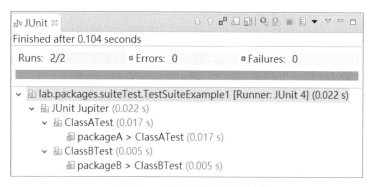

▲ 圖 1-13 單元測試執行結果

讀者可以注意一下，圖片中有標示 [Runner: JUnit 4]，就是回應類別標註
@RunWith(JUnitPlatform.class) 的結果。

2. 使用 @SelectClasses

類別 TestSuiteExample2 範例如下。行 2 以 **@SelectClasses** 指定了類別
ClassATest 與 ClassBTest：

範例：/ch01-junit5-suite/src/test/java/lab/packages/suiteTest/
TestSuiteExample2.java

```
1  @RunWith(JUnitPlatform.class)
2  @SelectClasses({ ClassATest.class, ClassBTest.class })
3  public class TestSuiteExample2 {
4  }
```

結果如預期，ClassATest 與 ClassBTest 皆被選出並執行：

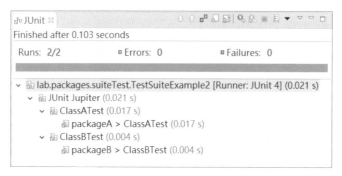

▲ 圖 1-14　單元測試執行結果

3. 使用 @SelectPackages 搭配 @IncludePackages

類別 TestSuiteExample3 範例如下。行 2 以 **@SelectPackages** 選擇了套件 lab. packages，則所有子套件如 lab.packages.packageA、lab.packages.packageB、lab. packages.packageC 都被包含；行 3 則以 **@IncludePackages** 約束套件只有 lab. packages.packageA，通常和 @SelectPackages 搭配使用：

🎯 **範例**：/ch01-junit5-suite/src/test/java/lab/packages/suiteTest/
TestSuiteExample3.java

```
1  @RunWith(JUnitPlatform.class)
2  @SelectPackages("lab.packages")
3  @IncludePackages("lab.packages.packageA")
4  public class TestSuiteExample3 {
5  }
```

結果如預期，只有 ClassATest 被選出並執行：

▲ 圖 1-15　單元測試執行結果

4. 使用 @SelectPackages 搭配 @ExcludePackages

類別 TestSuiteExample4 範例如下。行 2 以 **@SelectPackages** 選擇了套件 lab. packages，則所有子套件如 lab.packages.packageA、lab.packages.packageB、lab.packages.packageC 都被包含；行 3 則以 **@ExcludePackages** 排除套件 lab. packages.packageA，通常和 @SelectPackages 搭配使用：

範例：/ch01-junit5-suite/src/test/java/lab/packages/suiteTest/
TestSuiteExample4.java

```
1  @RunWith(JUnitPlatform.class)
2  @SelectPackages("lab.packages")
3  @ExcludePackages("lab.packages.packageA")
4  public class TestSuiteExample4 {
5  }
```

結果如預期，ClassBTest 與 ClassCTest 皆被選出並執行：

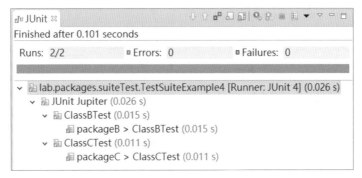

▲ 圖 1-16 單元測試執行結果

5. 使用 @SelectPackages 搭配 @IncludeClassNamePatterns

類別 TestSuiteExample5 範例如下。行 2 以 **@SelectPackages** 選擇了套件 lab. packages，則所有子套件如 lab.packages.packageA、lab.packages.packageB、lab. packages.packageC 都被包含；行 3 則以 **@IncludeClassNamePatterns** 約束類別名稱必須有含 ATest 結尾的字串，通常和 @SelectPackages 搭配使用：

範例：/ch01-junit5-suite/src/test/java/lab/packages/suiteTest/
TestSuiteExample5.java

```
1  @RunWith(JUnitPlatform.class)
2  @SelectPackages("lab.packages")
3  @IncludeClassNamePatterns({".*ATest"})
4  public class TestSuiteExample5 {
5  }
```

結果如預期，只有 ClassATest 被選出並執行：

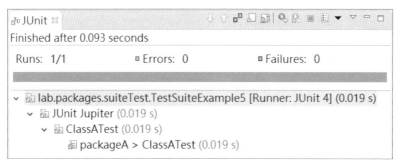

▲ 圖 1-17　單元測試執行結果

6. 使用 @SelectPackages 搭配 @ExcludeClassNamePatterns

類別 TestSuiteExample6 範例如下。行 2 以 **@SelectPackages** 選擇了套件 lab.
packages，則所有子套件如 lab.packages.packageA、lab.packages.packageB、lab.
packages.packageC 都被包含；行 3 則以 **@ExcludeClassNamePatterns** 排除名
稱含 ATest 結尾字串的類別，通常和 @SelectPackages 搭配使用：

範例：/ch01-junit5-suite/src/test/java/lab/packages/suiteTest/
TestSuiteExample6.java

```
1  @RunWith(JUnitPlatform.class)
2  @SelectPackages("lab.packages")
3  @ExcludeClassNamePatterns({".*ATest"})
4  public class TestSuiteExample6 {
5  }
```

結果如預期，ClassBTest 與 ClassCTest 皆被選出並執行：

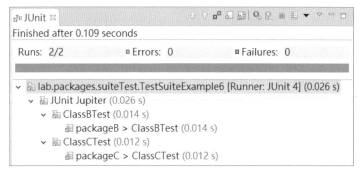

▲ 圖 1-18 單元測試執行結果

7. 使用 @SelectPackages 搭配 @IncludeTags

類別 TestSuiteExample7 範例如下。行 2 以 **@SelectPackages** 選擇了套件 lab.
packages，則所有子套件如 lab.packages.packageA、lab.packages.packageB、lab.
packages.packageC 都被包含；行 3 則以 **@IncludeTags("production")** 約束測試
類別的方法必須以 **@Tag("production")** 標註，通常和 @SelectPackages 搭配使
用：

範例：/ch01-junit5-suite/src/test/java/lab/packages/suiteTest/
TestSuiteExample7.java

```
1  @RunWith(JUnitPlatform.class)
2  @SelectPackages("lab.packages")
3  @IncludeTags("production")
4  public class TestSuiteExample7 {
5  }
```

結果如預期，只有 ClassATest 被選出並執行：

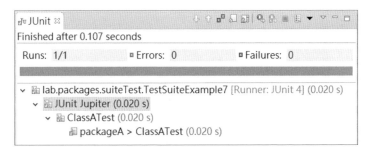

▲ 圖 1-19 單元測試執行結果

8. 使用 @SelectPackages 搭配 @ExcludeTags

類別 TestSuiteExample8 範例如下。行 2 以 **@SelectPackages** 選擇了套件 lab.
packages，則所有子套件如 lab.packages.packageA、lab.packages.packageB、lab.
packages.packageC 都被包含；行 3 則以 **@ExcludeTags("development")** 排除以
@Tag("development") 標註的測試類別方法，通常和 @SelectPackages 搭配使
用：

📇 範例：/ch01-junit5-suite/src/test/java/lab/packages/suiteTest/
TestSuiteExample8.java

```
1  @RunWith(JUnitPlatform.class)
2  @SelectPackages("lab.packages")
3  @ExcludeTags("development")
4  public class TestSuiteExample8 {
5  }
```

結果如預期，只有 ClassATest、ClassCTest 被選出並執行：

▲ 圖 1-20 單元測試執行結果

1.3.6 單元測試的生命週期

在 JUnit 5 中，測試生命週期主要由 4 個標註類別所標註的方法控制，即
@BeforeAll、@BeforeEach、@AfterEach、@AfterAll。除此之外，實際執行測
試的方法則以 @Test 或 @RepeatedTest 標註：

1. 使用 @BeforeAll 標註方法以設定 (setup) 測試環境與初始測試資料。
2. 使用 @AfterAll 標註方法以拆除 (tear down) 測試環境與回收測試資料。

以上 1-2 項被標註的方法將在整個測試生命週期只被執行一次，並且必須宣告為 static；不過 JUnit 5 允許有兩個以上被標註 @BeforeAll 或 @AfterAll 的方法存在，而且每個方法都只會在所有測試開始前或後被執行一次，且不保證先後順序。

3. 使用 @BeforeEach 在每一個測試方法執行前都會被呼叫一次。
4. 使用 @AfterEach 在每一個測試方法執行後都會被呼叫一次。
5. 使用 @Test 標註要執行測試的方法。
6. 使用 @RepeatedTest 讓個別測試方法可以重複執行指定次數。
7. 使用 @Disabled 標註以停用個別測試方法，也可以標註於測試類別上以停用所有測試方法。

以上 3-7 項被標註的方法皆不需要宣告為 static。

測試生命週期在 JUnit 4 就存在，JUnit 5 只是修改標註類別名稱，對照如下表：

⊕ 表 1-1 測試生命週期在 JUnit 4 與 JUnit 5 的標註名稱差異

JUnit 4	JUnit 5
@BeforeClass	@BeforeAll
@AfterClass	@AfterAll
@Before	@BeforeEach
@After	@AfterEach
@Ignore	@Disabled
@org.junit.Test	@org.junit.jupiter.api.Test

以下示範測試生命週期的使用方式：

🎯 **範例：/ch01-junit5-demo/src/test/java/lab/LifecycleTest.java**

```
1   @RunWith(JUnitPlatform.class)
2   public class LifecycleTest {
3
4       @BeforeAll
5       static void setup() {
6           out.println("@BeforeAll executed");
7           out.println("-----------------------------");
```

```
 8        }
 9
10        @BeforeEach
11        void setupThis() {
12            out.println("@BeforeEach executed");
13        }
14
15        @Test
16        void testCommon(TestInfo testInfo) {
17            out.println("@Test executed: " + testInfo.getTestMethod().get());
18            Assertions.assertEquals(4, Calculator.add(2, 2));
19        }
20
21        @RepeatedTest(3)
22        void testRepeat(RepetitionInfo repeat) {
23            out.println("@RepeatedTest executed -> " + repeat.
   getCurrentRepetition());
24            Assertions.assertEquals(2, Calculator.add(1, 1), "1 + 1 should equal 2");
25        }
26
27        @Disabled
28        @Test
29        void testDisable() {
30            out.println("@Disabled executed");
31            Assertions.assertEquals(6, Calculator.add(2, 4));
32        }
33
34        @AfterEach
35        void tearThis() {
36            out.println("@AfterEach executed");
37            out.println("------------------------------");
38        }
39
40        @AfterAll
41        static void tearDown() {
42            out.println("@AfterAll executed");
43            out.println("------------------------------");
44        }
45 }
```

🔊 **說明**

4-8	使用 @BeforeAll 標註的方法會在標註 @Test 和 @RepeatedTest 的所有測試方法執行前先執行一次，總共被執行一次，通常用來設定測試前準備事項。

10-13	使用 @BeforeEach 標註的方法會在標註 @Test 和 @RepeatedTest 的所有測試方法執行前都先執行一次,因此可執行多次。
15-19	使用 @Test 標註的是一般單元測試方法,參數 TestInfo 是由 JUnit 5 框架傳入的參數,可以利用 Java 的 Reflection 取得一些測試環境的資訊,如本例取得目前正在執行的測試方法,型態為 java.lang.reflect.Method。
21-25	使用 @RepeatedTest 標註的測試方法相較於 @Test 標註可以重複執行指定次數,本例指定 3 次。方法參數 RepetitionInfo 是由 JUnit 5 框架傳入,可以取得目前執行是第幾次,和一共要執行幾次。
27-32	使用 @Disabled 標註的測試方法將不被執行。
34-38	使用 @AfterEach 標註的方法會在所有標註 @Test 和 @RepeatedTest 的測試方法每次執行後都執行一次,因此可執行多次。
40-44	使用 @AfterAll 標註的方法會在所有標註 @Test 和 @RepeatedTest 的測試方法執行結束後統一執行一次,總共被執行一次,通常用來回收測試相關資源。

執行後在 Console 視窗可以看到輸出訊息如下:

🔄 結果

```
@BeforeAll executed
-------------------------------
@BeforeEach executed
@Test executed: void lab.LifecycleTest.testCommon(org.junit.jupiter.api.TestInfo)
@AfterEach executed
-------------------------------
@BeforeEach executed
@RepeatedTest executed -> 1
@AfterEach executed
-------------------------------
@BeforeEach executed
@RepeatedTest executed -> 2
@AfterEach executed
-------------------------------
@BeforeEach executed
@RepeatedTest executed -> 3
@AfterEach executed
-------------------------------
@AfterAll executed
-------------------------------
```

單元測試執行結果：

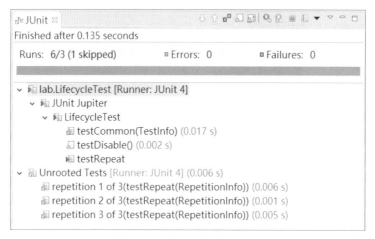

▲ 圖 1-21　單元測試執行結果

此外，若將前述行 1 的 **@RunWith(JUnitPlatform.class)** 予以註解，則「JUnit Test」選項消失，無法使用 JUnit 4 啟動測試：

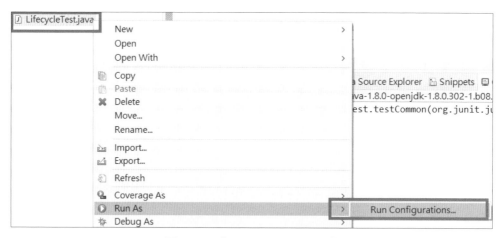

▲ 圖 1-22　「JUnit Test」選項消失

此時點擊唯一的「Run Configurations…」選項後彈出以下視窗，Test runner 的下拉選單選擇「Junit 5」，再點擊按鍵 Run，即可以 Junit 5 執行 LifecycleTest 單元測試類別：

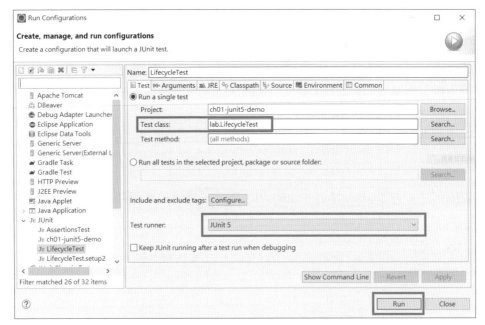

▲ 圖 1-23 選擇以 Junit 5 執行單元測試

1.3.7 使用 Assertions

JUnit 5 使用 **org.junit.jupiter.Assertions** 類別中的 static 方法來斷言測試案例的實際 (actual) 結果是否和預期 (expected) 相同，搭配 static import 讓程式碼更簡潔：

```
import static org.junit.jupiter.api.Assertions.assertArrayEquals;
import static org.junit.jupiter.api.Assertions.assertEquals;
import static org.junit.jupiter.api.Assertions.assertFalse;
import static org.junit.jupiter.api.Assertions.assertIterableEquals;
import static org.junit.jupiter.api.Assertions.assertNotEquals;
import static org.junit.jupiter.api.Assertions.assertNotNull;
import static org.junit.jupiter.api.Assertions.assertNotSame;
import static org.junit.jupiter.api.Assertions.assertNull;
import static org.junit.jupiter.api.Assertions.assertSame;
import static org.junit.jupiter.api.Assertions.assertThrows;
import static org.junit.jupiter.api.Assertions.assertTimeout;
import static org.junit.jupiter.api.Assertions.assertTimeoutPreemptively;
import static org.junit.jupiter.api.Assertions.assertTrue;
import static org.junit.jupiter.api.Assertions.fail;
```

1. 使用 assertEquals() 和 assertNotEquals()

使用方法 assertEquals() 來斷言期望值和實際值相等。方法 assertEquals() 具有許多傳入不同型態參數的 overloading 方法，如 int、short、float、char 等，它也支援傳入斷言失敗時的錯誤訊息顯示，以斷言 int 的內容為例：

```
public static void assertEquals (int expected, int actual)
public static void assertEquals (int expected, int actual, String message)
public static void assertEquals (int expected, int actual, Supplier<String>
messageSupplier)
```

類似的用法，方法 assertNotEquals() 用於斷言預期值和實際值不相等：

```
public static void assertNotEquals (int expected, int actual)
public static void assertNotEquals (int expected, int actual, String message)
public static void assertNotEquals (int expected, int actual, Supplier<String>
messageSupplier)
```

範例如下：

📌 範例：/ch01-junit5-demo/src/test/java/lab/AssertionsTest.java

```
1  @Test
2  void testAssertEquals() {
3      // Test will pass
4      assertEquals(4, Calculator.add(2, 2));
5
6      // Test will fail, and throws predefined message
7      assertEquals(3, Calculator.add(2, 2), "Jim: Calculator.add(2, 2) test
   failed");
8
9      // Test will fail, and throws predefined message
10     Supplier<String> messageSupplier =
11             () -> "Jim: Calculator.add(2, 2) test failed";
12     assertEquals(3, Calculator.add(2, 2), messageSupplier);
13 }
14
15 @Test
16 void testAssertNotEquals() {
17     // Test will pass
18     assertNotEquals(3, Calculator.add(2, 2));
19
20     // Test will fail, and throws predefined message
```

```
21      assertNotEquals(4, Calculator.add(2, 2), "Jim: Calculator.add(2, 2) test
    failed");
22
23      // Test will fail, and throws predefined message
24      Supplier<String> messageSupplier =
25              () -> "Jim: Calculator.add(2, 2) test failed";
26      assertNotEquals(4, Calculator.add(2, 2), messageSupplier);
27  }
```

2. 使用 assertArrayEquals()

與方法 assertEquals() 類似，使用方法 assertArrayEquals() 斷言預期陣列和實際陣列相等，也支援傳入斷言失敗時的錯誤訊息顯示，亦支援不同陣列成員型態的 overloading 方法，如 boolean[ ]、char[ ]、int[ ] 等。

以斷言 int[ ] 的內容為例：

```
public static void assertArrayEquals (int[] expected, int[] actual)
public static void assertArrayEquals (int[] expected, int[] actual, String message)
public static void assertArrayEquals (int[] expected, int[] actual,
Supplier<String> messageSupplier)
```

範例如下：

🎯 **範例：/ch01-junit5-demo/src/test/java/lab/AssertionsTest.java**

```
1   @Test
2   void testAssertArrayEquals() {
3       // Test will pass
4       assertArrayEquals(new int[] { 1, 2, 3 }, new int[] { 1, 2, 3 } ");
5
6       // Test will fail because element order is different
7       assertArrayEquals(new int[] { 1, 2, 3 }, new int[] { 1, 3, 2 },
8               "Jim: Array Equal Test");
9
10      // Test will fail because number of elements are different
11      assertArrayEquals(new int[] { 1, 2, 3 }, new int[] { 1, 2, 3, 4 },
12              "Jim: Array Equal Test");
13  }
```

3. 使用 assertIterableEquals()

與方法 assertArrayEquals() 相似，因為集合物件 Collection 相較於陣列使用頻率也不低，而介面 Iterable 是介面 Collection 的父介面，因此可以用來斷言所有 Collection 集合物件是否相同，包含所有成員的順序和數量，以及每一個成員本身是否相同，常用的 overloading 方法如下：

```
public static void assertIterableEquals (Iterable<?> expected, Iterable> actual)
public static void assertIterableEquals (Iterable<?> expected, Iterable> actual,
String message)
public static void assertIterableEquals (Iterable<?> expected, Iterable> actual,
Supplier<String> messageSupplier)
```

驗證範例如下：

🎯 範例：/ch01-junit5-demo/src/test/java/lab/AssertionsTest.java

```
1   @Test
2   void testAssertIterableEquals() {
3       Iterable<Integer> list1 = new ArrayList<>(Arrays.asList(1, 2, 3, 4));
4       Iterable<Integer> list2 = new ArrayList<>(Arrays.asList(1, 2, 3, 4));
5       Iterable<Integer> list3 = new ArrayList<>(Arrays.asList(1, 2, 3));
6       Iterable<Integer> list4 = new ArrayList<>(Arrays.asList(1, 2, 4, 3));
7
8       // Test will pass
9       assertIterableEquals(list1, list2);
10
11      // Test will fail
12      assertIterableEquals(list1, list3);
13
14      // Test will fail
15      assertIterableEquals(list1, list4);
16  }
```

4. 使用 assertNotNull() 和 assertNull()

方法 assertNotNull() 斷言傳入方法的實際物件參考不是 null，方法 assertNull() 則斷言傳入方法的實際物件參考是 null，兩者常用的 overloading 方法如下：

```
public static void assertNotNull (Object actual)
public static void assertNotNull (Object actual, String message)
public static void assertNotNull (Object actual, Supplier<String> messageSupplier)
```

```
public static void assertNull (Object actual)
public static void assertNull (Object actual, String message)
public static void assertNull (Object actual, Supplier<String> messageSupplier)
```

驗證範例如下：

🎯 **範例：/ch01-junit5-demo/src/test/java/lab/AssertionsTest.java**

```
1   @Test
2   void testAssertNullAndNotNull() {
3       String nullString = null;
4       String notNullString = "Hi";
5
6       // Test will pass
7       assertNotNull(notNullString);
8
9       // Test will fail
10      assertNotNull(nullString);
11
12      // Test will pass
13      assertNull(nullString);
14
15      // Test will fail
16      assertNull(notNullString);
17  }
```

5. 使用 assertNotSame() 和 assertSame()

方法 assertNotSame() 斷言預期和實際的物件參考不是指向同一物件記憶體位
址，方法 assertSame() 則斷言相反的情境，常用的 overloading 方法如下：

```
public static void assertNotSame (Object expected, Object actual)
public static void assertNotSame (Object expected, Object actual, String message)
public static void assertNotSame (Object expected, Object actual, Supplier<>
messageSupplier)

public static void assertSame (Object expected, Object actual)
public static void assertSame (Object expected, Object actual, String message)
public static void assertSame (Object expected, Object actual, Supplier<String>
messageSupplier)
```

驗證範例如下：

🎯 範例：/ch01-junit5-demo/src/test/java/lab/AssertionsTest.java

```
1   @Test
2   void testAssertSameAndNotSame() {
3       String originalObject = "Hi";
4       String cloneObject = originalObject;
5       String otherObject = "Hello";
6
7       // Test will pass
8       assertNotSame(originalObject, otherObject);
9
10      // Test will fail
11      assertNotSame(originalObject, cloneObject);
12
13      // Test will pass
14      assertSame(originalObject, cloneObject);
15
16      // Test will fail
17      assertSame(originalObject, otherObject);
18  }
```

6. 使用 assertTimeout() 和 assertTimeoutPreemptively()

方法 assertTimeout() 用於測試程式執行需要的時間，如果超出指定的 timeout 時間將測試失敗，常用的 overloading 方法如下：

```
public static void assertTimeout (Duration timeout, Executable executable)
public static void assertTimeout (Duration timeout, Executable executable, String message)
public static void assertTimeout (Duration timeout, Executable executable, Supplier<String> messageSupplier)
public static void assertTimeout (Duration timeout, ThrowingSupplier<T> supplier)
public static void assertTimeout (Duration timeout, ThrowingSupplier<T> supplier, String message)
public static void assertTimeout (Duration timeout, ThrowingSupplier<T> supplier, Supplier<String> messageSupplier)
```

第 1 個參數 Duration 用來決定 timeout 的時間，第 2 個參數用來定義執行的內容，可以是 Executable 或 ThrowingSupplier，主要差異為是否有回傳物件：

◎ **範例**：org.junit.jupiter.api.function.Executable

```
1  @FunctionalInterface
2  @API(status = STABLE, since = "5.0")
3  public interface Executable {
4      void execute() throws Throwable;
5  }
```

◎ **範例**：org.junit.jupiter.api.function.ThrowingSupplier

```
1  @FunctionalInterface
2  @API(status = STABLE, since = "5.0")
3  public interface ThrowingSupplier<T> {
4      T get() throws Throwable;
5  }
```

方法 assertTimeoutPreemptively() 也用於測試程式執行需要的時間。單字 preemptively 解釋為「先發制人」，因此差異是 assertTimeoutPreemptively() 執行中的 Executable 或 ThrowingSupplier，若超過指定的 timeout 時間將會被強制終止並測試失敗；而 assertTimeout() 則會等到 Executable 或 ThrowingSupplier 自然結束才會測試失敗。

常用的 overloading 方法如下：

```
public static void assertTimeoutPreemptively (Duration timeout, Executable
executable)
public static void assertTimeoutPreemptively (Duration timeout, Executable
executable, String message)
public static void assertTimeoutPreemptively (Duration timeout, Executable
executable, Supplier<String> messageSupplier)
public static void assertTimeoutPreemptively (Duration timeout, ThrowingSupplier<T>
supplier)
public static void assertTimeoutPreemptively (Duration timeout, ThrowingSupplier<T>
supplier, String message)
public static void assertTimeoutPreemptively (Duration timeout, ThrowingSupplier<T>
supplier, Supplier<String> messageSupplier)
```

兩個方法的驗證範例如下：

◎ **範例**：/ch01-junit5-demo/src/test/java/lab/AssertionsTest.java

```
1  @Test
2  void testAssertTimeout() {
```

```
3    // This will pass
4    assertTimeout(Duration.ofMinutes(1), () -> {
5        return "result";
6    });
7
8    // This will fail
9    assertTimeout(Duration.ofSeconds(10), () -> {
10       Thread.sleep(20 * 1000);
11       return "result";
12   });
13
14   // This will fail
15   assertTimeoutPreemptively(Duration.ofSeconds(10), () -> {
16       Thread.sleep(20 * 1000);
17       return "result";
18   });
19 }
```

📢 說明

3-6	以 Executable 定義的內容可以在指定 timeout 的時間為 1 分鐘內執行結束，因此通過測試。
8-12	以 Executable 定義的內容執行將超過 20 秒，無法在指定 timeout 的時間為 10 秒鐘內執行結束，因此測試失敗；且 assertTimeout() 將執行超過 20 秒鐘，必須等待 Executable 自然執行結束。
14-18	以 Executable 定義的內容執行將超過 20 秒，無法在指定 timeout 的時間為 10 秒鐘內執行結束，因此測試失敗；且 assertTimeoutPreemptively() 將在 timeout 的時間 10 秒鐘後提前結束，不會等待 Executable 自然結束。

7. 使用 assertTrue() 和 assertFalse()

方法 assertTrue() 斷言提供的條件為 true 或由 BooleanSupplier 執行後回傳的結果為 true。方法 assertFalse() 則斷言相反的情境，兩者常用的 overloading 方法如下：

```
public static void assertTrue(boolean condition)
public static void assertTrue(boolean condition, String message)
public static void assertTrue(boolean condition, Supplier<String> messageSupplier)
public static void assertTrue(BooleanSupplier booleanSupplier)
public static void assertTrue(BooleanSupplier booleanSupplier, String message)
```

```
public static void assertTrue(BooleanSupplier booleanSupplier, Supplier<String>
messageSupplier)
```

```
public static void assertFalse(boolean condition)
public static void assertFalse(boolean condition, String message)
public static void assertFalse(boolean condition, Supplier<String>
messageSupplier)
public static void assertFalse(BooleanSupplier booleanSupplier)
public static void assertFalse(BooleanSupplier booleanSupplier, String message)
public static void assertFalse(BooleanSupplier booleanSupplier, Supplier<String>
messageSupplier)
```

驗證範例如下：

範例：/ch01-junit5-demo/src/test/java/lab/AssertionsTest.java

```
1   @Test
2   void testAssertTrueFalse() {
3
4       boolean isTrue = true;
5       boolean isFalse = false;
6
7       assertTrue(isTrue);
8       assertTrue(isFalse, "Jim: test execution message");
9       assertTrue(isFalse, AssertionTest::message);
10      assertTrue(AssertionTest::getResult, AssertionTest::message);
11
12      assertFalse(isFalse);
13      assertFalse(isTrue, "Jim: test execution message");
14      assertFalse(isTrue, AssertionTest::message);
15      assertFalse(AssertionTest::getResult, AssertionTest::message);
16  }
17
18  private static String message() {
19      return "Test execution result";
20  }
21
22  private static boolean getResult() {
23      return true;
24  }
```

8. 使用 assertThrows()

方法 assertThrows() 斷言以 Executable 定義的內容在執行後會拋出預期的 expectedType 例外物件：

```
public static <T extends Throwable> T assertThrows(Class<T> expectedType,
Executable executable)
```

驗證範例如下：

⚙ 範例：/ch01-junit5-demo/src/test/java/lab/AssertionsTest.java

```
1  @Test
2  void testAssertThrows() {
3      assertThrows(IllegalArgumentException.class, () -> {
4          Integer.parseInt("Not a integer");
5      });
6  }
```

9. 使用 fail()

在單元測試裡使用方法 fail() 斷言不該執行到這個地方，因此執行到 fail() 所在的程式行將如同踩到地雷因此結束測試。常用的 overloading 方法如下：

```
public static void fail (String message)
public static void fail (Throwable cause)
public static void fail (String message, Throwable cause)
public static void fail (Supplier<String> messageSupplier)
```

驗證範例如下：

⚙ 範例：/ch01-junit5-demo/src/test/java/lab/AssertionsTest.java

```
1  @Test
2  void testFail() {
3      fail("the execution is not expected to this line!");
4      fail(AssertionTest::message);
5  }
```

1.3.8 使用 Assumptions

JUnit 5 的 Assumptions 類別提供 static 方法來支援「基於假設 (assumption) 的條件測試」，且失敗的 assume 會導致測試中止。當繼續執行給定的測試方法沒有意義時就可以考慮使用 assume。

若測試需要一些前置資源 (resource)，如整合測試需要連線資料庫、網際網路等屬於外部並且不受測試人員的控制，就可以把這些資源的確認以「基於假設的條件測試」進行，以區分測試是真的出錯 (使用 assert)，還是跑不下去 (使用 assume)。前者要修正 production 程式碼，後者要排除測試執行環境的問題。

在測試報告中這些測試失敗的 assume 方法不會被標註失敗，會以另外一種方式呈現，後續範例將有說明。

如同 Assertions，Assumptions 也可以使用 static import 的方式引入資源：

```
import static org.junit.jupiter.api.Assumptions.assumeFalse;
import static org.junit.jupiter.api.Assumptions.assumeTrue;
```

使用 assumeTrue () 與 assumeFalse()

方法 assumeTrue() 驗證給定的假設是否為 true；若為 true 測試繼續進行，若為 false 測試結束。常用的 overloading 方法如下：

```
public static void assumeTrue (boolean assumption) throws TestAbortedException
public static void assumeTrue (boolean assumption, Supplier<String>
messageSupplier) throws TestAbortedException
public static void assumeTrue (boolean assumption, String message) throws
TestAbortedException
public static void assumeTrue (BooleanSupplier assumptionSupplier) throws
TestAbortedException
public static void assumeTrue (BooleanSupplier assumptionSupplier, String message)
throws TestAbortedException
public static void assumeTrue (BooleanSupplier assumptionSupplier, Supplier<String>
messageSupplier) throws TestAbortedException
```

assumeFalse() 驗證給定的假設是否為 false；若為 false 測試繼續進行，若為 true 測試結束。常用的 overloading 方法如下：

```
public static void assumeFalse (boolean assumption) throws TestAbortedException
public static void assumeFalse (boolean assumption, Supplier<String>
messageSupplier) throws TestAbortedException
public static void assumeFalse (boolean assumption, String message) throws
TestAbortedException
public static void assumeFalse (BooleanSupplier assumptionSupplier) throws
TestAbortedException
public static void assumeFalse (BooleanSupplier assumptionSupplier, String message)
throws TestAbortedException
public static void assumeFalse (BooleanSupplier assumptionSupplier,
Supplier<String> messageSupplier) throws TestAbortedException
```

驗證範例如下：

📌 範例：/ch01-junit5-demo/src/test/java/lab/AssumptionsTest.java

```
1   public class AssumptionsTest {
2
3       @BeforeEach
4       void setupThis() {
5         System.setProperty("ENV", "TEST");
6       }
7
8       @Test
9       void assumeTrueIsPassed() {
10        assumeTrue("TEST".equals(System.getProperty("ENV")), this::assumeMsg);
11        out.println("assumeTrueIsPassed(): " + System.getProperty("ENV"));
12      }
13
14      @Test
15      void assumeTrueIsFailed() {
16        assumeTrue("PROD".equals(System.getProperty("ENV")), this::assumeMsg);
17        out.println("assumeTrueIsFailed(): " + System.getProperty("ENV"));
18      }
19
20      @Test
21      void assertTrueIsPassed() {
22        assertTrue("TEST".equals(System.getProperty("ENV")), this::assertMsg);
23        out.println("assertTrueIsPassed(): " + System.getProperty("ENV"));
24      }
25
```

```
26    @Test
27    void assertTrueIsFailed() {
28      assertTrue("PROD".equals(System.getProperty("ENV")), this::assertMsg);
29      out.println("assertTrueIsFailed(): " + System.getProperty("ENV"));
30    }
31
32    @Test
33    void assumeFalseIsPassed() {
34      assumeFalse("PROD".equals(System.getProperty("ENV")), this::assumeMsg);
35      out.println("assumeFalseIsPassed(): " + System.getProperty("ENV"));
36    }
37
38    @Test
39    void assumeFalseIsFailed() {
40      assumeFalse("TEST".equals(System.getProperty("ENV")), this::assumeMsg);
41      out.println("assumeFalseIsFailed(): " + System.getProperty("ENV"));
42    }
43
44    private String assumeMsg() {
45      return "Jim->the assumption is invalid!";
46    }
47
48    private String assertMsg() {
49      return "Jim->the assertion is invalid!";
50    }
51  }
```

執行後 console 視窗可以看到如下結果，表示斷言 (assert) 和假設 (assume) 行為相似，都會在測試失敗時停止並繼續進行下一個測試，都是測試成功才會將測試方法完整執行：

🔄 結果

```
assumeFalseIsPassed(): TEST
assertTrueIsPassed(): TEST
assumeTrueIsPassed(): TEST
```

兩者差別在測試報告的顯示。斷言 (assert) 失敗就算是測試失敗，假設 (assume) 失敗被歸類為「略過 (skipped)」，如下圖：

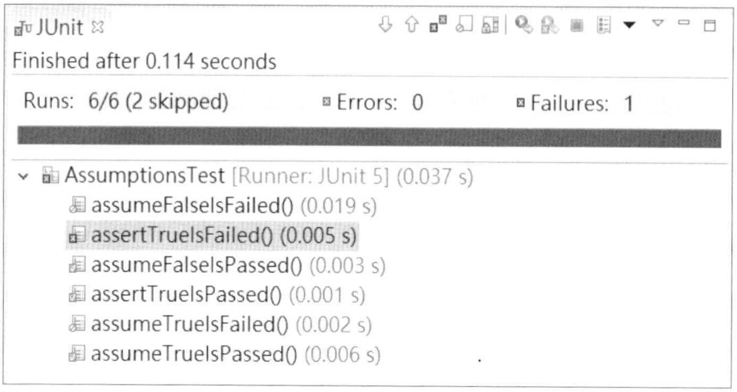

▲ 圖 1-24　assert 和 assume 失敗的差異

之前的範例說明 Assumptions.assumeFalse() 與 Assumptions.assumeTrue() 的使用方式，接下來的範例說明使用情境。

Calculator4Assumption 是一個特殊的計算機類別。以數學運算式「2 * 4 = 2 + 2 + 2 + 2」為例說明，乘法 multiply() 的實作內容可以相依於加法 add()，如以下範例行 9：

範例：/ch01-junit5-demo/src/main/java/lab/Calculator4Assumption.java

```java
public class Calculator4Assumption {
    public static int add(int a, int b) {
        return a + b;
        // return a + b - 1;
    }
    public static int multiply(int a, int b) {
        int result = 0;
        for (int i = 0; i < b; i++) {
            result = add(result, a);
        }
        return result;
        // return result - 1;
    }
}
```

進行測試時,當加法 add() 邏輯有問題導致測試失敗時,因為乘法 multiply() 相依於 add(),因此 multiply() 測試失敗是必然,此時不需要關注 multiply() 測試失敗的事件;只有在 add() 測試通過,multiply() 卻測試失敗時才有必要去檢視 multiply() 測試失敗原因。

這樣的相依情境就適合使用 Assumption 撰寫單元測試:

⊙ **範例**:/ch01-junit5-demo/src/test/java/lab/
Calculator4AssumptionTest.java

```java
1   public class Calculator4AssumptionTest {
2       @Test
3       public void testAdd() {
4           int a = 8;
5           int b = 5;
6           int additionResult = Calculator4Assumption.add(a, b);
7           Assertions.assertTrue(a + b == additionResult);
8       }
9       @Test
10      public void testMultiply() {
11          int a = 8;
12          int b = 5;
13          int additionResult = Calculator4Assumption.add(a, b);
14          Assumptions.assumeTrue(a + b == additionResult);
15          int multiplicationResult = Calculator4Assumption.multiply(a, b);
16          Assertions.assertTrue(a * b == multiplicationResult);
17      }
18  }
```

如此,當我們直接執行單元測試時,正常情況可以得到以下結果:

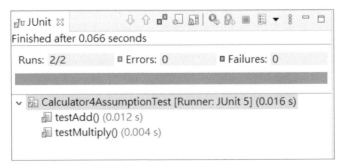

▲ 圖 1-25 add()、multiply() 均測試通過

若故意讓 Calculator4Assumption 類別的 add() 邏輯錯誤，但 multiply() 邏輯正確，如啟用行 4 取代行 3，則得到以下輸出。注意結果顯示 add() 測試失敗，而 multiply() 相依 add()，因此測試被**跳過 (skipped)**：

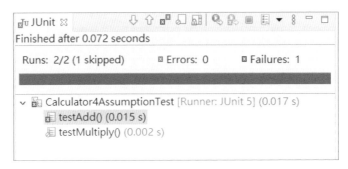

▲ 圖 1-26　add() 測試失敗，multiply() 測試被跳過

若 Calculator4Assumption 類別的 add() 邏輯正確，但 multiply() 邏輯錯誤，亦即啟用行 12 取代行 11，則得到以下輸出。注意結果顯示 add() 測試通過，multiply() 測試失敗，此時關注 multiply() 失敗原因才有意義：

▲ 圖 1-27　add() 測試通過，multiply() 測試失敗

如此我們可以只關注測試失敗的案例，不需要被關注的相依測試案例將自動跳過。

02

建立測試替身

2.1 執行單元測試

2.1.1 單元測試的效益

對單元測試的普遍理解是測試軟體或程式的最小部分，例如單一方法、少量相關方法或單一類別；正確來說我們的目標是測試「邏輯單元及其行為」，而邏輯單元可以是單一方法，或擴展到整個類別或多個類別的協作。

例如標準計算機程式類別的 add() 方法可以將兩個數字相加，我們可以藉由呼叫 add() 方法來驗證相加行為，此時單元測試的目標就只有計算機類別的單一方法。

若我們將計算機類別設計為具有簡單的計算 API，該 API 可以接受兩個運算元和一種運算子如加、減、乘、除等。根據運算元型別，如 int 或 double 等，計算機類別可以將計算委派 (delegate) 給 DOC 類別，例如 int 計算機或 double 計算機。此時我們仍然是對加法行為進行單元測試，但是範圍就會擴及多個類別。

單元測試驗證我們對系統行為的假設，或是功能的規格說明；單元測試應該「自動化」以便不斷驗證假設並在出現任何問題時提供快速結果回饋。測試自動化的好處有：

1. 不斷驗證系統預期行為：
   我們經常需要在不影響系統行為的情況下重構程式碼以提高程式碼的質量，例如可維護性、可讀性、可擴展性等。如果單元測試自動進行並提供結果回饋，我們可以放心地持續重構程式碼。

2. 立即發現程式碼更改的副作用：
   這對於緊密耦合 (tightly-coupled) 的系統很有用。在緊密耦合的系統中，一個模組的程式碼變更可能會影響另一個模組行為。

3. 節省時間，無須每次修改都立即進行人工回歸測試：
   假設要在現有的計算機程式類別中新增支援科學記號的計算並修改程式碼，則每次更改後都要進行人工回歸測試以驗證系統的完整性。人工回歸測試既繁瑣又耗時，如果擁有自動化的成套 (suite) 單元測試就可以將人工回歸測試延遲到整個功能完成再進行即可。這是因為如果破壞了現有功能，自動化成套單元測試會在每一個階段自動通知。

2.1.2 單元測試的特徵

單元測試應具有以下特徵：

1. 如前一節所述，它應該是自動化的。

2. 它應該具有快速的測試執行速度。準確地說，一個測試完成所花費的時間不應超過幾毫秒，速度越快越好。一個系統可以有成千上萬個單元測試要進行，如果每一個都要多花一點時間完成，總體測試完成時間將會相當可觀，導致開發人員對單元測試的結果失去耐心，且影響到結果回饋週期。

3. 測試不應該依賴於另一個測試的結果或測試執行順序。若一個測試依賴於另一個測試，則該測試可能會隨時失敗並提供錯誤的結果回饋；若測試是獨立的就可以快速查看它們實際測試的內容，且無須了解其餘測試程式碼。

4. 測試不應該相依於資料庫、文件存取或任何執行時間長的工作。甚而，好的單元測試應該隔離外部相依性。

5. 測試結果應該一致且和啟動時間與位置無關。不能因為在不同時間如午夜執行就失敗，也不能因為在不同時區執行就失敗。

6. 測試應該有意義。一個類別可以具有 getter() 和 setter() 方法，但我們不需要特別為 getter() 和 setter() 編寫測試，因為可以在其他更有意義的測試過程中對它們同時進行測試。若不是這種情況，可能表示沒有其他更有意義的測試，或者根本沒有使用到 getter() 和 setter()，因此測試它們更顯得沒有意義。

7. 測試若有適當的描述與說明就可以做為系統規格或功能文件。測試應具有可讀性和表達力，如驗證未授權存取的測試方法名稱可以是：

   - testUnauthorizedAccess()
   - Should_raises_secuirty_error_When_unauthorized_user_accesses_system()

   後者明顯更具可讀性，並清楚表達了測試的意圖。

8. 測試應簡短，且不應被視為次等開發工作；重構程式碼可以提高質量，同樣的也應該重構單元測試以提高質量。例如 300 行的測試類別無法維護，此時我們可以建立新的測試類別，將測試移至新的類別，並建立一個可維護的成套單元測試 (unit test suite)。

2.1.3 單元測試的限制

根據之前論述的最佳實踐，單元測試的執行應該是快速有效率的。然而如果需要進行花費較多時間的資料庫存取邏輯測試或文件下載測試等，就不要在自動化的單元測試組合中；改將此類測試視為慢速測試或整合測試，否則 CI 周期將持續數小時，不過即使是緩慢的測試仍應是自動化的。

如果系統的 API 類別依賴於執行緩慢的外部資源，如 DAO 或 JNDI lookup，就不適合自動化的單元測試。此時需要使用「測試替身 (test doubles)」以隔離外部依賴關係並進行自動化單元測試，也是我們後續章節的主題。

▌2.2 認識測試替身 (Test Doubles)

2.2.1 測試替身的意義

我們都知道電影中的特技替身 (stunt doubles)。他們是訓練有素的替身，主要用於電影中的一些危險動作、戰鬥場景、或當演員不可用時就可以用來保護真正的演員。

類似的情況也發生在單元測試，有可能因為無法取得相依物件 (DOC)，或相依物件的生成與交互作用成本過高，而導致無法進行單元測試。如：

1. 程式碼相依於資料庫存取，導致單元測試必須在有資料庫的前提下進行。
2. 程式碼把資料送至印表機列印，當網路不通時就無法單元測試。

這時候「測試替身 (test doubles)」的需求因應而生，主要目的就是隔離**測試單元**與**外部**的相依性。

測試替身和特技替身類似，主要用來取代相依物件 (DOC)；如此就可以隔離原本的相依物件，進而專注在進行單元測試的主要物件 (SUT) 上。

2.2.2 測試替身的分類

傑拉德・梅薩羅斯 (Gerard Meszaros) 在他的《xUnit Test Patterns》一書中陳述了「test doubles」一詞，該書探討了各種測試替身，並為本書稍後介紹的 Mockito 奠定了基礎。

我們建立測試替身來偽冒相依物件，分類在上一章節已經有簡略介紹，後續將逐一介紹：

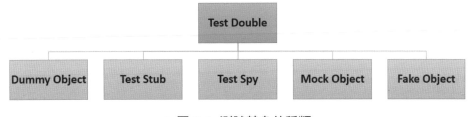

▲ 圖 2-1 測試替身的種類

2.3 使用 Dummy Object

2.3.1 Dummy Object 使用情境

在電影中有時替身什麼也沒做，它們只是出現在場景中，像是路人甲乙丙，或是只是作簡單的動作。比如說一個真正演員無法去擁擠的地方，例如看足球比賽或網球比賽的觀眾席。真正的演員和群眾在一起是冒險的行為，可能導致無法預測的風險，但是電影的劇本需要這樣的場景。

同樣的，Dummy Object 可以作為必要參數物件傳遞，但 Dummy Object 不會被直接使用，不過它的建立與存在對於 SUT 中的某一個必要物件卻可能是需要的，有點非直接必要，但是間接需要的味道。有些時候 Dummy Object 甚至可以直接是 null 物件參考。

2.3.2 Dummy Object 使用範例

範例專案「ch02-test-doubles」的套件「lab.testdoubles.dummy」示範 Dummy Object 的使用情境。我們將建立一個考試成績模組，該模組計算所有學科的平均成績並決定評等，步驟為：

1. 建立列舉型別 Grades 來評等學生成績：

🎯 範例：/ch02-test-doubles/src/main/java/lab/testdoubles/dummy/
Grades.java

```
1  public enum Grades {
2      Excellent, VeryGood, Good, Average, Poor;
3  }
```

建立 **Student 類別**以識別學生。因為會與其他情境共用，因此套件往上拉一層：

🎯 範例：/ch02-test-doubles/src/main/java/lab/testdoubles/Student.java

```
1  public class Student {
2      private final String rollNumber;
3      private final String name;
4
5      public Student(String rollNumber, String name) {
6          this.rollNumber = rollNumber;
7          this.name = name;
8      }
9
10     public String getRollNumber() {
11         return rollNumber;
12     }
13
14     public String getName() {
15         return name;
16     }
17 }
```

建立 Mark **類別**來代表學生的成績分數。該類別的建構子需要 Student 物件來連結學生的成績，如範例行 6，因此 Mark 類別相依於 Student 類別：

🎯 範例：/ch02-test-doubles/src/main/java/lab/testdoubles/dummy/
Mark.java

```
1  public class Mark {
2      private final Student student;
3      private final String subjectId;
4      private final BigDecimal marks;
5
6      public Mark(Student student, String subjectId, BigDecimal marks) {
7          this.student = student;
8          this.subjectId = subjectId;
```

```
9          this.marks = marks;
10     }
11
12     public Student getStudent() {
13         return student;
14     }
15     public String getSubjectId() {
16         return subjectId;
17     }
18     public BigDecimal getMarks() {
19         return marks;
20     }
21 }
```

建立 **Teacher** 類別來產生學生的成績評等，平均 90 分以上為 Excellent，平均 75-90 分以上為 VeryGood，平均 60-75 分以上為 Good，平均 40-60 分以上為 Average，其他為 Poor。**Teacher** 類別就是我們要測試的對象 (SUT)：

範例：/ch02-test-doubles/src/main/java/lab/testdoubles/dummy/Teacher.java

```
1  public class Teacher {
2    public Grades generateGrade(List<Mark> marks) {
3      BigDecimal sum = BigDecimal.ZERO;
4      for (Mark mark : marks) {
5          sum = sum.add(mark.getMarks());
6      }
7      BigDecimal avg = BigDecimal.valueOf(sum.doubleValue() / marks.size());
8      if (avg.compareTo(new BigDecimal("90.00")) > 0) {
9          return Grades.Excellent;
10     }
11     if (avg.compareTo(new BigDecimal("75.00")) > 0) {
12         return Grades.VeryGood;
13     }
14     if (avg.compareTo(new BigDecimal("60.00")) > 0) {
15         return Grades.Good;
16     }
17     if (avg.compareTo(new BigDecimal("40.00")) > 0) {
18         return Grades.Average;
19     }
20     return Grades.Poor;
21   }
22 }
```

建立繼承 Student 類別的 DummyStudent 類別，這就是 **Dummy Object**。Dummy Object 不是真正的實作，而且不提供方法或欄位狀態，因此 DummyStudent 所有的方法被執行時都拋出 RuntimeException，兩個物件欄位都是 null，如此測試結束後可以確認 **Teacher 類別**測試過程中未受 Student 類別的行為或狀態影響：

範例：/ch02-test-doubles/src/test/java/lab/testdoubles/dummy/
DummyStudent.java

```
1  public class DummyStudent extends Student {
2      protected DummyStudent() {
3          super(null, null);
4      }
5
6      @Override
7      public String getRollNumber() {
8          throw new RuntimeException("Should not be called!");
9      }
10
11     @Override
12     public String getName() {
13         throw new RuntimeException("Should not be called!");
14     }
15 }
```

最後建立一個測試類別來驗證 **Teacher 類別功能規格**：當所有科目的平均分數超過 75 且低於 90 時，成績評等將為 VeryGood。我們將以 DummyStudent 物件取代 Student 物件後傳遞給 Mark 物件的建構子：

範例：/ch02-test-doubles/src/test/java/lab/testdoubles/dummy/
TeacherTest.java

```
1  @Test
2  public void Should_return_very_good_by_dummy_When_marks_above_75() {
3      // Given
4      DummyStudent ds = new DummyStudent();
5
6      Mark m1 = new Mark(ds, "English", new BigDecimal("81.00"));
7      Mark m2 = new Mark(ds, "Math", new BigDecimal("97.00"));
8      Mark m3 = new Mark(ds, "History", new BigDecimal("79.00"));
9
10     List<Mark> marks = new ArrayList<>();
11     marks.add(m3);
12     marks.add(m2);
```

```
13    marks.add(m1);
14
15    // When
16    Grades grade = new Teacher().generateGrade(marks);
17
18    // Then
19    assertEquals(Grades.VeryGood, grade);
20 }
```

本例中使用 DummyStudent 物件取代 Student 物件只是因為 Mark 物件的建構子需要一個 Student 類別的物件參考，而實際上在 Teacher 類別或單元測試的方法中均未使用到 DummyStudent 物件，這就是 **Dummy Object** 的作用，就像好的演出需要觀眾，但觀眾並未參與演出。將前述 DummyStudent 物件改為 null 後測試結果不變：

🎯 **範例**：/ch02-test-doubles/src/test/java/lab/testdoubles/dummy/
TeacherTest.java

```
1   @Test
2   public void Should_return_very_good_by_null_When_marks_above_75() {
3       // Given
4       Mark m1 = new Mark(null, "English", new BigDecimal("81.00"));
5       Mark m2 = new Mark(null, "Math", new BigDecimal("97.00"));
6       Mark m3 = new Mark(null, "History", new BigDecimal("79.00"));
7
8       List<Mark> marks = new ArrayList<>();
9       marks.add(m3);
10      marks.add(m2);
11      marks.add(m1);
12
13      // When
14      Grades grade = new Teacher().generateGrade(marks);
15
16      // Then
17      assertEquals(Grades.VeryGood, grade);
18  }
```

2.4 使用 Test Stub

2.4.1 Test Stub 使用情境

Test Stub 的義務是當它的方法被 SUT 呼叫時，Test Stub 提供 Indirect Input (間接輸入) 給 SUT。因此只要針對測試範圍和內容實作 Test Stub 即可，不需要像正式程式碼具備完整的商業邏輯。Test Stub 可能會需要記錄其他資訊，如它們被呼叫了多少次等等。

單元測試要測試沒有意外的情境 (稱 happy path) 是比較容易的，要模擬硬體故障或交易超時的情境就比較複雜。Test Stub 可以幫助我們模擬這些條件，也可以要求 Test Stub 回傳固定的結果，例如一個繼承銀行帳戶 Account 類別的 Test Stub 可以固定回傳餘額 1000 元。

2.4.2 Test Stub 使用範例

範例專案「ch02-test-doubles」的套件「lab.testdoubles.stub」示範 Test Stub 的使用情境，部分類別因為會與後續其他測試替身互動，因此放置在上一層套件「lab.testdoubles」。

1. 建立介面 StudentDAO 及其唯一方法 findByName()，將查詢資料庫並回傳 Student 物件或拋出 SQLException 錯誤：

💮 範例：/ch02-test-doubles/src/main/java/lab/testdoubles/StudentDao.java

```
1  public interface StudentDao {
2      public Student findByName(String name) throws SQLException;
3  }
```

建立 FindStudentResponse 類別，用於回應查詢 Student 物件的結果。若查詢成功，就把建立的 Student 物件放入 FindStudentResponse 物件中後回應；若失敗，則放入錯誤訊息後一樣回傳 FindStudentResponse：

🎯 範例：/ch02-test-doubles/src/main/java/lab/testdoubles/
FindStudentResponse.java

```
1   public class FindStudentResponse {
2       private final String errorMessage;
3       private final Student student;
4
5       public FindStudentResponse(String errorMessage, Student student) {
6           this.errorMessage = errorMessage;
7           this.student = student;
8       }
9
10      public boolean isSuccess() {
11          return null == errorMessage;
12      }
13
14      public String getErrorMessage() {
15          return errorMessage;
16      }
17
18      public Student getStudent() {
19          return student;
20      }
21  }
```

建立 StudentService 介面，將利用 StudentDAO 取回 Student 物件，但不直接回傳
Student 物件，而是以 FindStudentResponse 回傳，因此也可以處理建立 Student 物
件失敗時的狀況：

🎯 範例：/ch02-test-doubles/src/main/java/lab/testdoubles/
StudentService.java

```
1   public interface StudentService {
2       FindStudentResponse findStudent(String name);
3   }
```

建立 StudentServiceImpl 實作 StudentService 介面：

🎯 範例：/ch02-test-doubles/src/main/java/lab/testdoubles/
StudentServiceImpl.java

```
1   public class StudentServiceImpl implements StudentService {
2
3       private final StudentDao studentDAO;
```

```
4    public StudentServiceImpl(StudentDao studentDAO) {
5        this.studentDAO = studentDAO;
6    }
7
8    @Override
9    public FindStudentResponse findStudent(String name) {
10       FindStudentResponse response = null;
11       try {
12           Student student = studentDAO.findByName(name);
13           response = new FindStudentResponse(null, student);
14       } catch (SQLException e) {
15           response = new FindStudentResponse(e.getMessage(), null);
16       }
17       return response;
18   }
19 }
```

因為要測試拋出 SQLException 時的程式碼處理的方式 (稱 unhappy path)，因此
建立一個實作 StudentDAO 的 Test Stub 物件 **StudentDaoErrorStub**，每當呼叫
findByName() 方法時都拋出 SQLException。此類別應該只建立在專案的 test 資
料夾內，也只供測試使用。

◎ 範例：/ch02-test-doubles/src/test/java/lab/testdoubles/stub/
StudentDaoErrorStub.java

```
1    public class StudentDaoErrorStub implements StudentDao {
2        @Override
3        public Student findByName(String name) throws SQLException {
4            throw new SQLException("DB connection timed out");
5        }
6    }
```

若要測試正常回傳物件的情況 (稱 happy path)，可以再建立一個實作 StudentDAO
的 Test Stub 物件 **StudentDaoHappyStub**，每當呼叫 findByName() 方法時都固
定回傳一個 Student 物件。該類別只建立在專案的 test 資料夾內，也只供測試使
用。

◎ 範例：/ch02-test-doubles/src/test/java/lab/testdoubles/stub/
StudentDaoHappyStub.java

```
1    public class StudentDaoHappyStub implements StudentDao {
2        @Override
```

```
3    public Student findByName(String name) throws SQLException {
4        return new Student("000", name);
5    }
6  }
```

以下測試分別傳入 StudentDao 各自的 Test Stub 實作至 StudentServiceImpl 的建構子後,驗證正常回傳 Student 物件和拋出 SQLException 的狀況是否如預期:

(⌖) **範例:/ch02-test-doubles/src/test/java/lab/testdoubles/stub/ StudentServiceStubTest.java**

```
1  public class StudentServiceStubTest {
2      @Test
3      public void Should_not_get_student_When_dao_throw_SQLException() {
4          StudentDao dao = new StudentDaoErrorStub();
5          StudentService service = new StudentServiceImpl(dao);
6          String name = "jim";
7          FindStudentResponse resp = service.findStudent(name);
8          assertFalse(resp.isSuccess());
9      }
10
11     @Test
12     public void Should_get_student_When_dao_find_student() {
13         StudentDao dao = new StudentDaoHappyStub();
14         StudentService service = new StudentServiceImpl(dao);
15         String name = "jim";
16         FindStudentResponse resp = service.findStudent(name);
17         assertTrue(resp.isSuccess());
18         assertEquals(name, resp.getStudent().getName());
19     }
20 }
```

Test Stub 經常用於模擬錯誤條件和外部的依賴關係,當然也可以利用其他測試替身如 Mock Object。假設在專案中我們使用 JNDI 查找某資源物件並由資源物件取得一些資訊,因為撰寫單元測試的時候不能直接使用 JNDI,此時就可以建立 JNDI 的 Test Stub,並回傳另一個資源物件的 Test Stub,最終取得事先準備好的資訊。

▌ 2.5 使用 Test Spy

2.5.1 Test Spy 使用情境

間諜 (spy) 用於秘密獲取競爭對手或重要人物的資訊，因此 Test Spy 的功能顧名思義就在蒐集重要物件的資訊。Test Spy 是 Test Stub 的一種變形，但除了和 Test Stub 一樣可以回應預期操作與資訊外，Test Spy 也記錄了方法被呼叫後的自身狀態變化，因此可以作為單元測試的「非直接輸出 (indirect output)」資訊的接受者，如稽核日誌 (audit log)。

2.5.2 Test Spy 使用範例

範例專案「ch02-test-doubles」的套件「lab.testdoubles.spy」示範 Test Spy 的使用情境。

1. Test Spy 需要有記錄資訊的能力，先建立 MethodInvocation 類別如下，可以重複使用在其他地方。該類別記錄並提供被稽核方法的呼叫資訊，包含方法名稱 (型態為 String)、參數清單 (型態為 List<Object>)、和回傳值 (型態為 Object)。假設呼叫 sum() 方法進行加總時要傳入 2 個數字，並且該方法回傳 2 個數字的總和，則稽核後的 MethodInvocation 物件將包含一個方法名稱 sum，一個參數清單內含 2 個數字，以及一個代表 2 個數字總和的回傳值：

🎯 範例：/ch02-test-doubles/src/test/⋯/testdoubles/spy/
MethodInvocation.java

```
 1  public class MethodInvocation {
 2
 3      private List<Object> params = new ArrayList<>();  // 被稽核方法的參數清單
 4      private Object returnedValue;   // 被稽核方法的回傳值
 5      private String method;   // 被稽核方法的名稱
 6
 7      public List<Object> getParams() {   // 取出被稽核的方法參數
 8          return params;
 9      }
10      public Object getReturnedValue() {   // 取出被稽核的方法回傳值
11          return returnedValue;
```

```
12        }
13      public String getMethod() {    // 取出被稽核的方法名稱
14          return method;
15      }
16
17      public MethodInvocation addParam(Object parm) {    // 記錄參數
18          getParams().add(parm);
19          return this;
20      }
21      public MethodInvocation setReturnedValue(Object val) {    // 記錄回傳值
22          this.returnedValue = val;
23          return this;
24      }
25      public MethodInvocation setMethod(String method) {    // 記錄方法名稱
26          this.method = method;
27          return this;
28      }
29  }
```

MethodInvocation 只能蒐集「單次方法呼叫的稽核記錄」，需要有搭配的類別才可以綜整「多次方法呼叫的稽核記錄」，而類別 MethodAudit 的功能設計符合如此需求。它有一個 registerCall() 方法接受 MethodInvocation 物件，並將每次的呼叫儲存在物件欄位內，型態是 Map<**String, List<MethodInvocation>>**。如果 SUT 的某個方法被呼叫 10 次，Map 欄位就會新增一組鍵與值，鍵記錄了方法名稱，值則為包含 10 個 MethodInvocation 的 List 集合物件。此外 MethodAudit 類別也提供了 getInvocationQuantity(methodName) 取得指定方法的被呼叫次數，和 getInvocation(methodName, invocationIndex) 取得指定方法與指定被呼叫次數的內容：

🎯 **範例**：/ch02-test-doubles/src/test/java/lab/testdoubles/spy/ MethodAudit.java

```
1   public class MethodAudit {
2     // methodName & MethodInvocation
3     private Map<String, List<MethodInvocation>> map = new HashMap<>();
4
5     void registerCall(MethodInvocation invocation) {
6       List<MethodInvocation> list = map.get(invocation.getMethod());
7       if (list == null) {
8         list = new ArrayList<>();
9       }
```

```
10      if (!list.contains(invocation)) {
11        list.add(invocation);
12      }
13      map.put(invocation.getMethod(), list);
14    }
15
16    public int getInvocationQuantity(String methodName) {
17      List<MethodInvocation> list = map.get(methodName);
18      if (list == null) {
19        return 0;
20      }
21      return list.size();
22    }
23
24    public MethodInvocation getInvocation(String methodName, int i) {
25      List<MethodInvocation> list = map.get(methodName);
26      if (list == null || (i > list.size())) {
27        return null;
28      }
29      return list.get(i - 1);
30    }
31  }
```

建立 StudentDaoSpy 類別實作介面 StudentDao 如下。因為 Test Spy 需要有記錄資訊的能力，因此在建構子注入 MethodAudit 以賦予這類能力，並在行 10 進行記錄。

🎯 範例：/ch02-test-doubles/src/test/java/lab/testdoubles/spy/
StudentDaoSpy.java

```
1   public class StudentDaoSpy implements StudentDao {
2
3       private MethodAudit audit;
4       public StudentDaoSpy(MethodAudit audit) {
5           this.audit = audit;
6       }
7
8       @Override
9       public Student findByName(String name) throws SQLException {
10          audit(name);
11          return new Student("000", name);
12      }
13
14      private void audit(String name) {
```

```
15        MethodInvocation invocation = new MethodInvocation();
16        invocation.addParam(name).setMethod("findByName");
17        audit.registerCall(invocation);
18    }
19 }
```

單元測試程式碼如下。使用 Test Spy 驗證 StudentServiceImpl.findStudent() 方法
被呼叫時，StudentDao.findByName() 被呼叫次數與傳入參數是否符合預期：

範例：/ch02-test-doubles/src/test/java/lab/testdoubles/spy/
StudentServiceSpyTest.java

```
1  public class StudentServiceSpyTest {
2    @Test
3    public void Should_get_audit_records_When_find_student() {
4        // Given
5        MethodAudit audit = new MethodAudit();
6        StudentDao dao = new StudentDaoSpy(audit);
7        StudentService service = new StudentServiceImpl(dao);
8        String name = "jim";
9
10       // When
11       service.findStudent(name);
12
13       // Then
14       assertEquals(1, audit.getInvocationQuantity("findByName"));
15       List<Object> params = audit.getInvocation("findByName", 1).getParams();
16       assertEquals(name, params.get(0));
17   }
18 }
```

2.6 使用 Mock Object

2.6.1 Mock Object 使用情境

Mock Object 可以是 Test Spy 和 Test Stub 的組合。它可以如 Test Spy 接收 SUT 的間接輸出，也可以如 Test Stub 因應測試情境需要讓特定方法回傳固定值或刻意拋出例外。相較於 Test Spy 比較被動蒐集資訊，Mock Object 有時更傾向於主動設定預期結果，測試時若方法未達預期呼叫次數，或是呼叫方法的參數不匹配，或是其他預期的條件未達成，則單元測試失敗。

2.6.2 Mock Object 使用範例

範例專案「ch02-test-doubles」的套件「lab.testdoubles.mock」示範 Mock Object 的使用情境。

1. 建立 StudentDaoSpy 類別實作介面 StudentDao 如下。在商業邏輯的方法 findByName() 中除了固定回傳 Student 物件外，也把該回傳物件儲存在物件欄位 found 裡。單元測試將主動呼叫 expect() 傳入預期結果，再呼叫 verifyEquals() 驗證預期與實際的差異：

🎯 範例：/ch02-test-doubles/src/test/java/lab/testdoubles/mock/StudentDaoMock.java

```java
public class StudentDaoMock implements StudentDao {

    private Student found;
    private Student expected;

    @Override
    public Student findByName(String name) throws SQLException {
        this.found = new Student("000", name);
        return found;
    }

    public void expect(Student student) {
        this.expected = student;
    }
}
```

```
15
16      public void verifyEquals() {
17          assertEquals(expected.getName(), found.getName());
18      }
19  }
```

單元測試程式碼如下。使用 Mock Object 驗證待測物件 StudentServiceImpl 的
findStudent() 方法被呼叫時，其內部建立的 Student 物件和我們在單元測試裡預
期的 Student 物件相同：

🎯 範例：/ch02-test-doubles/src/test/java/lab/testdoubles/mock/
StudentServiceMockTest.java

```
1   public class StudentServiceMockTest {
2       @Test
3       public void Should_get_audit_records_When_find_student() {
4           // Given
5           StudentDaoMock mockDao = new StudentDaoMock();
6           StudentService service = new StudentServiceImpl(mockDao);
7           String name = "jim";
8
9           // When
10          service.findStudent(name);
11
12          // Then
13          mockDao.expect(new Student("000", name));
14          mockDao.verifyEquals();
15      }
16  }
```

事實上 Mock Object 不用自己建立，Mockito 框架使用代理 (proxy) 物件的原
理提供建立 Mock Object 的 API，讓單元測試的開發更加方便，後續章節將會
說明。

2.7 使用 Fake Object

2.7.1 Fake Object 使用情境

單元測試時不會建立 SUT 的 Mock Object 或 Test Stub，而是針對和 SUT 有依賴關係的 DOC，如此這些關連物件可以在我們的掌控之中，也可以藉由對 SUT 的資料輸出或輸入來驗證 SUT 的正確性。

Fake Object 和其他測試替身不同，它是基於真實的商業邏輯而只修改部分程式碼如資料庫相關以方便測試，是具有真實邏輯的測試替身物件。其他的使用情境如：

1. 真實物件不容易在單元測試的環境下被實例化 (instantiated)，如建構子需要讀取檔案，或需要使用 JNDI 查找關連物件。

2. 真實物件的方法需要較久的執行時間，如某個 calculate() 在計算數值時需要呼叫 load() 方法自資料庫中取得實際資料。因為單元測試講究效率，這時候我們需要略過 load() 方法，或是改寫 load() 方法提供假資料，而只測試 calculate() 方法的邏輯內容。

Fake Object 是可以執行的實作，而且經常會繼承類別後再覆寫 (override) 不易測試的方法。因為可能會因為需要覆寫而提高方法存取層級，如由 private 提高至 protected 或 default，反而成為駭客攻擊的目標，因此正式環境的程式碼必須小心是否有被攻擊的可能。

2.7.2 Fake Object 使用範例

範例專案「ch02-test-doubles」的套件「lab.testdoubles.fake」示範 Fake Object 的使用情境。

1. 新增一個 JdbcSupport 類別，利用 Connection、Statement、ResultSet 等物件存取資料庫；不過我們隱藏資料庫處理細節，僅公開 batchUpdate() 方法讓 client 呼叫。該方法用於批次更新，對一個使用 prepared statement 的 SQL 以不同參數執行多次，並回傳每次執行 SQL 的結果：

- 第一個 String 型態的參數是 SQL。
- 第二個 List<Map<String, Object>> 參數 params 是 SQL 參數,每一次執行 SQL 需要的參數以 Map 的方式儲存,因此可以有多個鍵與值的參數,對應 SQL 執行時 Where 敘述可能的多個欄位名稱與欄位值。
- 每一組參數以 SQL 執行後會得到一個以 int 型態表示的結果,若為 1 表示資料庫更新成功,為 0 則表示更新失敗。將把每一次 SQL 執行一組參數後的結果合併成一個陣列 int[] 後回傳。該陣列長度會和參數 params 的長度一致。

範例:/ch02-test-doubles/src/main/java/lab/testdoubles/fake/ JdbcSupport.java

```
1  public class JdbcSupport {
2      public int[] batchUpdate(String sql, List<Map<String, Object>> params) {
3          // original db access code go here
4          return null;
5      }
6  }
```

2. 用於將學生的資訊保存到資料庫的 StudentDao 介面如下,後續將建立其子類別實作。該類別方法 multipleUpdate() 接受 List<Student> 的參數,並將依據 Student 的屬性 rollNumber 欄位是否為 null 進行分類;若為 null 將視為新資料並批次 insert 到資料庫中,反之則將資料批次 update 至資料庫中:

範例:/ch02-test-doubles/src/main/java/lab/testdoubles/fake/ StudentDao.java

```
1  public interface StudentDao {
2      public void multipleUpdate(List<Student> students);
3  }
```

3. StudentDao 介面的實作子類別 StudentDaoImpl 如下。multipleUpdate() 方法建立 2 個 List<Student> 集合物件,依據傳入的參數 List<Student> 的成員 Student 物件的 rollNumber 屬性是否存在而進行分類歸屬,如行 13-19。一個用於儲存要 insert 資料的新 Student 物件,另一個則用於要儲存已經存在、但要 update 資訊的 Student 物件。

接下來每一個 Student 物件都會呼叫 update() 方法,進而呼叫 JdbcSupprt 物件將資料 insert 或 update 到資料庫中,並回傳更新的資料筆數。

◎ 範例：/ch02-test-doubles/src/main/⋯/testdoubles/fake/
StudentDaoImpl.java

```
1   public class StudentDaoImpl implements StudentDao {
2
3       int[] update(String sql, List<Map<String, Object>> params) {
4           return new JdbcSupport().batchUpdate(sql, params);
5       }
6
7       @Override
8       public void multipleUpdate(List<Student> students) {
9
10          List<Student> insertList = new ArrayList<>();
11          List<Student> updateList = new ArrayList<>();
12
13          for (Student student : students) {
14              if (student.getRollNumber() == null) {
15                  insertList.add(student);
16              } else {
17                  updateList.add(student);
18              }
19          }
20
21          int rowsInserted = 0;
22          int rowsUpdated = 0;
23          if (!insertList.isEmpty()) {
24              List<Map<String, Object>> paramList = new ArrayList<>();
25              for (Student std : insertList) {
26                  Map<String, Object> param = new HashMap<String, Object>();
27                  param.put("name", std.getName());
28                  paramList.add(param);
29              }
30              int[] rowCount = update("insert", paramList);
31              rowsInserted = sum(rowCount);
32          }
33
34          if (!updateList.isEmpty()) {
35              List<Map<String, Object>> paramList = new ArrayList<>();
36              for (Student std : updateList) {
37                  Map<String, Object> param = new HashMap<String, Object>();
38                  param.put("roll_number", std.getRollNumber());
39                  param.put("name", std.getName());
40                  paramList.add(param);
41              }
42              int[] rowCount = update("update", paramList);
43              rowsUpdated = sum(rowCount);
```

```
44        }
45
46      if (students.size() != (rowsInserted + rowsUpdated)) {
47        throw new IllegalStateException("Database update error, expected "
48      + students.size() + " updates but actual " + (rowsInserted + rowsUpdated));
49      }
50    }
51
52    private int sum(int[] rows) {
53      int sum = 0;
54      for (int val : rows) {
55          sum += val;
56      }
57      return sum;
58    }
59  }
```

4. 我們需要對方法 multipleUpdate() 的行為進行單元測試，但是裡面轉呼叫的
   update() 方法會建立 JdbcSupport 新物件並直接存取資料庫；若我們直接對
   multipleUpdate() 方法進行單元測試將花費較多的時間，而且要考慮資料庫的
   表格與資料設計，不符合單元測試的精神。

   主要的問題在 **update()** 方法，因此我們使用 **Fake Object** 將問題分離。建立
   StudentDaoFake 類別繼承 StudentDaoImpl 類別並覆寫 update() 方法，所以若
   在 StudentDaoFake 物件上呼叫 multipleUpdate()，它將呼叫覆寫的 update() 方
   法並切斷與真實資料庫的存取，其程式碼如下。

   為了測試時可以設定預期的行為，執行方法 update() 前可以藉由呼叫
   setAssumeResult() 設定要回傳的 int[]。假如我們要測試更新資料庫失敗的
   行為，可以建立一個長度為 1 的 int[]，唯一成員設值為 0，例如 int [] val =
   {0}，並將陣列傳入 setAssumeResult() 方法中，則 multipleUpdate() 會因為更
   新失敗而拋出 IllegalStateException 例外物件。

   🎯 範例：/ch02-test-doubles/src/test/java/lab/testdoubles/fake/
   StudentDaoFake.java

```
1  public class StudentDaoFake extends StudentDaoImpl {
2
3      private int[] assumeResult;
4      public void setAssumeResult(int[] assumeResult) {
```

```
5        this.assumeResult = assumeResult;
6    }
7
8    // 記錄 insert 與 update 的 SQL 各自執行次數
9    private Map<String, Integer> sqlCount = new HashMap<>();
10   public Map<String, Integer> getSqlCount() {
11       return sqlCount;
12   }
13
14   @Override
15   int[] update(String sql, List<Map<String, Object>> params) {
16       Integer count = sqlCount.get(sql);
17       if (count == null) {
18           sqlCount.put(sql, params.size());
19       } else {
20           sqlCount.put(sql, count + params.size());
21       }
22
23       if (assumeResult != null) {
24           return assumeResult;
25       }
26
27       int[] result = new int[params.size()];
28       for (int i = 0; i < params.size(); i++) {
29           val[i] = 1;   // 假設每次更新資料庫都成功
30       }
31       return result;
32   }
33 }
```

5. 接下來開始撰寫單元測試程式。以下測試使用 setAssumeResult() 方法假設資料庫更新失敗時會如預期拋出 IllegalStateException 例外物件。若沒有使用方法 setAssumeResult() 設定 SQL 執行結果失敗，將以方法傳入的 List 物件長度回傳，因此不會拋出 IllegalStateException，亦即資料庫存取成功：

🎯 範例：/ch02-test-doubles/src/test/java/lab/testdoubles/fake/
StudentDaoTest.java

```
1  @Test
2  public void Should_rollbacks_tarnsaction_When_row_count_does_not_match() {
3      // Given
4      List<Student> students = new ArrayList<>();
5      students.add(new Student(null, "Jim"));
6
```

```
7    StudentDaoFake dao = new StudentDaoFake();
8    int[] assumeReturned = { 0 };
9    dao.setAssumeResult(assumeReturned);
10
11   // Then
12   assertThrows(IllegalStateException.class, () -> {
13       // When
14       dao.multipleUpdate(students);
15   });
16 }
```

6. 以下測試建立 rollNamber 為 **null** 的 Student 物件，預期傳入 multipleUpdate() 將進行 insert。藉由 getSqlCount() 方法取出 insert 的 SQL 執行次數和應該和 傳入的 Student 物件個數相同，均為 1：

📌 **範例**：/ch02-test-doubles/src/test/java/lab/testdoubles/fake/ StudentDaoTest.java

```
1    @Test
2    public void Should_creates_student_When_new_student() {
3        // Given
4        List<Student> students = new ArrayList<>();
5        students.add(new Student(null, "Jim"));
6
7        // When
8        StudentDaoFake dao = new StudentDaoFake();
9        dao.multipleUpdate(students);
10
11       // Then
12       int actualInsertCount = dao.getSqlCount().get("insert_student_sql");
13       int expectedInsertCount = 1;
14       assertEquals(expectedInsertCount, actualInsertCount);
15   }
```

7. 以下測試建立 rollNamber **不為 null** 的 Student 物件，預期傳入 multipleUpdate() 將進行 update。藉由 getSqlCount() 方法取出 update 的 SQL 執行次數和應該 和傳入的 Student 物件個數相同，均為 1：

📌 **範例**：/ch02-test-doubles/src/test/java/lab/testdoubles/fake/ StudentDaoTest.java

```
1    @Test
2    public void Should_updates_student_successfully_When_existing_student() {
3        // Given
```

```
4     List<Student> students = new ArrayList<>();
5     students.add(new Student("001", "Bill"));
6
7     // When
8     StudentDaoFake dao = new StudentDaoFake();
9     dao.multipleUpdate(students);
10
11    // Then
12    int actualUpdateCount = dao.getSqlCount().get("update_student_sql");
13    int expectedUpdate = 1;
14    assertEquals(expectedUpdate, actualUpdateCount);
15  }
```

8. 以下測試驗證同時存在 1 個要新增 (rollNamber 為 null) 和 2 個要更新 (rollNamber 不為 null) 的 Student 物件：

🎯 **範例**：/ch02-test-doubles/src/test/java/lab/testdoubles/fake/ StudentDaoTest.java

```
1   @Test
2   public void Should_create_update_students_When_new_and_existing_students() {
3       // Given
4       List<Student> students = new ArrayList<>();
5       students.add(new Student("001", "Student-1"));
6       students.add(new Student(null, "Student-2"));
7       students.add(new Student("002", "Student-3"));
8
9       // When
10      StudentDaoFake dao = new StudentDaoFake();
11      dao.multipleUpdate(students);
12
13      // Then: verify update
14      int actualUpdateCount = dao.getSqlCount().get("update_student_sql");
15      int expectedUpdate = 2;
16      assertEquals(expectedUpdate, actualUpdateCount);
17      // Then: verify insert
18      int actualInsertCount = dao.getSqlCount().get("insert_student_sql");
19      int expectedInsert = 1;
20      assertEquals(expectedInsert, actualInsertCount);
21  }
```

03

使用 Mockito（一）

3.1 認識 Mockito

Mockito 是 Java 的開源框架，屬於 MIT 授權，用來協助單元測試時建立各式測試替身，特別是 Mock Object。

在之前的章節中，我們說明了測試替身物件的意義，包含了 Dummy Object、Test Stub、Test Spy、Mock Object、Fake Object 等的建立與使用方式。測試替身取代了 SUT 的外部關連物件，在 SUT 只能和這些預先安排的物件互動的情況下，就能有效分離 (isolate) 與外部物件的依賴關係，達成單元測試的目的。Mockito 框架支援並簡化這些測試替身物件的建立與技巧使用，要了解有關 Mockito 的更多資訊，可參考以下連結：

1. https://github.com/mockito/mockito
2. https://github.com/mockito/mockito/wiki

3.1.1　了解單元測試質量

編寫易讀且好維護的乾淨單元測試程式碼 (clean test) 是一門藝術，就像撰寫 clean code 一樣不容易。良好的單元測試可以降低維護成本，描述清楚的甚至可以作為系統參考文件讓開發者清楚知道程式的預期邏輯與行為。

單元測試為了具備可讀性，靈活性和可維護性的好處。應該遵守以下規則：

1. 單元測試應該可靠：只有在正式程式碼有狀況時，測試程式碼才能失敗。如果測試因為某種其他原因而開始失敗，如資料庫或 Internet 無法連線，則代表正式程式碼應該也無法正常運作；但實際上測試失敗是因為相依的外部資源導致，也和測試程式碼無關，這會讓單元測試變得不可靠。

2. 單元測試應該自動化：
   - 假設不斷得到驗證：我們會對程式碼進行重構 (在不影響執行結果的情況下改變程式碼結構) 以提高程式碼的可維護性、可讀性和擴展性。如果單元測試自動運行並提供測試結果回饋，我們就可以放心地重構程式碼。換言之沒有被自動化測試覆蓋 (coverage) 的程式碼就不應該貿然重構。
   - 會立即檢測到副作用：當程式碼區塊緊密耦合 (tightly-coupled)、相依性很高的時候，異動容易造成功能異常。自動化的單元測試可以隨時結果回報結果，避免出錯。
   - 無須立即進行人工回歸測試 (regression)，節省時間：修改程式碼後經常要對其他可能牽動的地方進行回歸測試以驗證系統的完整性，這是繁瑣且耗時的。使用自動化的單元測試套件可以將回歸測試延遲到整個功能完成為止，或者設為階段自動通知。

3. 測試應該有效率地執行：測試應該要提供快速的結果回報。測試完成經常不超過一秒鐘的時間，若應用程式要進行數千個測試且要幾個小時才能完成，則每次提交的程式碼變更都必須等待一個小時才能獲得結果回報，相當沒效率。若開發人員必須等待一個小時或更長時間才能驗證程式碼異動結果，或直到測試運行完成，這將阻礙開發進度。

4. 輕鬆設定和執行：測試的設定應該簡單，而且單元測試不需要資料庫、Internet 連線、存取檔案資源等。以下是違背原則的一些單元測試案例：

- 取得資料庫連接並存取資料。
- 連接到網際網路並下載文件。
- 連接 SMTP 伺服器發送電子郵件。
- 以 JNDI 查找物件。
- 呼叫 Web Service。
- 操作 I/O，如輸出報表。

這些案例中，若單元測試無法連接外部資源就無法全面測試程式碼。為了克服這樣的問題，就需要隔離這些外部資源；或者從技術上來說，需要偽冒 (mock) 外部依賴項目 (external dependencies)。

Mockito 建立的測試替身在偽冒外部依賴項目中扮演關鍵角色，如可用於偽冒資料庫連接或任何外部 I/O 行為，所以測試程式碼可以與 Mockito 偽冒的外部依賴項目進行交互作用，因此可以完成單元測試。它們具有以下優點：

1. 提高單元測試的可靠性：可以用來偽冒測試時不友好的外部依賴資源，從而使測試變得可靠，不會因任何不可用的外部依賴而失敗，如斷線的網路。
2. 單元測試可以自動化：Mockito 使單元測試配置變得簡單，因為測試可以偽冒外部依賴關係，例如偽冒 Web Service 呼叫或資料庫存取。
3. 快速的測試執行：單元測試存取的是 Mockito 建立的測試替身，會比實際的外部依賴項目更有效率。

3.1.2 設定 pom.xml 使用 Mockito

使用 JUnit 5 搭配 Mockito，可以在 pom.xml 內加入「mockito-junit-jupiter」關連：

範例：/ch03-mockito/pom.xml

```
1  <dependency>
2      <groupId>org.junit.jupiter</groupId>
3      <artifactId>junit-jupiter-engine</artifactId>
4      <version>5.7.2</version>
5      <scope>test</scope>
6  </dependency>
7
```

```
8   <dependency>
9       <groupId>org.mockito</groupId>
10      <artifactId>mockito-junit-jupiter</artifactId>
11      <version>3.9.0</version>
12      <scope>test</scope>
13  </dependency>
```

3.2 章節情境說明

在本章情境裡我們建立一個 AjaxController 類別接受使用者端 Ajax 請求並取得一個 List<Country> 集合物件。Ajax 請求包含請求的頁碼，每頁行數，排序順序為升冪或降冪，排序欄位名稱和搜尋條件，然後從資料庫表格中搜尋 Country 資料作為 Ajax 的回應。設計如下：

1. 類別 AjaxController

🎯 範例：/ch03-mockito/src/main/java/lab/mockito/basic/stub/AjaxController.java

```
1   @Controller
2   @Scope("session")
3   public class AjaxController {
4     private final CountryDao countryDao;
5
6     public AjaxController(CountryDao countryDao) {
7         this.countryDao = countryDao;
8     }
9
10    @ResponseBody
11    @PostMapping(value = "retrieveCountries")
12    public JsonDataWrapper<Country> retrieve(HttpServletRequest httpRequest) {
13
14      QueryCountryRequest daoRequest = RequestBuilder.build(httpRequest);
15      List<Country> countries = countryDao.retrieve(daoRequest);
16
17      int size = countries.size();
18
19      // 第~頁
20      int page = daoRequest.getPage();
21      // 每頁筆數
```

```
22    int rowPerPage = daoRequest.getRowPerPage();
23    // 資料擷取開始
24    int startIndex = (page - 1) * rowPerPage;
25    // 資料擷取結束
26    int endIndex = (startIndex + rowPerPage) > size
27                    ? size : (startIndex + rowPerPage);
28
29    if (startIndex < endIndex) {
30        countries = countries.subList(startIndex, endIndex);
31    }
32
33    JsonDataWrapper<Country> wrapper
34                = new JsonDataWrapper<>(page, size, countries);
35    return wrapper;
36  }
37 }
```

2. 類別 Country

類別 Country 設計如下，會對應到資料庫查詢欄位：

🎯 範例：/ch03-mockito/src/main/java/lab/mockito/basic/stub/Country.java

```
1  public class Country {
2      private String iso;
3      private String iso3;
4      private String name;
5      private String printableName;
6      private String countryCode;
7      // setters
8      // getters
9  }
```

3. 介面 CountryDao

類別 CountryDao 設計如下：

🎯 範例：/ch03-mockito/src/main/java/lab/mockito/basic/stub/CountryDao.java

```
1  public interface CountryDao {
2      List<Country> retrieve(QueryCountryRequest command);
3  }
```

4. 類別 QueryCountryRequest

AjaxController.retrieve() 方法傳入參數 HttpServletRequest，再藉由 RequestBuilder.
build() 轉換為 QueryCountryRequest 型態，然後才能成為 CountryDao.retrieve()
的參數，再進行資料查詢。

類別 QueryCountryRequest 設計如下：

🎯 **範例**：/ch03-mockito/src/main/java/lab/mockito/basic/stub/
QueryCountryRequest.java

```
1  public class QueryCountryRequest {
2      private int page;
3      private int rowPerPage;
4      private SortColumn sortName;
5      private SortOrder sortOrder;
6      private String serachQuery;
7      private String queryType;
8
9      // getters()
10     // setters()
11 }
```

5. 類別 RequestBuilder

類別 RequestBuilder 設計如下：

🎯 **範例**：/ch03-mockito/src/main/java/lab/mockito/basic/stub/
RequestBuilder.java

```
1  public class RequestBuilder {
2    public static QueryCountryRequest build(HttpServletRequest httpRequest) {
3      QueryCountryRequest qcr = new QueryCountryRequest();
4      qcr.setPage(getInt(httpRequest.getParameter("page")));
5      qcr.setRowPerPage(getInt(httpRequest.getParameter("rp")));
6      qcr.setSortOrder(SortOrder.find(httpRequest.getParameter("sortorder")));
7      qcr.setSortName(SortColumn.find(httpRequest.getParameter("sortname")));
8      qcr.setSerachQuery(httpRequest.getParameter("qtype"));
9      return qcr;
10   }
11
12   private static Integer getInt(String val) {
13     Integer retVal = null;
```

```
14      try {
15          retVal = Integer.parseInt(val);
16      } catch (Exception e) {}
17      return retVal;
18    }
19  }
```

6. 列舉型別 SortOrder

RequestBuilder 使用的列舉型別 SortOrder 設計如下：

🎯 **範例**：/ch03-mockito/src/main/java/lab/mockito/basic/stub/
SortOrder.java

```
1  public enum SortOrder {
2
3      ASC, DESC;
4
5      public static SortOrder convert(String order) {
6          for(SortOrder o: values()) {
7              if(o.name().equalsIgnoreCase(order)) {
8                  return o;
9              }
10         }
11         return null;
12     }
13 }
```

7. 列舉型別 SortColumn

RequestBuilder 使用的列舉型別 SortColumn 設計如下：

🎯 **範例**：/ch03-mockito/src/main/java/lab/mockito/basic/stub/
SortColumn.java

```
1  public enum SortColumn {
2
3      ISO, NAME, PRINTABLE_NAME, ISO3, COUNTRY_CODE;
4
5      public static SortColumn convert(String name) {
6          for (SortColumn col : values()) {
7              if (col.name().equalsIgnoreCase(name)) {
8                  return col;
9              }
```

```
10        }
11        return null;
12    }
13 }
```

在 AjaxController.retrieve() 方法的最後會把資料庫查詢回來的 List<Country> 物件，與分頁資訊合併打包成為一個 JsonDataWrapper 物件後回覆給用戶端。設計如下：

8. 類別 JsonDataWrapper

範例：ch03-mockito/src/main/java/lab/mockito/basic/stub/JsonDataWrapper.java

```
1  public class JsonDataWrapper<T> implements Serializable {
2
3      private static final long serialVersionUID = 1L;
4
5      // current page
6      private int page;
7
8      // total number of records for the given entity.
9      private int total;
10
11      // list of records to be displayed.
12      private List<T> rows;
13
14      public JsonDataWrapper(int page, int total, List<T> rows) {
15          this.page = page;
16          this.total = total;
17          this.rows = rows;
18      }
19
20      // getters
21 }
```

3.3 使用 Mockito 驅動單元測試

這次的 SUT 是 AjaxController，我們需要建立一個 HttpServletRequest 物件並放入測試資料，然後隔離 DAO 或資料庫的呼叫。

我們將使用 Mockito 框架建立 HttpServletRequest 和 CountryDao 的 Mock Object，因為在 Mockito 中 Mock Object 和 Test Stub 沒有什麼差別，因此 CountryDao 的 Mock Object 也可以如同 Test Stub 隔離資料庫的呼叫。

Mockito 框架中使用 static 方法建立 Mock Object。可以直接呼叫 Mockito.mock() 方法：

```java
public class AjaxControllerTest {
    HttpServletRequest request;
    CountryDao countryDao;

    @BeforeEach
    public void setUp() {
        request = Mockito.mock(HttpServletRequest.class);
        countryDao = Mockito.mock(CountryDao.class);
    }
}
```

或 static import 以匯入 Mockito 的 static 的 mock() 方法，以精簡程式碼：

```java
import static org.mockito.Mockito.mock;

public class AjaxControllerTest1 {
    HttpServletRequest request;
    CountryDao countryDao;

    @BeforeEach
    public void setUp() {
        request = mock(HttpServletRequest.class);
        countryDao = mock(CountryDao.class);
    }
}
```

建立 Mock Object 也可以使用 **@Mock** 標註在測試類別的實例欄位 (instance field) 上，但必須在每一個測試方法開始前呼叫 **MockitoAnnotations. openMocks** (this)：

```
import org.mockito.Mock;
import org.mockito.MockitoAnnotations;

public class AjaxControllerTest {
    @Mock
    private HttpServletRequest request;
    @Mock
    private CountryDao countryDao;

    @BeforeEach
    public void setUp() {
        MockitoAnnotations.openMocks(this);
    }
}
```

或在測試類別上註記 **@ExtendWith(MockitoExtension.class)**，就不需要在每一個測試方法開始前呼叫 MockitoAnnotations.openMocks(this)：

```
import org.mockito.Mock;
import org.mockito.junit.jupiter.MockitoExtension;

@ExtendWith(MockitoExtension.class)
public class AjaxControllerTest {
    @Mock
    private HttpServletRequest request;
    @Mock
    private CountryDao countryDao;

    @BeforeEach
    public void setUp() {}
}
```

這也是後續我們建立 Mock Object 的方式。不過 Mockito 建立 Mock Object 也有其限制，我們將在後續章節說明。

3.4 以 when() 與 thenReturn() 定義 Mock Object 的方法

我們在前一章節介紹測試替身時說明建立 Mock Object 需要事先定義和 SUT 有互動的方法，如被呼叫時應該回傳什麼樣的值，或是拋出哪一種例外。

Mockito 框架支援定義 Mock Object，並允許我們在呼叫特定方法時回傳特定值，可以使用 **Mockito.when()** 和 **thenReturn()** 來完成，或是以 static import 簡化程式碼：

```
import static org.mockito.Mockito.when;
```

語意上很容易理解，就是在 when() 裡定義「若某一方法被呼叫」，在 thenReturn() 裡定義「會回傳什麼物件」。以下單元測試呈現使用方式：

1. 程式碼行 7-16 先設定對 CountryDao 的 retrieve() 方法傳入一個滿足 QueryCountryRequest 型態的物件後，將固定回傳一個空 List 物件，再驗證此設定效果。

2. 程式碼行 18-29 先設定對 CountryDao 的 retrieve() 方法傳入一個滿足 QueryCountryRequest 型態的物件後，將固定回傳內含 1 個 Country 物件的 List 物件，再驗證此設定效果。

範例：/ch03-mockito/src/test/java/lab/mockito/basic/stub/ TestHappyStub.java

```java
1  @ExtendWith(MockitoExtension.class)
2  public class TestHappyStub {
3
4    @Mock
5    private CountryDao countryDao;
6
7    @Test
8    public void Should_get_empty_country_list_When_stub() {
9      // Given
10     when(countryDao.retrieve(isA(QueryCountryRequest.class)))
11       .thenReturn(Collections.emptyList());
12     // When
13   . List<Country> countries = countryDao.retrieve(new QueryCountryRequest());
14     // Then
```

```
15    assertEquals(0, countries.size());
16  }
17
18  @Test
19  public void Should_get_not_empty_country_list_When_stub() {
20    // Given
21    List<Country> list = new ArrayList<>();
22    list.add(new Country());
23    when(countryDao.retrieve(isA(QueryCountryRequest.class)))
24        .thenReturn(list);
25    // When
26    List<Country> countries = countryDao.retrieve(new QueryCountryRequest());
27    // Then
28    assertEquals(1, countries.size());
29  }
30 }
```

when() 方法定義 Mock Object 與 SUT 互動的方法的觸發時機，也就是何時會使用到該方法。以下方法則描述觸發之後會發生的事，或產生的效果：

1. **thenReturn** (a value to be returned)：指定方法被呼叫時將回傳括號內的固定值。

2. **thenThrow** (a throwable to be thrown)：指定方法被呼叫時將拋出括號內的例外物件。

3. **thenAnswer** (Answer answer)：為了讓指定方法被呼叫時可以更有彈性地進行一段程式邏輯，而不是只能回傳一個固定值，或是拋出固定的例外物件，Mockito 支援使用 Answer 介面定義 Mock Object 可以進行的程式邏輯，概念相似於之前介紹的對 Fake Object 覆寫後的方法：

🎯 **範例：org.mockito.stubbing.Answer**

```
1  public interface Answer<T> {
2      T answer(InvocationOnMock invocation) throws Throwable;
3  }
```

4. **thenCallRealMethod**()：指定方法被呼叫時將轉呼叫真實物件的方法。

以上項目 1 的 thenReturn() 除了可以接受一個固定值外：

```
OngoingStubbing<T> thenReturn(T value);
```

也可以接受可變動個數的參數 (variable arguments, varargs)：

OngoingStubbing<T> thenReturn(**T value, T... values**);

或者是拆成多次呼叫：

```
thenReturn(value).thenReturn(value2).thenReturn(value3);
```

以

```
when(mock.someMethod()).thenReturn(10, 5, 100);
```

為例，結果會是：

1. 第 1 次呼叫 mock.someMethod() 回傳 10。
2. 第 2 次呼叫 mock.someMethod() 回傳 5。
3. 第 3 次呼叫 mock.someMethod() 回傳 100。
4. 第 4 次之後呼叫 mock.someMethod() 都回傳 100。

因 為 在 RequestBuilder.build() 的 方 法 中 有 多 次 呼 叫 HttpServletRequest 的 getParameter() 情況，如以下行 4-8：

範例：/ch03-mockito/src/main/java/lab/mockito/basic/stub/ RequestBuilder.java

```
1   public class RequestBuilder {
2     public static QueryCountryRequest build(HttpServletRequest httpRequest) {
3       QueryCountryRequest qcr = new QueryCountryRequest();
4       qcr.setPage( getInt(httpRequest.getParameter("page")) );
5       qcr.setRowPerPage( getInt(httpRequest.getParameter("rp")) );
6       qcr.setSortOrder( SortOrder.find(httpRequest.getParameter("sortorder")) );
7       qcr.setSortName( SortColumn.find(httpRequest.getParameter("sortname")) );
8       qcr.setSearchQuery( httpRequest.getParameter("qtype") );
9
10      return qcr;
11    }
12  //...others
13  }
```

因此以下範例行 22-25 以多個 thenReturn() 串接進行單元測試，而行 22-25 將又
與行 26 等價：

🎯 **範例**：/ch03-mockito/src/test/java/lab/mockito/basic/stub/
TestMultiParamsStub.java

```
1   @ExtendWith(MockitoExtension.class)
2   public class TestMultiParamsStub {
3
4     @Mock
5     private HttpServletRequest httpRequest;
6     @Mock
7     private CountryDao countryDao;
8
9     AjaxController ajaxController;
10    List<Country> countryList;
11    @BeforeEach
12    public void setUp() {
13      ajaxController = new AjaxController(countryDao);
14      countryList = new ArrayList<>();
15      countryList.add(new Country());
16    }
17
18    @Test
19    public void Should_get_response_When_given_all_httpRequest_params() {
20      // Given
21      when(httpRequest.getParameter(anyString()))
22          .thenReturn("1")
23          .thenReturn("10")
24          .thenReturn(SortOrder.ASC.name())
25          .thenReturn(SortColumn.ISO.name());
26       //.thenReturn("1", "10", SortOrder.ASC.name(), SortColumn.ISO.name());
27
28      when(countryDao.retrieve(isA(QueryCountryRequest.class)))
29          .thenReturn(countryList);
30
31      // When
32      JsonDataWrapper<Country> response = ajaxController.retrieve(httpRequest);
33      // Then
34      assertEquals(1, response.getPage());
35      assertEquals(1, response.getTotal());
36      assertEquals(1, response.getRows().size());
37    }
38  }
```

所以進行單元測試 TestMultiParamsStub 時，以 debug 模式追蹤程式碼可以發現：

1. 類別 RequestBuilder 的行 4 的 httpRequest.getParameter("page") 執行時將得到 "1"。

2. 類別 RequestBuilder 的行 5 的 httpRequest.getParameter("rp") 執行時將得到 "10"。

3. 類別 RequestBuilder 的行 6 的 httpRequest.getParameter("sortorder") 執行時將得到 SortOrder.ASC.name()。

4. 類別 RequestBuilder 的行 7 的 httpRequest.getParameter("sortname") 執行時將得到 SortColumn.ISO.name()。

5. 類別 RequestBuilder 的行 8 的 httpRequest.getParameter("qtype") 執行時將得到 SortColumn.ISO.name()。

3.5 以 when() 與 thenThrow() 定義 Mock Object 的方法

單元測試並非只關注順利的情境 (happy path)，拋出例外之後的流程 (unhappy path) 是否如預期也是測試重點。假設程式由資料庫取得資料後要送到印表機列印，此時若是印表機、資料庫、網路連線等異常都會導致程式拋出例外，而且有對應的流程要執行，這時候就可以使用 **when()** 和 **thenThrow(Throwable)** 方法定義 Mock Object，如以下單元測試：

🎯 範例：/ch03-mockito/src/test/java/lab/mockito/basic/stub/TestUnhappyStub.java

```
1   @ExtendWith(MockitoExtension.class)
2   public class TestUnhappyStub {
3       @Mock
4       HttpServletRequest request;
5       @Mock
6       CountryDao countryDao;
7
8       AjaxController ajaxController;
```

```
9
10    @BeforeEach
11    public void setUp() {
12        ajaxController = new AjaxController(countryDao);
13    }
14
15    @Test
16    public void Should_get_exception_When_countryDao_retrieve_failed() {
17      // Given
18      when(request.getParameter(anyString()))
19          .thenReturn("1", "10", SortOrder.DESC.name(), SortColumn.ISO.name());
20      when(countryDao.retrieve(isA(QueryCountryRequest.class)))
21          .thenThrow(new RuntimeException("Database failure"));
22      // Then
23      assertThrows(RuntimeException.class, () -> {
24          // When
25          ajaxController.retrieve(request);
26      });
27    }
28
29    public void Should_get_exception_When_countryDao_retrieve_failed2() {
30      // Given
31      when(request.getParameter(anyString()))
32          .thenReturn("1", "10", SortOrder.DESC.name(), SortColumn.ISO.name());
33      when(countryDao.retrieve(isA(QueryCountryRequest.class)))
34          .thenThrow(new RuntimeException("Database failure"));
35      // When
36      try {
37          ajaxController.retrieve(request);
38          fail();
39      } catch (RuntimeException re) {
40          // Then
41          assertEquals("Database failure", re.getMessage());
42      } catch (Exception re) {
43          fail();
44      }
45    }
46 }
```

第一個測試方法的行 22-26 使用 JUnit 5 的 assertThrows() 方法，第二個測試方法的行 36-44 則使用 JUnit 4-5 都支援的方式；其餘都相同。

需要注意的是，thenReturn() 和 thenThrow() 都不適用於 void 方法，將在下一章的 Mockito 進階內容介紹解決方式。

3.6 使用參數配對器 (ArgumentMatcher)

Mockito.when() 方法定義 Mock Object 與 SUT 互動的方法的觸發時機,除了指定方法名稱外,參數型態的指定需要使用 Mockito 的參數配對器 (matcher)。在我們示範過的單元測試中,一共使用過兩種:

📌 **範例**:/ch03-mockito/src/test/java/lab/mockito/basic/stub/TestMultiParamsStub.java

```
21      when(httpRequest.getParameter( anyString() ))
```

因為要指定 getParameter() 方法必須傳入 String,因此使用完整名稱以 **ArgumentMatchers.anyString()** 表示,或是 static import 後以「**anyString()**」表示,如本例。

📌 **範例**:/ch03-mockito/src/test/java/lab/mockito/basic/stub/TestHappyStub.java

```
10      when(countryDao.retrieve(isA(QueryCountryRequest.class)))
```

因為要指定 retrieve() 方法必須傳入 QueryCountryRequest 的物件參考,因此使用完整名稱以 **ArgumentMatchers.isA()** 表示,或是 static import 後以「**isA()**」表示,如本例。

3.6.1 使用類別 ArgumentMatchers 定義的萬用配對器

本節參照套件 lab.mockito.basic.wildcardMatcher 下的獨立範例程式碼。

建立類別 Request,用於將輸入的值由 Object 型態包裝成 Request 型態:

📌 **範例**:/ch03-mockito/src/main/java/lab/mockito/basic/wildcardMatcher/Request.java

```
1   public class Request {
2       private Object input;
3       public Request(Object obj) {
4           this.input = obj;
5       }
6       public Object getInput() {
```

```
7        return input;
8    }
9 }
```

建立類別 Response，用於將輸出的值由 Object 型態包裝成 Response 型態：

🎯 範例：/ch03-mockito/src/main/java/lab/mockito/basic/wildcardMatcher/
Response.java

```
1 public class Response {
2     private Object output;
3     public Response(Object val) {
4         this.output = val;
5     }
6     public Object getOutput() {
7         return output;
8     }
9 }
```

建立類別 Service，方法 call() 接受輸入 Request 型態，再回傳 Response 型態：

🎯 範例：/ch03-mockito/src/main/java/lab/mockito/basic/wildcardMatcher/
Service.java

```
1 public class Service {
2     public Response call(Request req) {
3         String s = req.getInput() + " EOL";
4         return new Response(s);
5     }
6 }
```

建立類別 ServiceFacade，方法 call() 接受輸入 Object 型態，輸出 Object 型態。
因為方法內要轉呼叫 Service 的 call() 方法，因此必須建立 Request 的區域變數
以包裝 Object 型態的輸入值如範例程式碼行 7，也是本範例關鍵：

🎯 範例：/ch03-mockito/src/main/java/lab/mockito/basic/wildcardMatcher/
ServiceFacade.java

```
1 public class ServiceFacade {
2     Service service;
3     public ServiceFacade(Service service) {
4         this.service = service;
5     }
```

```
6    public Object call(Object input) {
7        Request req = new Request(input);
8        Response resp = service.call(req);
9        return resp.getOutput();
10   }
11 }
```

在前述的程式碼片段中，有 Object 型態的物件參考傳入 ServiceFacade 的 call()
方法中，接著 Request 型態的新物件產生，然後傳入 Service 的 call() 方法中。

建立單元測試如下，內含 2 個相似的測試方法。第一個測試方法的行 9 未使用
參數配對器所以測試失敗，第二個測試方法的行 27 使用參數配對器所以測試通
過：

🎯 **範例**：/ch03-mockito/src/test/java/lab/mockito/basic/wildcardMatcher/
TestWildcardMatcher.java

```
1    @ExtendWith(MockitoExtension.class)
2    public class TestWildcardMatcher {
3        @Test
4        public void Should_not_get_output_When_not_use_wildcard_matcher() {
5            // Given
6            Service mockService = mock(Service.class);
7            Object mockInput = mock(Object.class);
8
9            Request req = new Request(mockInput);
10           Response resp = new Response("test");
11           when(mockService.call(req)).thenReturn(resp);
12
13           // When
14           ServiceFacade j = new ServiceFacade(mockService);
15           Object output = j.call(mockInput);
16
17           // Then
18           assertEquals("test", output.toString());
19       }
20
21       @Test
22       public void Should_get_output_When_use_wildcard_matcher() {
23           // Given
24           Service mockService = mock(Service.class);
25           Object mockInput = mock(Object.class);
26
```

```
27        Request req = isA(Request.class);
28        Response resp = new Response("test");
29        when(mockService.call(req)).thenReturn(resp);
30
31        // When
32        ServiceFacade j = new ServiceFacade(mockService);
33        Object output = j.call(mockInput);
34
35        // Then
36        assertEquals("test", output.toString());
37    }
38 }
```

以上單元測試中的 2 個測試方法有 99% 的相似度，唯一不同的是行 9 與行 27，但也決定了結果不同：

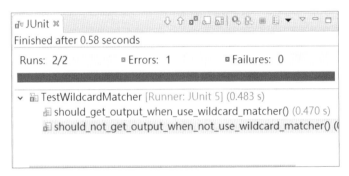

▲ 圖 3-1 未使用參數配對器將測試失敗

要精準觸發 Mock Object 的方法，除了名稱正確外，傳入的物件參考也必須相符。我們在單元測試的行 9 建立了新的 Request 物件，行 11 傳入該物件，表示單元測試執行期間只有將行 9 的 Request 物件傳入 Service 的 Mock Object 的 call() 方法才能真正觸發；但實際上程式在行 15 傳遞 mockInput 物件給 ServiceFacade. call() 後，在 ServiceFacade 範例碼的行 7 包裝成新的 Request 物件，顯然前後兩個 Request 物件一定不同，因此無法觸發 Service 的 Mock Object 的 call() 方法，反而拋出「org.mockito.exceptions.**misusing.PotentialStubbingProblem**」錯誤，並提示「Strict stubbing argument mismatch」表示傳入的參數物件不匹配：

```
■ Errors: 1                      ■ Failures: 0
≡ Failure Trace
| org.mockito.exceptions.misusing.PotentialStubbingProblem:
  Strict stubbing argument mismatch. Please check:
   - this invocation of 'call' method:
     service.call(
    ┌─────────────────────────────────────────────────┐
    │ lab.mockito.basic.wildcardMatcher.Request@5b38c1ec │
    └─────────────────────────────────────────────────┘
  );
≡  -> at lab.mockito.basic.wildcardMatcher.ServiceFacade.call(ServiceFacade.java:13)
   - has following stubbing(s) with different arguments:
     1. service.call(
    ┌─────────────────────────────────────────────────┐
    │ lab.mockito.basic.wildcardMatcher.Request@15a34df2 │
    └─────────────────────────────────────────────────┘
  );
≡     -> at lab.mockito.basic.wildcardMatcher.TestWildcardMatcher.should_not_get_output_when_not_use_wildcard_matcher
```

▲ 圖 3-2 PotentialStubbingProblem

這個問題的根源是 Service 的 call() 需要的 Request 的物件在 ServiceFacade 的 call() 中是新建立的，是**區域變數**，而單元測試程式碼沒有辦法參照到它，因此 Mock Object 裡覆寫 call() 方法時就無法指定傳入值，必須使用「萬用字元配對器 (wildcard matchers)：isA()」，如行 27，**指定型態但不指定物件參考**，這樣才不會侷限觸發時機：

```
27        Request req = isA(Request.class);
28        Response resp = new Response("test");
29        when(mockService.call(req)).thenReturn(resp);
```

範例 AjaxController 也有類似的情況：

🎯 **範例**：/ch03-mockito/src/main/java/lab/mockito/basic/stub/ AjaxController.java

```
1   @ResponseBody
2   @PostMapping(value = "retrieveCountries")
3   public JsonDataWrapper<Country> retrieve(HttpServletRequest httpRequest) {
4
5       QueryCountryRequest daoRequest = RequestBuilder.build(httpRequest);
6       List<Country> countries = countryDao.retrieve(daoRequest);
7
8       // others...
9   }
```

單元測試時需要針對行 6 的 CountryDao 建立 Mock Object，但方法 retrieve() 的
參數來自行 5 的**區域變數**，因此單元測試就必須使用 isA() 指定 Mock Object 的
方法被觸發時接受的參數型態：

🎯 範例：/ch03-mockito/src/test/java/lab/mockito/basic/stub/
TestHappyStub.java

```
10        when(countryDao.retrieve(isA(QueryCountryRequest.class)))
```

Mockito 的參數配對器 (matcher) 有很多種類，大部分都很直觀，如：

1. ArgumentMatchers.**anyInt**()：必須是 int 型態
2. ArgumentMatchers.**anyString**()：必須是 String 型態
3. ArgumentMatchers.**eq**()：物件的 equals() 必須結果相同

一旦使用參數配對器時，方法的參數必須全部都是參數配對器，如以下 3 個參
數都是：

```
when(mock.someMethod(anyInt(), anyString(), eq("third argument"))).thenReturn();
```

以下範例將失敗，因為第 1 個和第 3 個參數未使用配對器傳遞：

```
when(mock.someMethod(1, anyString(), "third argument")).thenReturn();
```

3.6.2 使用介面 ArgumentMatcher 建立自定義的
參數配對器

Mockito 允許開發者使用介面 ArgumentMatcher 建立自定義的參數配對器。

CountryDao 的唯一方法 retrieve() 方法接受 QueryCountryRequest 參數並回傳
Country 的 List 集合物件：

🎯 範例：/ch03-mockito/src/main/java/lab/mockito/basic/stub/
CountryDao.java

```
1  public interface CountryDao {
2      List<Country> retrieve(QueryCountryRequest command);
3  }
```

QueryCountryRequest 以 行 4 欄 位 SortColumn 指 定 排 序 依 據、 以 行 5 欄 位
SortOrder 決定排序是升冪或降冪，兩個欄位都是列舉型別 (enum)：

🎯 範例：/ch03-mockito/src/main/java/lab/mockito/basic/stub/
QueryCountryRequest.java

```
1   public class QueryCountryRequest {
2       private int page;
3       private int rowPerPage;
4       private SortColumn sortName;
5       private SortOrder sortOrder;
6       private String serachQuery;
7       private String queryType;
8
9       // getters()
10      // setters()
11  }
```

Mockito 的參數配對器除了可以指定常用的型態如 String、int 外，也可以自己客
製。此時必須實作 ArgumentMatcher 介面，並覆寫 matches() 方法，回傳 true 表
示配對成功：

🎯 範例：org.mockito.ArgumentMatcher

```
1   public interface ArgumentMatcher<T> {
2       boolean matches(T argument);
3   }
```

本例客製內部類別配對器 SortByIsoInAscOrderMatcher 判斷 QueryCountryRequest
是否要求以 **ISO 欄位依升冪 (ASC)** 規則排序：

🎯 範例：/ch03-mockito/src/test/java/lab/mockito/basic/stub/
TestCustomArgumentMatcher.java

```
1   class SortByIsoInAscOrderMatcher
2                   implements ArgumentMatcher<QueryCountryRequest> {
3       @Override
4       public boolean matches(QueryCountryRequest argument) {
5           SortOrder sortOrder = argument.getSortOrder();
6           SortColumn col = argument.getSortName();
7           return SortOrder.ASC.equals(sortOrder) && SortColumn.ISO.equals(col);
8       }
9   }
```

也客製內部類別配對器 SortByIsoInDescOrderMatcher 判斷 QueryCountryRequest
是否要求以 **ISO 欄位依降冪 (DESC)** 規則排序：

🎯 範例：/ch03-mockito/src/test/java/lab/mockito/basic/stub/
TestCustomArgumentMatcher.java

```
1  class SortByIsoInDescOrderMatcher
2                  implements ArgumentMatcher<QueryCountryRequest> {
3      @Override
4      public boolean matches(QueryCountryRequest argument) {
5          SortOrder sortOrder = argument.getSortOrder();
6          SortColumn col = argument.getSortName();
7          return SortOrder.DESC.equals(sortOrder) && SortColumn.ISO.equals(col);
8      }
9  }
```

ArgumentMatcher 介面支援泛型，設計為 QueryCountryRequest 型別。方法
matches() 從 QueryCountryRequest 中擷取 SortOrder 和 SortColumn 資訊判斷
是否以 ISO 欄位依升冪、降冪規則排序。若滿足則單元測試裡 CountryDao 的
Mock Object 的 retrieve() 方法將回傳指定的 Country 集合物件，反之則不會。2
個單元測試的方法主要流程為：

1. 建立 HttpServletRequest 的 Mock Object 讓使用者的請求包含「以 ISO 欄位依
   升冪 (降冪) 規則排序」。
2. 建立 CountryDao 的 Mock Object，若 retrieve() 參數 QueryCountryRequest 為
   「以 ISO 欄位依升冪 (降冪) 規則排序」時就會回傳指定的 List<Country> 集
   合物件。

若傳入的 HttpServletRequest 不含「以 ISO 欄位依升冪規則排序」，則
CountryDao.retrieve() 就不會回傳指定的 List<Country> 集合物件，將得到空的
集合物件，導致最後的 assert 失敗！

因為使用客製的 ArgumentMatcher，必須搭配 ArgumentMatchers.**argThat()**：

🎯 範例：/ch03-mockito/src/test/java/lab/mockito/basic/stub/
TestCustomArgumentMatcher.java

```
1  @ExtendWith(MockitoExtension.class)
2  public class TestCustomArgumentMatcher {
```

```
3     @Mock
4     HttpServletRequest httpRequest;
5     @Mock
6     CountryDao countryDao;
7     AjaxController ajaxController;
8
9     Country c1, c2, c3, c4;
10    List<Country> countryAll, countryP1, countryP2;
11
12    @BeforeEach
13    public void setUp() {
14        ajaxController = new AjaxController(countryDao);
15
16        c1 = create("Argentina", "AR", "32");
17        c2 = create("USA", "US", "01");
18        c3 = create("Brazil", "BR", "05");
19        c4 = create("India", "IN", "91");
20
21        countryAll = new ArrayList<Country>();
22        countryAll.add(c1);
23        countryAll.add(c2);
24        countryAll.add(c3);
25        countryAll.add(c4);
26
27        countryP1 = new ArrayList<Country>();
28        countryP1.add(c1);
29        countryP1.add(c2);
30
31        countryP2 = new ArrayList<Country>();
32        countryP2.add(c3);
33        countryP2.add(c4);
34    }
35
36    private Country create(String name, String iso, String coutryCode) {
37        Country country = new Country();
38        country.setCountryCode(coutryCode);
39        country.setIso(iso);
40        country.setName(name);
41        return country;
42    }
43
44    @Test
45    public void Should_get_rows_When_given_countries_sortedBy_ISO_in_asc() {
46      // Given
47      when(httpRequest.getParameter(anyString()))
```

```
48          .thenReturn("1", "2", SortOrder.ASC.name(), SortColumn.ISO.name());
49      when(countryDao.retrieve(argThat(new SortByIsoInAscOrderMatcher())))
50          .thenReturn(countryAll);
51      // When
52      JsonDataWrapper<Country> response = ajaxController.retrieve(httpRequest);
53      // Then
54      assertEquals(2, response.getRows().size());
55      assertEquals(countryP1, response.getRows());
56    }
57
58    @Test
59    public void Should_get_rows_When_given_countries_sortedBy_ISO_in_desc() {
60      // Given
61      when(httpRequest.getParameter(anyString()))
62          .thenReturn("2", "2", SortOrder.DESC.name(), SortColumn.ISO.name());
63      when(countryDao.retrieve(argThat(new SortByIsoInDescOrderMatcher())))
64          .thenReturn(countryAll);
65      // When
66      JsonDataWrapper<Country> response = ajaxController.retrieve(httpRequest);
67      // Then
68      assertEquals(2, response.getRows().size());
69      assertEquals(countryP2, response.getRows());
70    }
71  }
```

📢 說明

9	宣告單元測試會使用的 Country 物件：c1, c2, c3, c4。
10	宣告單元測試會使用的 Country 集合物件。因為 Country 物件共有 4 個，且後續測試設定每頁有 2 筆資料，因此 countryAll 為全部集合物件，countryP1 呈現第 1 頁資料，countryP2 呈現第 2 頁資料。
12-34	每一個測試單元開始前都會建立需要的測試資料。
49	客製的 ArgumentMatcher，必須搭配 ArgumentMatchers.argThat()。
63	客製的 ArgumentMatcher，必須搭配 ArgumentMatchers.argThat()。

3.7 以 verify() 驗證 Mock Object 的方法呼叫

要驗證方法的呼叫次數是否合理，或者從測試來看是否呼叫了 Mock Object 的方法，是單元測試不可忽視的一環。

測試替身中的 Mock Object 可以是 Test Spy 和 Test Stub 的組合。它可以如 Test Spy 接收 SUT 的間接輸出，也可以如 Test Stub 因應測試情境需要讓特定方法回傳固定值或刻意拋出例外。在 Mockito 裡 Mock Object 和 Test Stub 的建立方式一樣，或者可以說已經將兩者揉合一起，不太需要刻意區分。

在某些情況下 Mock Object 的方法不應該被呼叫，有時則可能需要被呼叫數次，使用靜態方法 Mockito.verify() 並傳入 Mock Objects 作為參數後可以驗證指定方法被呼叫次數是否如預期。它有多個相似版本可以呼叫，常用如下：

❹ 表 3-1 Mockito.verify() 的相似方法

方法	說明
verify (T mock, **VerificationMode** mode)	VerificationMode 用於指定次數。
verify (T mock)	只發生 1 次，未帶 VerificationMode 參數時表示 1 次。
verifyNoMoreInteractions (Object... mocks)	必須所有的呼叫都被 verify() 驗證過，沒有漏網之魚。
verifyNoInteractions (Object... mocks)	發生 0 次。

3.7.1 使用 Mockito.verify()

方法 verify() 之後要接 Mock Object 的指定方法，否則執行測試時會拋出例外 org.mockito.exceptions.**misusing.UnfinishedVerificationException**，由套件名稱有「misusing」字樣，或類別名稱有「UnfinishedVerification」字樣，就可以知道是錯誤的使用方式造成。例外訊息同時會提示正確的用法為「verify(mock). doSomething()」，並提醒若指定方法宣告為 final 或 private，或指定方法為 equals() 與 hashCode() 都會錯誤，如以下範例行 4：

🎯 範例：/ch03-mockito/src/test/java/lab/mockito/basic/stub/TestVerify.java

```
1  @Test
2  public void Should_verify_failed_When_stub_equals() {
3      // Then
4      verify(httpRequest).equals(any());
5  }
```

執行結果為：

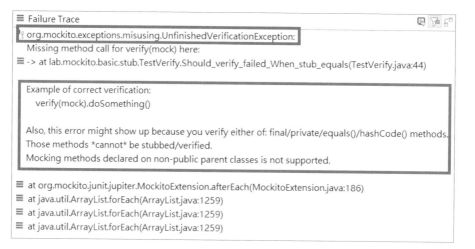

▲ 圖 3-3 UnfinishedVerificationException

方法 verify() 首先要關注的是以下版本，也是其他版本的基礎：

🎯 範例：org.mockito.Mockito

```
1  public static <T> T verify (T mock, VerificationMode mode) {
2      return MOCKITO_CORE.verify(mock, mode);
3  }
```

該方法的第一個參數是 Mock Object/Test Stub，第二個參數則以介面 VerificationMode 表達被存取的次數，它有很多實作，後續將說明。

而 verify() 未傳入參數 VerificationMode 的版本就是指定存取的次數為 1 次，不能多也不能少。以下行 2 的方法 times(1) 回傳參數就是 VerificationMode：

🎯 範例：org.mockito.Mockito

```
1  public static <T> T verify (T mock) {
2      return MOCKITO_CORE.verify(mock, times(1) );
3  }
```

如以下單元測試：

🎯 範例：/ch03-mockito/src/test/java/lab/mockito/basic/stub/TestVerify.java

```
1  @Test
2  public void Should_verify_once_interaction_passed_When_one_method_is_verified()
   {
3      // When
4      httpRequest.getParameter("page");
5      // Then
6      verify(httpRequest).getParameter(anyString());
7  }
```

介面 VerificationMode 用於表達被存取的次數，它有很多實作如下：

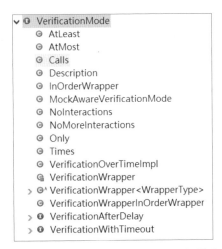

▲ 圖 3-4 介面 VerificationMode 與其實作

其中 org.mockito.internal.verification.**Times** 很常被使用，因為可以使用整數參數「wantedNumberOfInvocations」來表達存取頻率：

```
20  public class Times implements VerificationInOrderMode, VerificationMode {
21
22      final int wantedCount;
23
24      public Times(int wantedNumberOfInvocations) {
25          if (wantedNumberOfInvocations < 0) {
26              throw new MockitoException("Negative value is not allowed here");
27          }
28          this.wantedCount = wantedNumberOfInvocations;
29      }
```

▲ 圖 3-5 org.mockito.internal.verification.Times 建構子接受存取頻率的整數參數

如果整數參數是 0，則表示該 Mock Object 的方法不會在測試過程中被呼叫；如果是負數則拋出 MockitoException，且訊息為「Negative value is not allowed here」。

以下靜態方法都回傳 org.mockito.verification.VerificationMode，因此都可以用於做為 Mockito.verify(T mock, VerificationMode mode) 方法的第二個參數：

1. Mockito.times()

Mockito.**times**(int wantedNumberOfInvocations) 描述 Mock Object 的指定方法恰好被呼叫了 wantNumberOfInvocations 次，若不是這個數字則測試失敗。如以下單元測試行 9 驗證 HttpServletRequest 型態的 Mock Object 的參考變數 httpRequest 的 getParameter(String) 方法在測試期間一共被呼叫了 5 次：

📄 範例：/ch03-mockito/src/test/java/lab/mockito/basic/stub/TestVerify.java

```
1   @Test
2   public void Should_verify_all_interaction_passed_When_all_stub_methods_are_
    verified() {
3       // Given
4       when(httpRequest.getParameter(anyString()))
5           .thenReturn("1", "10", SortOrder.ASC.name(), SortColumn.ISO.name());
6       // When
7       ajaxController.retrieve(httpRequest);
8       // Then
9       verify(httpRequest, times(5)).getParameter(anyString());
10  }
```

2. Mockito.never()

Mockito.**never**() 描述 Mock Object 的指定方法未被呼叫，和 times(0) 同義。
如以下單元測試行 4 表示 HttpServletRequest 型態的 Mock Object 的參考變數
httpRequest 的 getParameter(String) 方法在測試期間未被呼叫：

🎯 範例：/ch03-mockito/src/test/java/lab/mockito/basic/stub/TestVerify.java

```
1  @Test
2  public void Should_verify_never_interaction_passed_When_no_methods_are_
   verified() {
3      // Then
4      verify(httpRequest, never()).getParameter(anyString());
5  }
```

3. Mockito.atLeastOnce()

Mockito.**atLeastOnce**() 描述 Mock Object 的指定方法至少被呼叫 1 次。可以更
多次，但不能少。如以下單元測試中 getParameter(String) 方法被呼叫了 2 次，
滿足至少 1 次的門檻，因此通過測試：

🎯 範例：/ch03-mockito/src/test/java/lab/mockito/basic/stub/TestVerify.java

```
1  @Test
2  public void Should_verify_atLeastOnce_interaction_passed_When_atLeastOnce_
   methods_are_verified() {
3      // When
4      httpRequest.getParameter("page");
5      httpRequest.getParameter("test");
6      // Then
7      verify(httpRequest, atLeastOnce()).getParameter(anyString());
8  }
```

4. Mockito.atLeast()

Mockito.**atLeast**(int minNumberOfInvocations) 描述 Mock Object 的指定方法至
少呼叫 minNumberOfInvocations 次。可以更多，但不能少。如以下單元測試中
getParameter(String) 方法被呼叫了 2 次，滿足至少 2 次的門檻，因此通過測試：

🎯 範例：/ch03-mockito/src/test/java/lab/mockito/basic/stub/TestVerify.java

```
1  @Test
2  public void Should_verify_atLeast_interaction_passed_When_atLeast_methods_are_
   verified() {
3      // When
4      httpRequest.getParameter("page");
5      httpRequest.getParameter("test");
6      // Then
7      verify(httpRequest, atLeast(2)).getParameter(anyString());
8  }
```

5. Mockito.atMost()

Mockito.**atMost**(int maxNumberOfInvocations) 描述 Mock Object 的指定方法最多
被呼叫 maxNumberOfInvocations 次。可以更少，但不能多。如以下單元測試中
getParameter(String) 方法被呼叫了 2 次，最多不超過 3 次：

🎯 範例：/ch03-mockito/src/test/java/lab/mockito/basic/stub/TestVerify.java

```
1  @Test
2  public void Should_verify_atMost_interaction_passed_When_atMost_methods_are_
   verified() {
3      // When
4      httpRequest.getParameter("page");
5      httpRequest.getParameter("test");
6      // Then
7      verify(httpRequest, atMost(3)).getParameter(anyString());
8  }
```

6. Mockito.only()

Mockito.**only**() 描述用於驗證 Mock Object 只能是指定的方法被呼叫 (其他方法
不能被呼叫)，而且只能被呼叫 1 次。如以下單元測試 Mock Object 的指定方法
getParameter () 被呼叫 1 次：

🎯 範例：/ch03-mockito/src/test/java/lab/mockito/basic/stub/TestVerify.java

```
1  @Test
2  public void Should_verify_only_passed_When_one_method_is_called() throws
   Exception {
3      // when
```

```
4    httpRequest.getParameter("page");
5    // Then
6    verify(httpRequest, only()).getParameter(anyString());
7  }
```

以下單元測試 HttpServletRequest 型態的 Mock Object 的參考變數 httpRequest 的
的 getParameter() 被呼叫 1 次，getContextPath() 也被呼叫 1 次。因為以 only() 要
求只能呼叫 getParameter() 方法且只能 1 次，遺漏 getContextPath()，因此測試
失敗：

範例：/ch03-mockito/src/test/java/lab/mockito/basic/stub/TestVerify.java

```
1    @Test
2    public void Should_verify_only_failed_When_more_methods_are_called() throws
                                                                      Exception {
3      // when
4      httpRequest.getParameter("page");
5      httpRequest.getContextPath();
6      // Then
7      verify(httpRequest, only()).getParameter(anyString()); // test failed!
8    }
```

以下單元測試 httpRequest 的 getParameter() 被呼叫 5 次，因為以 only() 要求只
能呼叫 getParameter() 方法且只能 1 次，因此測試失敗：

範例：/ch03-mockito/src/test/java/lab/mockito/basic/stub/TestVerify.java

```
1    @Test
2    public void Should_verify_only_failed_When_getParameter_called_more_than_once()
                                                                throws Exception {
3      // Given
4      when(httpRequest.getParameter(anyString()))
5          .thenReturn("1", "10", SortOrder.ASC.name(), SortColumn.ISO.name());
6      // When
7      ajaxController.retrieve(httpRequest);
8      // Then
9      verify(httpRequest, only()).getParameter(anyString()); // test failed!
10   }
```

3.7.2 使用 Mockito.verifyNoMoreInteractions()

使用 Mockito.verifyNoMoreInteractions(Object... mocks) 可以確認參數中所有 Mock Object 的方法呼叫都事先被 verify() 驗證過，沒有漏網之魚。

範例 1

以下單元測試驗證 2 個 Mock Object 的參考變數，包含 httpRequest 和 countryDao 都沒有未被驗證過的方法呼叫：

🎯 範例：/ch03-mockito/src/test/java/lab/mockito/basic/stub/TestVerify.java

```
1  @Test
2  public void Should_verify_nomore_interaction_passed_When_never_call() {
3      // Then
4      verifyNoMoreInteractions(httpRequest, countryDao);
5  }
```

範例 2

以下單元測試行 4 呼叫 getParameter() 方法 1 次，行 6 去驗證該方法被呼叫 1 次，因此行 7 再驗證 httpRequest 已經沒有未被驗證過的方法呼叫，將通過測試：

🎯 範例：/ch03-mockito/src/test/java/lab/mockito/basic/stub/TestVerify.java

```
1  @Test
2  public void Should_verify_nomore_interaction_passed_When_all_stub_methods_are_
   verified() {
3      // When
4      httpRequest.getParameter("page");
5      // Then
6      verify(httpRequest, times(1)).getParameter(anyString());
7      verifyNoMoreInteractions(httpRequest);
8  }
```

範例 3

承前範例，以下範例行 4 呼叫 getParameter() 後沒有先對 httpRequest 驗證呼叫次數，因此行 6 驗證 httpRequest 沒有未被驗證過的方法呼叫將測試失敗：

📌 範例：/ch03-mockito/src/test/java/lab/mockito/basic/stub/TestVerify.java

```
1  @Test
2  public void Should_verify_nomore_interaction_failed_When_not_all_stub_methods_
   are_verified() {
3      // When
4      httpRequest.getParameter("page");
5      // Then
6      verifyNoMoreInteractions(httpRequest);
7  }
```

3.7.3 使用 Mockito.verifyNoInteractions()

使用 Mockito.verifyNoInteractions(Object... mocks) 可以確認輸入的所有 Mock Object 的方法都沒有被呼叫過。

範例 1

以下單元測試因為 2 個 Mock Object 的參考變數，包含 httpRequest 和 countryDao，的任何方法都未被呼叫過，因此 verifyNoInteractions() 通過測試：

📌 範例：/ch03-mockito/src/test/java/lab/mockito/basic/stub/TestVerify.java

```
1  @Test
2  public void Should_verify_no_interaction_passed_When_never_call() {
3      verifyNoInteractions(httpRequest, countryDao);
4  }
```

範例 2

以下單元測試因為 getParameter() 方法被呼叫過，因此驗證 2 個 Mock Object 的參考變數，包含 httpRequest 和 countryDao，都未被呼叫過任何方法時將測試失敗：

📌 範例：/ch03-mockito/src/test/java/lab/mockito/basic/stub/TestVerify.java

```
1  @Test
2  public void Should_verify_no_interaction_failed_When_ever_call() {
3      // When
4      httpRequest.getParameter("page");
```

```
5    // Then
6    verifyNoInteractions(httpRequest, countryDao);
7 }
```

範例 3

以下單元測試因為 getParameter() 被呼叫過，即便行 6 驗證 getParameter() 被
呼叫過的那一次，後續驗證 2 個 Mock Object 的參考變數包含 httpRequest 和
countryDao 都未被呼叫過，依然測試失敗：

🎯 範例：/ch03-mockito/src/test/java/lab/mockito/basic/stub/TestVerify.java

```
1    @Test
2    public void Should_verify_no_interaction_failed_When_ever_call_is_verified() {
3        // When
4        httpRequest.getParameter("page");
5        // Then
6        verify(httpRequest, times(1)).getParameter(anyString());
7        verifyNoInteractions(httpRequest, countryDao);
8 }
```

3.8 以 when() 與 thenAnswer() 定義 Mock Object 的方法

方法 thenAnswer() 的使用情境與語法

使用 when() 和 thenReturn() 定義 Mock Object 的方法時可以回傳預先定義的
值，但不能回傳動態或是比較複雜的結果，甚至方法是 void 時也不支援。
Mockito 框架提供了一個機制來解決這些問題，就是在指定方法呼叫結束後，再
去呼叫一段程式碼，稱為回呼 (callback)，而該段程式碼由 **Answer** 介面的方法
answer(InvocationOnMock invocation) 定義，且方法 answer() 執行結束後回傳
的物件會成為真實的物件。使用語法和 thenReturn() 與 thenThrow() 相似：

```
when(mock.someMethod()).thenAnswer(new Answer() {…});
```

也可以使用以下語法：

```
when(mock.someMethod()).then(new Answer() {…});
```

Answer 介面的定義如下：

🎯 **範例：org.mockito.stubbing.Answer**

```
1  public interface Answer<T> {
2      T answer(InvocationOnMock invocation) throws Throwable;
3  }
```

泛型 T 是 Mock Object 的指定方法的回傳型態。若指定方法沒有回傳，亦即 void，則泛型 T 使用 **java.lang.Void**。

方法 answer() 的參數 InvocationOnMock 是達成回呼的重點，因為使用它可以：

1. 取得傳入指定方法的參數物件：

```
Object[] args = invocation.getArguments();
```

取得方法所屬的 Mock Object/Test Stub 本身：

```
Object mock = invocation.getMock();
```

方法 thenAnswer() 的範例

在我們使用 AjaxController 的範例進行 Answer 的實作示範前，先回顧一下舊測試範例：

🎯 **範例：/ch03-mockito/src/test/java/lab/mockito/basic/stub/ TestMultiParamsStub.java**

```
1   @Test
2   public void Should_get_response_When_given_all_httpRequest_params() {
3       // Given
4       when(httpRequest.getParameter(anyString()))
5           .thenReturn("1", "2", SortOrder.ASC.name(), SortColumn.ISO.name());
6       when(countryDao.retrieve(isA(QueryCountryRequest.class)))
7           .thenReturn(countryList);
8       // When
9       JsonDataWrapper<Country> response = ajaxController.retrieve(httpRequest);
10      // Then
```

```
11    assertEquals(1, response.getPage());
12    assertEquals(1, response.getTotal());
13    assertEquals(1, response.getRows().size());
14  }
```

行 4-5 表示請求將所有資料分成 2 頁，然後取第 1 頁，同時以 ISO 欄位進行 ASC 排序。

1. 行 6-7 表示 CountryDao 的 Mock Object，在指定方法 retrieve() 接收到型態為 QueryCountryRequest 的參數時，將回傳指定的物件參考 countryList。

2. 在 AjaxController 的 retrieve() 方法內，傳入的 HttpServletRequest 物件將藉 由 RequestBuilder.build() 轉換為 QueryCountryRequest 物件，也就是說物 件參考 countryList 其實是受 httpRequest 影響的，只是過去搭配 when() 的 thenReturn() 只能回傳固定的物件參考。

3. 接下來我們將範例行 7 的程式碼修改如下，其中類別 SortAnswer 實作 Answer 介面，它可以取得單元測試執行時期傳入 retrieve() 方法的 QueryCountryRequest 物件參考，執行某段邏輯後動態建立回傳的 List<Country> 物件，不再回傳 固定的內容：

```
6    when(countryDao.retrieve(isA(QueryCountryRequest.class)))
7        .thenAnswer(new SortAnswer());
```

類別 SortAnswer 本例定義為內部類別：

🎯 **範例**：/ch03-mockito/src/test/java/lab/mockito/basic/stub/TestAnswer.java

```
1   class SortAnswer implements Answer<List<Country>> {
2     @Override
3     public List<Country> answer(InvocationOnMock invocation) throws Throwable {
4       QueryCountryRequest request
5           = (QueryCountryRequest) invocation.getArguments()[0];
6       int order = request.getSortOrder().equals(SortOrder.ASC) ? 1 : -1;
7       SortColumn col = request.getSortName();
8
9       Collections.sort(countries, (c1, c2) -> {
10        if (SortColumn.ISO.equals(col))
11          return order * c1.getIso().compareTo(c2.getIso());
12        return order * c1.getName().compareTo(c2.getName());
13      });
14
```

```
15      return countries;
16    }
17 }
```

🔊 說明

1	介面 Answer 使用泛型 List<Country>，為 CountryDao 的 retrieve() 方法回傳的型態。
3	唯一的方法 answer(InvocationOnMock invocation) 回傳的型態即為泛型型態 List<Country>。
5	參數 InvocationOnMock 可以取得測試時傳入 retrieve() 方法的參數。使用 invocation.getArguments() 取得所有參數，以陣列儲存；因為 retrieve() 只有一個參數，因此再以 [0] 取出後轉型回 QueryCountryRequest。
6	確認排序順序。
7	確認排序欄位。
9-13	使用 Collections.sort() 將單元測試建立的實例變數 countries 依指定欄位與順序排序。若指定欄位為 ISO 則依指示排序，若其他則都由 Name 欄位排序。
15	回傳排序後的 countries。

如此只要呼叫 CountryDao 的 Mock Object 的 retrieve() 方法都將回呼 SortAnswer 的 answer()，所以 retrieve() 方法回傳的 List<Country> countries 也就受到 HttpServletRequest 指示的分頁條件影響，將根據輸入的排序欄位與順序對 countries 集合物件進行動態排序。以下單元測試要求對資料庫取回的資料要分成 2 頁，然後取第 1 頁，同時以 ISO 欄位進行 DESC 排序。因此我們斷言一共取回 2 筆資料，第一筆資料的 ISO 欄位為 US，第二筆為 IN。

🎯 範例：/ch03-mockito/src/test/java/lab/mockito/basic/stub/ TestAnswer.java

```java
1  @Test
2  public void Should_get_result_When_request_iso_column_desc_and_p1_from_2pages()
   {
3      // Given
4      when(httpRequest.getParameter(anyString()))
5          .thenReturn("1", "2", SortOrder.DESC.name(), SortColumn.ISO.name());
6      when(countryDao.retrieve(isA(QueryCountryRequest.class)))
```

```
7          .thenAnswer(new SortAnswer());
8      // When
9      JsonDataWrapper<Country> response = ajaxController.retrieve(httpRequest);
10     // Then (DESC, 1st/2pages)
11     assertEquals(2, response.getRows().size());
12     assertEquals("US", response.getRows().get(0).getIso());
13     assertEquals("IN", response.getRows().get(1).getIso());
14 }
```

以下單元測試要求對資料庫取回的資料分成 2 頁，然後取第 2 頁，同時以 ISO
欄位進行 ASC 排序。因此我們斷言一共取回 2 筆資料，第一筆資料的 ISO 欄位
為 IN，第二筆為 US。

範例：/ch03-mockito/src/test/java/lab/mockito/basic/stub/
TestAnswer.java

```
1  @Test
2  public void Should_get_result_When_request_iso_column_asc_and_p2_from_2pages()
   {
3      // Given
4      when(httpRequest.getParameter(anyString()))
5          .thenReturn("2", "2", SortOrder.ASC.name(), SortColumn.ISO.name());
6      when(countryDao.retrieve(isA(QueryCountryRequest.class)))
7          .thenAnswer(new SortAnswer());
8      // When
9      JsonDataWrapper<Country> response = ajaxController.retrieve(httpRequest);
10     // Then (ASC, 2nd/2pages)
11     assertEquals(2, response.getRows().size());
12     assertEquals("IN", response.getRows().get(0).getIso());
13     assertEquals("US", response.getRows().get(1).getIso());
14 }
```

04

使用 Mockito（二）

█ 4.1　章節情境說明

前一章節我們使用 Mockito 的 when() 搭配：

1. thenReturn()
2. thenThrow()
3. thenAnswer()

定義 Mock Object 的「有回傳 (return) 方法」的觸發時機與觸發結果。但一樣的情境要定義「void 方法」則是比較麻煩的。主要原因是一般單元測試流程是：

1. 單元測試準備輸入資料。
2. 將資料傳遞給 SUT 的方法 (method)。

3. 斷言回傳內容以驗證程式碼的行為是否符合預期。

但是當方法不回傳值而僅更改 SUT 的內部狀態時，將要驗證的內容變成不容易決定。亦即一般單元測試可以使用「直接輸入 / 輸出」驗證方法，但是 void 方法只能依賴「間接輸出」驗證，本章將以 HttpServlet 的 doGet() 和 doPost() 示範，因為他們都是 void 的方法。

4.1.1　待測試類別：DelegateController

DelegateController 本質上是 Front Controller，它攔截所有 HTTP 請求並根據 HttpServletRequest 物件的 getServletPath() 方法取得的 url 路徑分配給適當的程式處理：

🎯 範例：/ch04-mockito/src/main/java/lab/mockito/more/ DelegateController.java

```
1   @WebServlet("/DelegateController")
2   public class DelegateController extends HttpServlet {
3       private static final long serialVersionUID = 1L;
4
5       private final LoginController loginController;
6       private final ErrorHandler errorHandler;
7       private final MessageRepository messageRepository;
8
9       public DelegateController(LoginController loginController,
10          ErrorHandler errorHandler, MessageRepository messageRepository) {
11      this.loginController = loginController;
12      this.errorHandler = errorHandler;
13      this.messageRepository = messageRepository;
14      }
15
16      @Override
17      protected void doGet(HttpServletRequest req, HttpServletResponse res)
18                              throws ServletException, IOException {
19      try {
20          String urlContext = req.getServletPath();
21          if (urlContext.equals("/")) {
22              req.getRequestDispatcher("login.jsp").forward(req, res);
23          } else if (urlContext.equals("/logon.do")) {
24          loginController.process(req, res);
```

```
25        } else {
26          req.setAttribute("error", "Invalid request path '" + urlContext + "'");
27          req.getRequestDispatcher("error.jsp").forward(req, res);
28        }
29      } catch (Exception ex) {
30
31        Error error = new Error();
32        error.setErrorTrace(ex.getStackTrace());
33        errorHandler.mapTo(error);
34
35        String errorMsg = null;
36        if (error.getErrorCode() != null) {
37            errorMsg = messageRepository.lookUp(error.getErrorCode());
38        } else {
39            errorMsg = ex.getMessage();
40        }
41
42        req.setAttribute("error", errorMsg);
43        req.getRequestDispatcher("error.jsp").forward(req, res);
44      }
45    }
46    @Override
47    protected void doPost(HttpServletRequest req, HttpServletResponse resp)
48        throws ServletException, IOException {
49      doGet(req, resp);
50    }
51 }
```

資源導向流程

在導向資源的過程中，DelegateController 需要的 LoginController、ErrorHandler、MessageRepository 由建構子完成依賴注入，如程式碼行 11-13。

導向資源的邏輯如程式碼行 20-28：

1. 若使用者請求首頁「/」，將導向至頁面 login.jsp，讓使用者登入。
2. 頁面 login.jsp 鍵入帳號密碼送出後，導向至「/logon.do」，即 LoginController，由建構子依賴注入。
3. 其他請求路徑一律導向至錯誤頁面 error.jsp。

例外處理流程

一旦分配路徑的過程出錯，將進入 Exception 處理程序，如程式碼行 31-43。主要流程是先取得 Exception 的例外資訊 (error stack trace)，再經由 ErrorHandler 轉換為錯誤代碼 (error code)，最後由 MessageRepository 找出對應的錯誤訊息 (error message)，然後回應給使用者。程式碼說明如下：

1. 以 **Error** 物件做為錯誤資訊載具。先將 Exception 的 StackTraceElement[] 存入欄位 trace 後，經過 **ErrorHandler** 的分析，將 errorCode 放入另一個欄位，如行 31-33。關連的類別設計如下：

🎯 範例：/ch04-mockito/src/main/java/lab/mockito/more/Error.java

```
1  public class Error {
2      private StackTraceElement[] trace;
3      private String errorCode;
4      // getters & setters
5  }
```

🎯 範例：/ch04-mockito/src/main/java/lab/mockito/more/ErrorHandler.java

```
1  public interface ErrorHandler {
2      public void mapTo(Error error);
3  }
```

🎯 範例：/ch04-mockito/src/main/java/lab/mockito/more/
ErrorHandlerImpl.java

```
1   public class ErrorHandlerImpl implements ErrorHandler {
2       @Override
3       public void mapTo(Error error) {
4           error.setErrorCode(genCode(error.getTrace()));
5       }
6       private String genCode(StackTraceElement[] trace) {
7           // TODO generate error code from StackTraceElement[]
8           return null;
9       }
10  }
```

2. 藉由自 Error 物件中取出 errorCode，**MessageRepository** 可以查找出事先定義的對應錯誤訊息並顯示給使用者，如程式碼行 37。若 errorCode 取出後為

null，則提供 Exception 的原始錯誤訊息給使用者，如行 39。關連的類別設計
如下：

📌 **範例**：/ch04-mockito/src/main/java/lab/mockito/more/
MessageRepository.java

```
1  public interface MessageRepository {
2      String lookUp(String... errorCode);
3  }
```

📌 **範例**：/ch04-mockito/src/main/java/lab/mockito/more/
MessageRepositoryImpl.java

```
1  public class MessageRepositoryImpl implements MessageRepository {
2      @Override
3      public String lookUp(String... errorCode) {
4          // TODO lookup error message from repository by error code
5          return null;
6      }
7  }
```

最終由行 42-43 將錯誤訊息以 error.jsp 呈現給使用者。

4.1.2 待測試類別：LoginController

前述 DelegateController 將請求導向至 LoginController，將由 request 中取出使用
者名稱和密碼，再由關連的元件 LDAPManager 進行使用者驗證以確認使用者是
否存在與密碼是否正確。以下是 LoginController 類別內容：

📌 **範例**：/ch04-mockito/src/main/java/lab/mockito/more/
LoginController.java

```
1  public class LoginController {
2
3    private final LDAPManager ldapManager;
4
5    public LoginController(LDAPManager ldapMngr) {
6      this.ldapManager = ldapMngr;
7    }
8
9    public void process(HttpServletRequest req, HttpServletResponse res)
10                              throws ServletException, IOException {
```

```
11    String userName = req.getParameter("userName");
12    String encrypterPassword = req.getParameter("encrypterPassword");
13    RequestDispatcher dispatcher;
14    if (this.ldapManager.isValidUser(userName, encrypterPassword)) {
15      HttpSession session = req.getSession(true);
16      session.setAttribute("user", userName);
17      dispatcher = req.getRequestDispatcher("home.jsp");
18      dispatcher.forward(req, res);
19    } else {
20      req.setAttribute("error", "Invalid user name or password");
21      dispatcher = req.getRequestDispatcher("login.jsp");
22      dispatcher.forward(req, res);
23    }
24  }
25 }
```

方法 process() 將使用者驗證的工作委派 (delegate) 給 LDAPManager，如果使用
者通過驗證將建立一個新的 HttpSession 物件並將使用者資訊放入，再導向至首
頁 home.jsp，如程式碼行 14-18；若使用者名稱或密碼無效，再把請求導向回
login.jsp，如程式碼行 19-22。

LDAPManager 的介面設計如下：

🎯 範例：/ch04-mockito/src/main/java/lab/mockito/more/LDAPManager.java

```
1  public interface LDAPManager {
2    boolean isValidUser(String userName, String encrypterPassword);
3  }
```

實作 LDAPManagerImpl 設計示意如下：

🎯 範例：/ch04-mockito/src/main/java/lab/mockito/more/
    LDAPManagerImpl.java

```
1  public class LDAPManagerImpl implements LDAPManager {
2    @Override
3    public boolean isValidUser(String userName, String encrypterPassword) {
4      // TODO send user data to LDAP for authentication
5      return false;
6    }
7  }
```

4.2 快樂路徑與悲傷路徑的測試案例

LoginController 的方法 process() 是 void，沒有回傳值；要驗證行為是否如預期只能由關連物件 (DOC) 驗證，如：

1. 是否已呼叫 LDAPManager 的 isValidUser() 方法？
2. 是否在 HttpSession 中放入了使用者資訊？
3. 成功登入時是否已將請求導向到 home.jsp 頁面？

因此首先我們將建立測試方法 process() 需要使用的 Mock Object，包含：

1. **方法參數**：HttpServletRequest 與 HttpServletResponse。
2. **實例變數**：LDAPManager。
3. **區域變數**：RequestDispatcher 與 HttpSession。

以驗證是否執行預期操作。以下是 LoginController 類別的單元測試結構：

📀 範例：/ch04-mockito/src/test/java/lab/mockito/more/
LoginControllerTest.java

```
1   @ExtendWith(MockitoExtension.class)
2   public class LoginControllerTest {
3
4       private LoginController controller;
5
6       @Mock
7       private HttpServletRequest request;
8       @Mock
9       private HttpServletResponse response;
10      @Mock
11      private LDAPManager ldapManager;
12
13      @Mock
14      private HttpSession session;
15      @Mock
16      private RequestDispatcher dispatcher;
17
18      @BeforeEach
19      public void setup() {
20          controller = new LoginController(ldapManager);
21      }
22
```

```
23   @Test
24   public void Should_route_to_home_page_When_user_credentials_is_valid()
                                                        throws Exception {
25       // TODO
26   }
27   @Test
28   public void Should_route_to_login_page_When_user_credentials_is_invalid()
                                                        throws Exception {
29       // TODO
30   }
31 }
```

後續分別介紹快樂路徑與悲傷路徑的測試內容。

4.2.1　測試快樂路徑

當使用者通過驗證時，頁面應導向 home.jsp，如以下範例的測試方法。

本情境屬於「快樂路徑 (happy path)」，通常是最常見、最明顯的狀況。關鍵是單元測試中設定 LDAPManager 的 Mock Object 的 isValidUser() 方法回傳 **true**，如程式碼行 4，後續驗證：

1. 已呼叫 HttpServletRequest 的 Mock Object 的 getSession() 方法並傳入指定參數，如程式碼行 11。

2. 已呼叫 HttpSession 的 Mock Object 的 setAttribute() 方法並傳入指定參數，如程式碼行 12。

3. 已呼叫 HttpServletRequest 的 Mock Object 的 getRequestDispatcher() 方法並傳入 "home.jsp"，如程式碼行 13。

4. 已呼叫 RequestDispatcher 的 Mock Object 的 forward() 方法並傳入指定參數，如程式碼行 14。

🎯 範例：/ch04-mockito/src/test/java/lab/mockito/more/
LoginControllerTest.java

```
1   @Test
2   public void Should_route_to_home_page_When_user_credentials_is_valid()
                                                        throws Exception {
3       // Given
4       when(ldapManager.isValidUser(anyString(), anyString())).thenReturn(true);
```

```
5    when(request.getSession(true)).thenReturn(session);
6    when(request.getRequestDispatcher(anyString())).thenReturn(dispatcher);
7    when(request.getParameter(anyString())).thenReturn("user", "pwd");
8    // When
9    controller.process(request, response);
10   // Then
11   verify(request).getSession(true);
12   verify(session).setAttribute(anyString(), anyString());
13   verify(request).getRequestDispatcher(eq("home.jsp"));
14   verify(dispatcher).forward(request, response);
15 }
```

4.2.2 測試悲傷路徑

當使用者未通過驗證時，如無效的密碼或過期的密碼時，頁面應導向 login.jsp，
如以下範例的測試方法。

這類情境稱之為「備用路徑 (alternate path)」或「悲傷路徑 (sad path)」。關鍵是
單元測試中設定 LDAPManager 的 Mock Object 的 isValidUser() 方法回傳 **false**，
如程式碼行 4，其餘和快樂路徑相似。後續再驗證：

1. 已呼叫 HttpServletRequest 的 Mock Object 的 getRequestDispatcher() 方法並傳
   入 " login.jsp"。

2. 已呼叫 RequestDispatcher 的 Mock Object 的 forward() 方法並傳入指定參數。

🎯 範例：/ch04-mockito/src/test/java/lab/mockito/more/
LoginControllerTest.java

```
1    @Test
2    public void Should_route_to_login_page_When_user_credentials_is_invalid()
                                                    throws Exception {
3    // Given
4        when(ldapManager.isValidUser(anyString(), anyString())).thenReturn(false);
5        when(request.getRequestDispatcher(anyString())).thenReturn(dispatcher);
6        when(request.getParameter(anyString())).thenReturn("user", "pwd");
7        // When
8        controller.process(request, response);
9        // Then
10       verify(request).getRequestDispatcher(eq("login.jsp"));
11       verify(dispatcher).forward(request, response);
12 }
```

接下來要探討 void 方法的異常處理。

4.3 測試 void 方法

4.3.1 使用 doThrow()

在前面的範例中，LoginController 類別呼叫 LDAPManager 以進行使用者驗證，如果 LDAPManager 拋出異常則程式將失敗。DelegateController 是 Front Controller 設計模式的實作，是所有請求的閘道，應該要避免任何異常造成系統失敗，並向使用者顯示正確的錯誤訊息，因此必須有一種處理異常的機制。

DelegateController 之前介紹過，重新檢視處理異常的相關程式行 29-44：

🎯 **範例**：/ch04-mockito/src/main/java/lab/mockito/more/
DelegateController.java

```
1   @WebServlet("/DelegateController")
2   public class DelegateController extends HttpServlet {
3     private static final long serialVersionUID = 1L;
4
5     private final LoginController loginController;
6     private final ErrorHandler errorHandler;
7     private final MessageRepository messageRepository;
8
9     public DelegateController(LoginController loginController,
10        ErrorHandler errorHandler, MessageRepository messageRepository) {
11      this.loginController = loginController;
12      this.errorHandler = errorHandler;
13      this.messageRepository = messageRepository;
14    }
15
16    @Override
17    protected void doGet(HttpServletRequest req, HttpServletResponse res)
18                          throws ServletException, IOException {
19      try {
20        String urlContext = req.getServletPath();
21        if (urlContext.equals("/")) {
22          req.getRequestDispatcher("login.jsp").forward(req, res);
```

```
23      } else if (urlContext.equals("/logon.do")) {
24          loginController.process(req, res);
25      } else {
26          req.setAttribute("error", "Invalid request path '" + urlContext + "'");
27          req.getRequestDispatcher("error.jsp").forward(req, res);
28      }
29   } catch (Exception ex) {
30
31      Error error = new Error();
32      error.setErrorTrace(ex.getStackTrace());
33      errorHandler.mapTo(error);
34
35      String errorMsg = null;
36      if (error.getErrorCode() != null) {
37          errorMsg = messageRepository.lookUp(error.getErrorCode());
38      } else {
39          errorMsg = ex.getMessage();
40      }
41
42      req.setAttribute("error", errorMsg);
43      req.getRequestDispatcher("error.jsp").forward(req, res);
44   }
45 }
```

建立單元測試前先分析關連 DOC 以建立 Mock Object，包含：

1. 方法參數 HttpServletRequest 與 HttpServletResponse。
2. 由建構子注入的實例變數 LoginController、ErrorHandler、MessageRepository。
3. 隱含的區域變數 RequestDispatcher。

本例撰寫單元測試讓前述範例行 24 的 LoginController 的 void 方法 process() 拋出例外，以驗證例外處理的邏輯是否符合預期。

Mockito 框架讓 Mock Object 的 void 方法拋出例外的語法：

🔔 **語法**

```
doThrow( new SomeException() ).when( mock ).aVoidMethod();
變數 mock 是 Mock Object。
aVoidMethod() 是描述裡的 void 方法。
```

完整的單元測試如下。單元測試程式碼行 29、30 讓 LoginController 的 Mock
Object 在 process() 方法被執行時拋出 IlleagalStateException，如此驗證 Delegate
Controller.java 在捕捉 Exception 後的行為是否如預期執行了行 43，其餘將在後
續章節說明：

🎯 範例：/ch04-mockito/src/test/java/lab/mockito/more/
DelegateControllerTest_DoThrow.java

```
1   @ExtendWith(MockitoExtension.class)
2   public class DelegateControllerTest_DoThrow {
3     //SUT
4     private DelegateController controller;
5
6     @Mock
7     private LoginController loginController;
8     @Mock
9     private ErrorHandler errorHandler;
10    @Mock
11    private MessageRepository repository;
12
13    @Mock
14    private HttpServletRequest request;
15    @Mock
16    private HttpServletResponse response;
17
18    @Mock
19    private RequestDispatcher dispatcher;
20
21    @Before
22    public void beforeEveryTest() {
23      controller = new DelegateController(loginController, errorHandler,
                                                             repository);
24    }
25    @Test
26    public void Should_routes_to_error_page_When_subsystem_throws_exception()
27                                          throws Exception {
28      // Given
29      doThrow(new IllegalStateException("LDAP error"))
30          .when(loginController).process(request, response);
31
32      when(request.getServletPath()).thenReturn("/logon.do");
33      when(request.getRequestDispatcher(anyString())).thenReturn(dispatcher);
34
35      // When
```

```
36    controller.doGet(request, response);
37    // Then
38    verify(request).getRequestDispatcher(eq("error.jsp"));
39    verify(dispatcher).forward(request, response);
40  }
41 }
```

4.3.2 使用 doNothing()

DOC 的 void 方法實作內容可能是資料處理或狀態改變，如發送電子郵件或更新資料庫。Mockito 可以輕鬆建立 Mock Object 並指定呼叫該 void 方法時的反應，前一小節的範例是拋出例外物件，這次指定呼叫該 void 方法時的反應是「什麼都不做」，語法如下，這也是 Mock Object 的 void 方法被呼叫時的預設行為：

🔔 **語法**

```
doNothing().when(mock).aVoidMethod();
變數 mock 是 Mock Object。
aVoidMethod() 是描述裡的 void 方法。
```

但有時 DOC 的 void 方法可能會更改物件的屬性狀態，SUT 程式邏輯也使用該修改後的屬性狀態進行進一步的運算；這種情況下如果只對 void 方法設定 doNothing()，則無助於我們測試，甚至讓某些程式碼未經過測試。接下來我們以 DelegateController 的範例驗證這樣的情境，並以 Mockito 的機制解決問題。

一般說來，若程式碼收到例外物件的原始錯誤訊息就直接傳遞給使用者時意義不大，因為該訊息無法被使用者了解，如 NullPointerException。系統應該將錯誤訊息分析，轉換成有用的錯誤訊息時才傳遞給使用者。

因此 DelegateController 在捕捉到例外物件後，處理步驟為：

1. 由 Exception 的 getStackTrace() 取得的錯誤資訊 (error stack trace)，型態為 StackTraceElement[]。
2. 由這些錯誤資訊的關鍵字找到預先對應的錯誤代碼 (error code)。
3. 藉由這些錯誤代碼由資料庫中取得對使用者有意義的錯誤訊息 (error message)，然後傳遞給使用者。

這樣的過程會需要建立一些類別來協助：

1. 建立一個 Error 類別：

📌 範例：/ch04-mockito/src/main/java/lab/mockito/more/Error.java

```
1   public class Error {
2       private StackTraceElement[] errorTrace;
3       private String errorCode;
4
5       // getters
6       // setters
7   }
```

2. 建立介面 ErrorHandler，其 mapTo() 方法傳入 Error 物件參考，可以依據 StackTraceElement [] 型態的欄位 errorTrace 的內容設定字串欄位 errorCode 值：

📌 範例：/ch04-mockito/src/main/java/lab/mockito/more/ErrorHandler.java

```
1   public interface ErrorHandler {
2       public void mapTo(Error error);
3   }
```

3. 參考實作為：

📌 範例：/ch04-mockito/src/main/java/lab/mockito/more/ErrorHandlerImpl.java

```
1   public class ErrorHandlerImpl implements ErrorHandler {
2       @Override
3       public void mapTo(Error error) {
4           error.setErrorCode(genCode(error.getErrorTrace()));
5       }
6       private String genCode(StackTraceElement[] trace) {
7           // TODO generate error code from StackTraceElement[]
8           return null;
9       }
10  }
```

4. 建立介面 MessageRepository 負責自資料庫中查詢 errorCode 對應的錯誤顯示訊息，且該訊息將顯示給使用者：

範例：/ch04-mockito/src/main/java/lab/mockito/more/
MessageRepository.java

```
1  public interface MessageRepository {
2      String lookUp(String... errorCode);
3  }
```

注意以下 DelegateController 的片段程式碼行 16-25，將藉由 ErrorHandler 和 MessageRepository 以獲取有意義的錯誤訊息，並將該訊息傳遞給使用者：

範例：/ch04-mockito/src/main/java/lab/mockito/more/
DelegateController.java

```
1      @Override
2      protected void doGet(HttpServletRequest req, HttpServletResponse res)
3                                  throws ServletException, IOException {
4          try {
5              String urlContext = req.getServletPath();
6              if (urlContext.equals("/")) {
7                  req.getRequestDispatcher("login.jsp").forward(req, res);
8              } else if (urlContext.equals("/logon.do")) {
9                  loginController.process(req, res);
10             } else {
11                 req.setAttribute("error", "Invalid request path '" + urlContext + "'");
12                 req.getRequestDispatcher("error.jsp").forward(req, res);
13             }
14         } catch (Exception ex) {
15
16             Error error = new Error();
17             error.setErrorTrace(ex.getStackTrace());
18             errorHandler.mapTo(error);
19
20             String errorMsg = null;
21             if (error.getErrorCode() != null) {
22                 errorMsg = messageRepository.lookUp(error.getErrorCode());
23             } else {
24                 errorMsg = ex.getMessage();
25             }
26
27             req.setAttribute("error", errorMsg);
28             req.getRequestDispatcher("error.jsp").forward(req, res);
29         }
30     }
```

Error 物件的 2 個欄位值，在行 17 設定欄位 errorTrace 值後，經過行 18 的 ErrorHandler 的 mapTo() 方法後有兩種情況：

1. 成功再設定欄位 errorCode 值；因此行 21 的 error.getErrorCode() 不會是 null，所以進入行 22 由 MessageRepository.lookUp() 找出要回應給使用者的錯誤訊息。

2. 由 errorTrace 找不到對應的 errorCode，因此設定失敗！導致行 21 檢查為 null，後續行 24 使用 Exception 原始的錯誤訊息回應使用者！

第 2 種情況很好處理，要讓 ErrorHandler 的 mapTo() 方法設定 Error 物件的欄位失敗，最簡單的做法就是讓 mapTo() 方法什麼都不做，使用 doNothing()！因此撰寫以下單元測試，特別注意行 8-9：

範例：/ch04-mockito/src/test/java/lab/mockito/more/
DelegateControllerTest_DoNothing.java

```
1   @Test
2   public void Should_finds_error_message_and_routes_to_error_page_
3           When_subsystem_throws_exception() throws Exception {
4       // Given
5       doThrow(new IllegalStateException("LDAP error"))
6           .when(loginController).process(request, response);
7
8       doNothing()
9           .when(errorHandler).mapTo(isA(Error.class));
10
11      when(request.getServletPath()).thenReturn("/logon.do");
12      when(request.getRequestDispatcher(anyString())).thenReturn(dispatcher);
13
14      // When
15      controller.doGet(request, response);
16      // Then
17      verify(request).getRequestDispatcher(eq("error.jsp"));
18      verify(dispatcher).forward(request, response);
19  }
```

以 Eclipse 啟動單元測試時選擇 **Coverage As** > JUnit Test，可以知道單元測試的覆蓋率 (coverage rate)，亦即知曉正式程式碼是否都被單元測試驗證過：

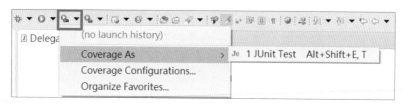

▲ 圖 4-1 執行單元測試時一併分析覆蓋率

觀察 DelegateController 的 Eclipse 執行 Coverage 結果，會以 3 種顏色呈現：

1. 綠色：表示程式碼被執行過。
2. 黃色：表示程式碼分支 (branching) 後有未被執行的程式碼區塊。如 if-else 或 try-catch 結構都具有程式碼區塊，若分支的區塊未被執行，則該分支本身就會以黃色顯示，區塊內容則以紅色顯示。
3. 紅色：表示未被執行過的程式碼行。

因此下圖行 47 的 MessageRepository.lookUp() 如預期未被執行：

```java
⧉ DelegateController.java ⊠
26⊖    @Override
27     protected void doGet(HttpServletRequest req, HttpServletResponse res)
28                                     throws ServletException, IOException {
29         try {
30             String path = req.getServletPath();
31             if (path.equals("/")) {
32                 req.getRequestDispatcher("login.jsp").forward(req, res);
33             } else if (path.equals("/logon.do")) {
34                 loginController.process(req, res);
35             } else {
36                 req.setAttribute("error", "Invalid request path '" + path + "'");
37                 req.getRequestDispatcher("error.jsp").forward(req, res);
38             }
39         } catch (Exception ex) {
40
41             Error error = new Error();
42             error.setErrorTrace(ex.getStackTrace());
43             errorHandler.mapTo(error);
44
45             String errorMsg = null;
46             if (error.getErrorCode() != null) {
47                 errorMsg = messageRepository.lookUp(error.getErrorCode());
48             } else {
49                 errorMsg = ex.getMessage();
50             }
51
52             req.setAttribute("error", errorMsg);
53             req.getRequestDispatcher("error.jsp").forward(req, res);
54         }
55     }
```

▲ 圖 4-2 單元測試執行後的覆蓋率

要讓行 47 的 MessageRepository.lookUp() 被單元測試執行，前提是 Error 物件的 errorCode 屬性必須有值；但 Error 物件是在 SUT 裡自行以建構子建立的物件，因此無法建立 Mock Object。必須在測試執行時取得 Error 物件，設定其 errorCode 屬性，我們將使用 doAnswer() 達到這個目的。

doNothing() 是預設行為不需要特別宣告

doNothing() 方法顧名思義，就是不執行任何操作。當我們建立一個 Mock Object 並呼叫 void 方法時，預設結果是不會執行任何操作，也不會出錯，因此其實也不需要特別使用 doNothing() 去宣告 void 方法在單元測試裡的執行結果，如以下範例。第一個單元測試在行 14 特別對 Mock Object 的 void 方法宣告 doNothing()，第二個單元測試則無此宣告，但結果一樣：

🎯 範例：/ch04-mockito/src/test/java/lab/mockito/more/
ShowMockitoBehavior.java

```
1   public class ShowMockitoBehavior {
2
3       class KlassHasVoidMethod {
4           void aVoidMethod() {
5               System.out.println("real void method called");
6           }
7       }
8
9       @Test
10      public void Should_do_nothing_
11                  When_given_void_method_with_doNothing() {
12          // Given
13          KlassHasVoidMethod klass = mock(KlassHasVoidMethod.class);
14          doNothing().when(klass).aVoidMethod();
15          // When
16          klass.aVoidMethod();
17          // Then
18          verify(klass).aVoidMethod();
19      }
20
21      @Test
22      public void Should_do_nothing_
23                  When_given_void_method_without_doNothing() {
24          // Given
25          KlassHasVoidMethod klass = mock(KlassHasVoidMethod.class);
26          // When
```

```
27    klass.aVoidMethod();
28    // Then
29    verify(klass).aVoidMethod();
30  }
31 }
```

不過有些時候刻意使用 doNothing() 可以彰顯目的,進而增加程式可讀性。

4.3.3 使用 doAnswer()

上一個測試案例是讓 ErrorHandler 的 void 的 mapTo() 方法使用 doNothing(),因此什麼事都不做;這一次要讓 void 的 mapTo() 方法做事情,將使用 Mockito 的 doAnswer() 方法!

doAnswer() 方法可以攔截 void 方法呼叫並取得傳入方法的參數和 Mock Object 本身。以下是 doAnswer() 的語法:

🔔 **語法**

```
doAnswer(answer).when(mock).aVoidMethod();
變數 mock 是 Mock Object。
aVoidMethod() 是描述裡的 void 方法。
變數 answer 必須實作 Answer 介面。
```

因為需要取得 Error 物件設定的 errorCode 屬性,因此讓 ErrorHandler 的 mapTo() 方法執行一段 Answer 介面定義的回呼 (callback) 邏輯:

1. 取得 Error 真實物件。
2. 隨意設定 errorCode 字串,不為 null 即可。

如以下範例行 8-15:

🎯 **範例**:/ch04-mockito/src/test/java/lab/mockito/more/
DelegateControllerTest_DoAnswer.java

```
1  @Test
2  public void Should_finds_error_message_and_routes_to_error_page_
3          When_subsystem_throws_exception() throws Exception {
4    // Given
5    doThrow(new IllegalStateException("LDAP error"))
```

```
6        .when(loginController).process(request, response);
7
8    doAnswer(new Answer<Void>() {
9      @Override
10     public Void answer(InvocationOnMock invocation) throws Throwable {
11         Error err = (Error) invocation.getArguments()[0];
12         err.setErrorCode("123");
13         return null;
14     }
15   }).when(errorHandler).mapTo(isA(Error.class));
16
17   when(request.getServletPath()).thenReturn("/logon.do");
18   when(request.getRequestDispatcher(anyString())).thenReturn(dispatcher);
19
20   // When
21   controller.doGet(request, response);
22   // Then
23   verify(request).getRequestDispatcher(eq("error.jsp"));
24   verify(dispatcher).forward(request, response);
25 }
```

重新以 Coverage As > JUnit Test 執行單元測試，原先未測試的程式碼行 47 已經
被測試：

```
DelegateController.java ☒
26     @Override
27     protected void doGet(HttpServletRequest req, HttpServletResponse res)
28                                     throws ServletException, IOException {
29         try {
30             String path = req.getServletPath();
31             if (path.equals("/")) {
32                 req.getRequestDispatcher("login.jsp").forward(req, res);
33             } else if (path.equals("/logon.do")) {
34                 loginController.process(req, res);
35             } else {
36                 req.setAttribute("error", "Invalid request path '" + path + "'");
37                 req.getRequestDispatcher("error.jsp").forward(req, res);
38             }
39         } catch (Exception ex) {
40
41             Error error = new Error();
42             error.setErrorTrace(ex.getStackTrace());
43             errorHandler.mapTo(error);
44
45             String errorMsg = null;
46             if (error.getErrorCode() != null) {
47                 errorMsg = messageRepository.lookUp(error.getErrorCode());
48             } else {
49                 errorMsg = ex.getMessage();
50             }
51
52             req.setAttribute("error", errorMsg);
53             req.getRequestDispatcher("error.jsp").forward(req, res);
54         }
55     }
```

▲ 圖 4-3 原圖 2 未覆蓋的行 47 已經被測試

單元測試執行時通常是多個測試一起進行，全部結束後才分析測試覆蓋率。因此結合前述 2 個單元測試，已經可以讓例外處理的程式碼區塊測試的覆蓋率為 100%。

4.3.4 使用 doCallRealMethod()

doCallRealMethod() 顧名思義是在單元測試時呼叫真實方法。建立 Mock Object 後通常呼叫因測試而定義的程式邏輯，若需要呼叫真實物件的方法，可以使用 doCallRealMethod()。以下是語法：

🔔 **語法**

```
doCallRealMethod().when(mock).aVoidMethod();
變數 mock 是 Mock Object。
aVoidMethod() 是描述裡的 void 方法。
```

如以下範例行 4：

🎯 **範例**：/ch04-mockito/src/test/java/lab/mockito/more/
ShowMockitoBehavior.java

```
1  @Test
2  public void Should_do_real_When_call_void_method() {
3      KlassHasVoidMethod some = mock(KlassHasVoidMethod.class);
4      doCallRealMethod().when(some).aVoidMethod();
5      some.aVoidMethod();
6  }
```

會得到結果：

🔁 **結果**

```
real void method called
```

4.3.5 使用連鎖 doXXX()

若需要 Mock Object 的 void 方法執行一些程式邏輯，就會使用 doAnswer()。同一個 Mock Object 的 void 方法被呼叫多次，可以連鎖 doThrow()、doAnswer()、 doNothing() 與 doCallRealMethod() 一起使用，如以下範例行 4-7。單元測試進行時：

1. 第一次呼叫 Mock Object 的 aVoidMethod() 方法時，會執行 doThrow()。
2. 第二次呼叫 Mock Object 的 aVoidMethod() 方法時，會執行 doNothing()。
3. 第三次呼叫 Mock Object 的 aVoidMethod() 方法時，會執行 doCallRealMethod()。
4. 第四次 (含) 之後，都呼叫 doAnswer()。

🎯 範例：/ch04-mockito/src/test/java/lab/mockito/more/
ShowMockitoBehavior.java

```
1   @Test
2   public void Should_do_chain_call_When_multiple_assumption() {
3       KlassHasVoidMethod some = mock(KlassHasVoidMethod.class);
4       doThrow(new RuntimeException("call doThrow()")).    // 1
5       doNothing().    // 2
6       doCallRealMethod(). // 3
7       doAnswer(new Answer<Void>() {    // 4,5....
8           @Override
9           public Void answer(InvocationOnMock invocation) throws Throwable {
10              System.out.println("call doAnswer()");
11              return null;
12          }
13      }).when(some).aVoidMethod();
14      try {
15          some.aVoidMethod();    // 1:doThrow()
16      } catch (Exception e) {
17          System.out.println(e.getMessage());
18      }
19      some.aVoidMethod();    // 2:doNothing()
20      some.aVoidMethod();    // 3:doCallRealMethod()
21      some.aVoidMethod();    // 4:doAnswer()
22      some.aVoidMethod();    // 5:doAnswer()
23  }
```

執行單元測試結果如下，其中 doNothing() 沒有標準輸出：

🔄 結果

```
call doThrow()
real void method called
call doAnswer()
call doAnswer()
```

4.4 使用 doReturn() 測試有 Return 的方法

doReturn() 方法功能類似於 thenReturn()，但建議只在 thenReturn() 無法使用時才使用 doReturn() 方法。有兩個主要考量：

1. when().thenReturn() 可讀性較高。
2. doReturn() 方法非型態安全 (not type safe)，執行時期可能有型態不當的錯誤風險；thenReturn() 則是型態安全，編譯時期就可以檢查出型態的錯誤。使用 doReturn() 測試的語法為：

🔔 語法

```
doReturn(value).when(mock).aReturnMethod(argument);
變數 mock 是 Mock Object。
aReturnMethod() 是描述裡的具備 return 方法。
```

比較下圖程式碼的行 85 和行 91，方法 aReturnMethod() 定義為回傳字串，行 58 使用 thenReturn() 回傳數字導致編譯失敗，行 91 則不會在編譯時期錯誤：

```
75⊖    class KlassHasReturnMethod {
76⊖        String aReturnMethod() {
77             return "real return method called";
78        }
79    }
80
81⊖    @Test
82    public void Should_test_error_When_do_return_is_not_safe() {
83        // Given1
84        KlassHasReturnMethod some1 = mock(KlassHasReturnMethod.class);
85        when(some1.aReturnMethod()).thenReturn(1.111d);
86        // When & Then
87        assertEquals("aReturnMethod is called", some1.aReturnMethod());
88
89        // Given2
90        KlassHasReturnMethod some2 = mock(KlassHasReturnMethod.class);
91        doReturn(1.111d).when(some2.aReturnMethod());
92    }
```

▲ 圖 4-4 thenReturn() 與 doReturn() 在型態安全上的差異

修正前述編譯失敗的問題後，以下單元測試案例示範 doReturn() 在執行時期可能拋出型態安全的例外並中斷測試，如行 17：

🎯 **範例**：/ch04-mockito/src/test/java/lab/mockito/more/
ShowMockitoBehavior.java

```
1  class KlassHasReturnMethod {
2      String aReturnMethod() {
3          return "real return method called";
4      }
5  }
6
7  @Test
8  public void Should_test_error_When_do_return_is_not_safe() {
9      // Given1
10     KlassHasReturnMethod some1 = mock(KlassHasReturnMethod.class);
11     when(some1.aReturnMethod()).thenReturn("aReturnMethod is called");
12     // When & Then
13     assertEquals("aReturnMethod is called", some1.aReturnMethod());
14
15     // Given2
16     KlassHasReturnMethod some2 = mock(KlassHasReturnMethod.class);
17     doReturn(1.111d).when(some2.aReturnMethod());  // will throw Exception!
18 }
```

測試結果為出錯：

```
JUnit ⅔
Finished after 0.448 seconds
  Runs: 1/1        ▪ Errors: 1        ▪ Failures: 0        ▬▬▬▬▬▬
    📰 Should_test_error_When_do_return_is_not_safe [Runner: JUnit 4] (0.413 s)
```

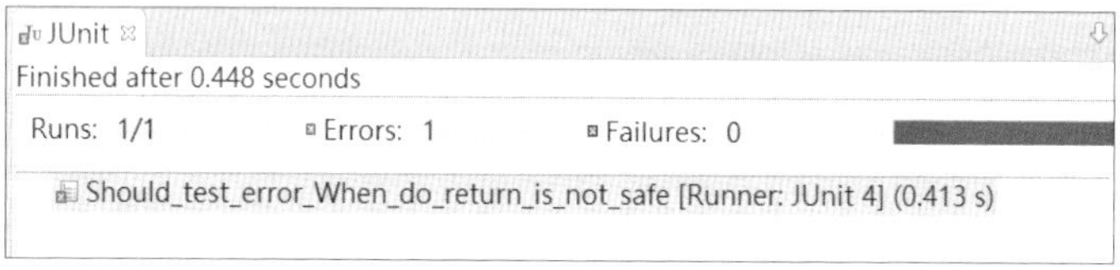

▲ 圖 4-5　測試失敗

並拋出例外「org.mockito.exceptions.misusing.UnfinishedStubbingException」：

```
org.mockito.exceptions.misusing.UnfinishedStubbingException:
Unfinished stubbing detected here:
-> at lab.mockito.more.voidmd.ShowMockitoBehavior.Should_test_error_When_do_return_is_not_safe(ShowMockitoBehavior.java:91)

E.g. thenReturn() may be missing.
Examples of correct stubbing:
    when(mock.isOk()).thenReturn(true);
    when(mock.isOk()).thenThrow(exception);
    doThrow(exception).when(mock).someVoidMethod();
Hints:
1. missing thenReturn()
2. you are trying to stub a final method, which is not supported
3: you are stubbing the behaviour of another mock inside before 'thenReturn' instruction if completed
```

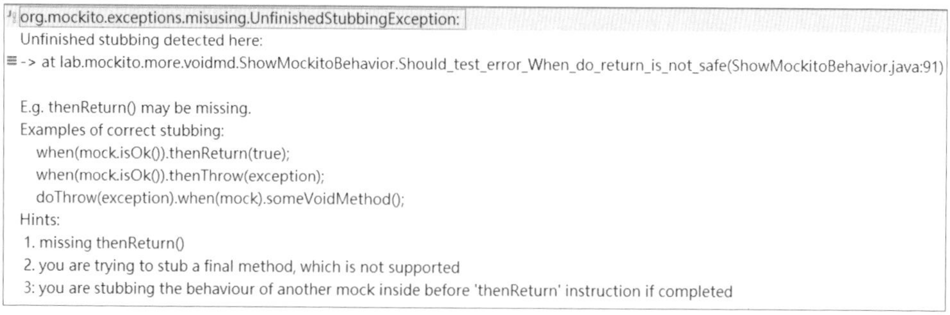

▲ 圖 4-6　測試失敗並拋出 UnfinishedStubbingException

由例外的套件名稱「misusing」可以理解和語法不當使用有關；由例外物件名稱「UnfinishedStubbingException」可知導致 Mockito 在執行時期無法定義 Mock Object 的方法。

不過 doReturn() 方法倒是讓 Test Spy 的使用變得比較方便，我們將在後續章節說明。

4.5 使用參數捕捉器 (ArgumentCaptor)

4.5.1 捕捉一般參數

我們常遇到的另一種情境是在單元測試中新建一個物件，然後把它傳遞給 Mock Object 的方法作為參數，但沒有回傳它，因此該物件的狀態改變就不可追蹤了。ArgumentCaptor 就是用來解決這樣的問題，可以驗證傳遞給 Mock Object 的方法參數的狀態變化。

在 DelegateController 的 例 外 處 理 程 式 碼 中 新 建 一 個 **Error** 物 件， 呼 叫 setErrorTrace() 方法把 Exception 的 getStackTrace() 的結果納為欄位值，再利用 ErrorHandler 的 mapTo() 方法設定 Error 物件的另一個欄位 errorCode；最後呼叫 MessageRepository 的 lookup() 方法以 errorCode 為鍵值自資料庫中找出對應的 通俗錯誤文字以顯示給使用者，如下：

📌 範例：/ch04-mockito/src/main/java/lab/mockito/more/
DelegateController.java

```
1   } catch (Exception ex) {
2
3       Error error = new Error();
4       error.setErrorTrace(ex.getStackTrace());
5       errorHandler.mapTo(error);
6
7       String errorMsg = null;
8       if (error.getErrorCode() != null) {
9           errorMsg = messageRepository.lookUp(error.getErrorCode());
10      } else {
```

```
11          errorMsg = ex.getMessage();
12      }
13
14      req.setAttribute("error", errorMsg);
15      req.getRequestDispatcher("error.jsp").forward(req, res);
16  }
```

範例行 3 新建一個區域物件參考，範例行 9 將該物件參考的欄位傳入實例物件
參考的方法。在撰寫單元測試時，建立 MessageRepository 的 Mock Object，使
用 ArgumentCaptor 就可以捕捉傳遞給 Mock Object 的方法的物件參數，並驗證
該物件參數的狀態改變是否符合預期值，如行 9 傳遞給 lookup() 方法的物件參
考 errorCode。

ArgumentCaptor 物件的宣告與建立方式如下：

🔔 **語法**

```
ArgumentCaptor<T> argCaptor= ArgumentCaptor.forClass(T.class);
泛型 T 是要捕捉的方法的參數型態。
```

使用以下語法設定要捕捉 (capture) 的參數：

🔔 **語法**

```
verify(mock).somMethod(argCaptor.capture());
變數 mock 是 Mock Object。
變數 argCaptor 是以 ArgumentCaptor 型態宣告的物件參考，可以捕捉 someMethod() 傳入的參數。
```

使用以下語法取出被捕捉的參數：

🔔 **語法**

```
T captured = argCaptor.getValue();
List<T> capturedList = argCaptor.getAllValues();
變數 argCaptor 是以 ArgumentCaptor 型態宣告的物件參考。
```

因為 verify() 可以驗證 Mock Object 的方法被呼叫的次數 (可能多次)，如果
ArgumentCaptor 物件前後捕捉了多次呼叫的參數，則可以通過呼叫 getAllValues()
方法來取得所有捕捉的值。getAllValues() 方法回傳 List <T>，而 getValue() 方法

回傳 T，這是只取最後一次被捕捉的值，如果 Mock Object 的方法只被呼叫一次就直接使用它。

以下範例使用 ArgumentCaptor 驗證傳遞給 MessageRepository 的 Mock Object 的 lookUp() 方法參數。在行 12 設定 Error 物件的 errorCode 為 "123"，所以行 24-25 宣告要捕捉的參數是 Error 物件的 errorCode 後，行 26 取出捕捉值應該還是 "123"，預期未被改變：

範例：/ch04-mockito/src/test/java/lab/mockito/more/
DelegateControllerTest_ArgCaptor.java

```
1   @Test
2   public void Should_capture_error_code_When_subsystem_throws_exception()
3         throws Exception {
4     // Given
5     doThrow(new IllegalStateException("LDAP error"))
6         .when(loginController).process(request, response);
7
8     doAnswer(new Answer<Void>() {
9         @Override
10        public Void answer(InvocationOnMock invocation) throws Throwable {
11            Error err = (Error) invocation.getArguments()[0];
12            err.setErrorCode("123");
13            return null;
14        }
15    }).when(errorHandler).mapTo(isA(Error.class));
16
17    when(request.getServletPath()).thenReturn("/logon.do");
18    when(request.getRequestDispatcher(anyString())).thenReturn(dispatcher);
19
20    // When
21    controller.doGet(request, response);
22
23    // Then
24    ArgumentCaptor<String[]> captor = ArgumentCaptor.forClass(String[].class);
25    verify(repository).lookUp(captor.capture());
26    assertEquals("123", captor.getValue());
27
28    verify(request).getRequestDispatcher(eq("error.jsp"));
29    verify(dispatcher).forward(request, response);
30  }
```

4.5.2 捕捉使用泛型的集合物件參數

延續 ArgumentCaptor 捕捉方法參數的主題。若方法參數使用泛型時該如何宣告 ArgumentCaptor？一個常見的情況是方法參數為集合物件 (Collection) 如 List<T>。後續示範如何捕捉型別是 List 的方法參數。

先建立一個 interface 並包含一個接受 List<String> 物件的方法：

🎯 範例：/ch04-mockito/src/main/java/lab/mockito/more/Service1.java

```
1  public interface Service1 {
2      void call1(List<String> args);
3  }
```

接下來嘗試為 call1() 方法的參數 List 型態新建一個 ArgumentCaptor 物件。若直接使用以下程式碼將編譯失敗：

```
ArgumentCaptor<List<String>> captor = ArgumentCaptor.forClass( List<String>.class );
```

如下圖行 39：

```
34~     @Test
35      public void Should_compile_failed_When_create_argument_captor_wrongly() {
36          // When
37          service1.call1(Arrays.asList("a", "b"));
38          // Then
39 |        ArgumentCaptor<List<String>> captor = ArgumentCaptor.forClass(List<String>.class);
40          verify(service1).call1(captor.capture());
41          assertTrue(captor.getValue().containsAll(Arrays.asList("a", "b")));
42      }
```

▲ 圖 4-7 ArgumentCaptor 編譯失敗

要保持泛型並通過編譯，可以如以下單元測試範例行 12-13。因為泛型原本就是非必要，因此也可以退而求其次移除泛型以通過編譯，如範例行 23。

🎯 範例：/ch04-mockito/src/test/java/lab/mockito/more/
ArgCaptorTest_Generic.java

```
1  @ExtendWith(MockitoExtension.class)
2  public class ArgCaptorTest_GenericCollection {
3
4    @Mock
5    private Service1 service1;
```

```
6
7    @Test
8    public void show_captures_collections_with_generic() {
9      // When
10     service1.call1(Arrays.asList("a", "b"));
11     // Then
12     Class<List<String>> listClass = (Class<List<String>>) (Class) List.class;
13     ArgumentCaptor<List<String>> captor = ArgumentCaptor.forClass(listClass);
14     verify(service1).call1(captor.capture());
15     assertTrue(captor.getValue().containsAll(Arrays.asList("a", "b")));
16   }
17
18   @Test
19   public void show_captures_collections_without_generic() {
20     // When
21     service1.call1(Arrays.asList("a", "b"));
22     // Then
23     ArgumentCaptor<List> captor = ArgumentCaptor.forClass(List.class);
24     verify(service1).call1(captor.capture());
25     assertTrue(captor.getValue().containsAll(Arrays.asList("a", "b")));
26   }
27 }
```

4.5.3 捕捉陣列參數與可變動個數的參數

以下範例示範如何捕捉類型為陣列或是可變動個數的參數。首先建立介面 IPassedIn，它的 2 個方法：

1. 方法 passedInArray() 接受 String 的陣列參數。
2. 方法 passedInVarargs() 接受 String 的可變動個數參數。

如下：

範例：/ch04-mockito/src/main/java/lab/mockito/more/IPassedIn.java

```
1  public interface IPassedIn {
2      String passedInVarargs(String... ss);
3      String passedInArray(String[] sa);
4  }
```

使用 ArgumentCaptor 在單元測試裡捕捉方法 passedInArray() 傳入的**陣列參數**：

ⓖ **範例**：/ch04-mockito/src/test/java/lab/mockito/more/
ArgCaptorTest_Varargs_Array.java

```
1   @ExtendWith(MockitoExtension.class)
2   public class ArgCaptorTest_Varargs_Array {
3
4     @Mock
5     private IPassedIn iPassedIn;
6
7     @Test
8     public void show_capture_array() {
9       // Given
10      String[] arr = { "a", "b", "c" };
11      // When
12      iPassedIn.passedInArray(arr);
13      // Then
14      ArgumentCaptor<String[]> captor = ArgumentCaptor.forClass(String[].class);
15      verify(iPassedIn).passedInArray(captor.capture());
16      assertTrue(Arrays.equals(captor.getValue(),arr));
17    }
18  }
```

以下範例使用 ArgumentCaptor 在單元測試裡捕捉方法 passedInVarargs() 傳入的**可變動個數參數**。第一個測試案例把可變動個數參數以陣列參數處理，如行 14；第二個測試案例則以字串參數處理，但陣列裡的每 1 個字串成員都要捕捉 1 次，共計 3 次，如行 27-29：

ⓖ **範例**：/ch04-mockito/src/test/java/lab/mockito/more/
ArgCaptorTest_Varargs_Array.java

```
1   @ExtendWith(MockitoExtension.class)
2   public class ArgCaptorTest_Varargs_Array {
3
4     @Mock
5     private IPassedIn iPassedIn;
6
7     @Test
8     public void show_capture_variable_args_by_array() {
9       // Given
10      String[] arr = { "a", "b", "c" };
11      // When
```

```
12    iPassedIn.passedInVarargs(arr);
13    // Then
14    ArgumentCaptor<String[]> captor = ArgumentCaptor.forClass(String[].class);
15    verify(iPassedIn).passedInVarargs(captor.capture());
16    assertTrue(captor.getAllValues().containsAll(Arrays.asList(arr)));
17  }
18
19  @Test
20  public void show_capture_variable_args_by_multiple_capture() {
21    // Given
22    String[] arr = { "a", "b", "c" };
23    // When
24    iPassedIn.passedInVarargs(arr);
25    // Then
26    ArgumentCaptor<String> captor = ArgumentCaptor.forClass(String.class);
27    verify(iPassedIn).passedInVarargs(captor.capture(),
28                                      captor.capture(),
29                                      captor.capture());
30    assertTrue(captor.getAllValues().containsAll(Arrays.asList(arr)));
31  }
32 }
```

4.6 使用 InOrder 驗證 Mock Object 呼叫順序

使用 Mockito 的 InOrder 物件可以驗證 Mock Object 被呼叫的先後順序。建立 InOrder 物件時需要準備所有參與呼叫優先順序比較的 Mock Object，語法如下：

🔔 語法

```
InOrder o = inOrder(mock1, mock2, ...mockN);
變數 mock1, mock2, …mockN 是參與呼叫優先順序比較的 Mock Object。
前述 Mock Object 的排列順序不影響比較結果。
```

使用以下語法驗證方法呼叫順序：

🔔 語法

```
inOrder.verify(mock1).methodCall1();
inOrder.verify(mock2).methodCall2();
若 mock1. methodCall1() 優先於 mock2. methodCall2() 則驗證通過，反之失敗。
```

後續範例示範 InOrder 使用方式。先定義一個用來比較 Mock Object 執行順序的介面 Service1，其方法為 call1()：

🎯 **範例：/ch04-mockito/src/main/java/lab/mockito/more/Service1.java**

```
1   public interface Service1 {
2       void call1(List<String> args);
3   }
```

定義另一個用來比較 Mock Object 執行順序的介面 Service2，其方法為 call2()：

🎯 **範例：/ch04-mockito/src/main/java/lab/mockito/more/Service2.java**

```
1   public interface Service2 {
2       void call2(List<String> args);
3   }
```

單元測試示範如下。

1. 第一個測試案例中，行 15-16 的驗證呼叫順序和行 11-12 的真實呼叫順序一致，將通過測試。

2. 第二個測試案例中，行 26-27 的驗證呼叫順序和行 22-23 的真實呼叫順序相反，將測試失敗並拋出「org.mockito.exceptions.verification.**VerificationInOrderFailure**」。

🎯 **範例：/ch04-mockito/src/test/java/lab/mockito/more/InOrderTest.java**

```
1   @ExtendWith(MockitoExtension.class)
2   public class InOrderTest {
3       @Mock
4       private Service1 service1;
5       @Mock
6       private Service2 service2;
7
8       @Test
```

```
9     public void Should_passed_When_verify_correct_order() {
10        // When
11        service2.call2(Arrays.asList("a", "b"));
12        service1.call1(Arrays.asList("a", "b"));
13        // Then
14        InOrder inOrder = inOrder(service1, service2);
15        inOrder.verify(service2).call2(anyList());
16        inOrder.verify(service1).call1(anyList());
17     }
18
19     @Test
20     public void Should_failed_When_verify_incorrect_order() {
21        // When
22        service2.call2(Arrays.asList("a", "b"));
23        service1.call1(Arrays.asList("a", "b"));
24        // Then
25        InOrder inOrder = inOrder(service1, service2);
26        inOrder.verify(service1).call1(anyList());
27        inOrder.verify(service2).call2(anyList());
28     }
29  }
```

測試失敗錯誤訊息：

▣ Failures: 1

≡ Failure Trace

org.mockito.exceptions.verification.VerificationInOrderFailure:
Verification in order failure
Wanted but not invoked:
service2.call2(<any List>);
≡ -> at lab.mockito.more.InOrderTest.Should_failed_When_verify_incorrect_order(InOrderTest.java:45)
Wanted anywhere AFTER following interaction:
service1.call1([a, b]);
≡ -> at lab.mockito.more.InOrderTest.Should_failed_When_verify_incorrect_order(InOrderTest.java:40)

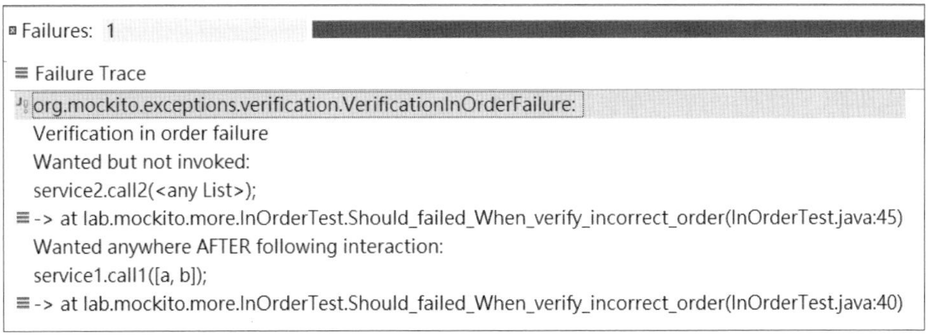

▲ 圖 4-8 因 VerificationInOrderFailure 測試失敗

4.7 使用 Spy Object

4.7.1 比較 Spy Object 與 Mock Object

Mock Object 是一個「空無 (bare)」的測試替身物件。對比於真實物件的方法，Mock Object 的 void 方法預設不做任何事，其 return 方法則預設回傳 0 或 null，若需要有不同的結果則使用 doAnswer()、doReturn() 等再行定義。

Spy Object 則是一個「複製 (clone)」的測試替身物件。所有方法預設都和真實物件的方法相同，但可以對特定方法改寫，所以又稱為「局部偽冒 (partial mock)」。

因此建立 Spy Object 要有真實物件為基礎，建立方式如下：

```
MyInterface realObject = new MyImpl();
MyInterface spyObject = Mockito.spy(realObject);
```

以下示範 Mock Object 和 Spy Object 本質的不同：

🎯 範例：/ch04-mockito/src/test/java/lab/mockito/more/SpyTest.java

```
1   @Test
2   public void show_mock_creation() {
3       // Given
4       List<String> mockedList = mock( ArrayList.class );
5       // When
6       mockedList.add("one");
7       // Then
8       verify(mockedList, times(1)).add("one");
9       assertEquals(0, mockedList.size());
10  }
11
12  @Test
13  public void show_spy_creation() {
14      // Given
15      List<String> spyList = spy( new ArrayList() );
16      // When
17      spyList.add("one");
18      // Then
```

```
19      verify(spyList, times(1)).add("one");
20      assertEquals(1, spyList.size());
21  }
```

對比 Mock Object 和 Spy Object，除了以 Mockito 建立的方式不同外，建立之後都可以驗證對其方法的呼叫次數，因此行 8 與行 19 的結果一致。需要注意的是 Mock Object 只能用於物件行為的驗證，如方法呼叫次數，但無法保留並驗證物件狀態，因此即便行 6 新增 List 成員，行 9 驗證 List 長度依然為 0。Spy Object 因為基於真實物件，可以保留並驗證物件狀態，因此行 17 新增 List 成員後，行 20 可以驗證 List 長度為 1。

4.7.2 Spy Object 的局部偽冒特性

以下測試 Spy Object 的局部偽冒特性：

🎯 **範例**：/ch04-mockito/src/test/java/lab/mockito/more/SpyTest.java

```
1   @Test
2   public void show_spy_partial_mock() throws Exception {
3       // Given
4       List<String> list = new ArrayList<>();
5       List<String> spy = spy(list);
6       when(spy.size()).thenReturn(100);
7       // When
8       spy.add("one");
9       spy.add("two");
10      // Then
11      verify(spy).add("one");
12      verify(spy).add("two");
13      assertEquals("one", spy.get(0));
14      assertEquals("two", spy.get(1));
15      try {
16          spy.get(2);
17      } catch (Exception e) {
18          assertTrue(e instanceof IndexOutOfBoundsException);
19      }
20      assertEquals(100, spy.size());
21  }
```

🔊 **說明**

4-5	建立 ArrayList 的 Spy Object。
6	偽冒 size() 方法，固定回傳 100。
8	以 add() 方法新增成員 "one"。
9	以 add() 方法新增成員 "two"。
11	驗證是否以 add() 方法新增成員 "one"。
12	驗證是否以 add() 方法新增成員 "two"。
11-12	驗證 Spy Object 是否可以用於物件行為的驗證，如方法呼叫次數。
13	驗證 Spy Object 是否包含 "one" 成員，且 index 為 0。
14	驗證 Spy Object 是否包含 "two" 成員，且 index 為 1。
13-14	驗證 Spy Object 是否可以保留物件狀態的改變。
15-19	驗證 Spy Object 不存在 index 為 2 的成員。
20	驗證 Spy Object 被偽冒的方法 size() 如預期回傳 100。

4.7.3 使用 Spy Object 驗證 SUT 內部方法交互作用

我們可以建立 Spy Object 而不偽冒任何方法，僅用來驗證 SUT 內部方法的一些交互作用，這也是 Mock Object 無法做到的。先建立 SUT：

🎯 **範例**：/ch04-mockito/src/main/java/lab/mockito/more/Calculator.java

```
1  public class Calculator {
2      public int multiply(int a, int b) {
3          int result = 0;
4          for (int i = 0; i < b; i++) {
5              result = add(a, result);
6          }
7          return result;
8      }
9      public int add(int a, int b) {
10         return a + b;
11     }
12 }
```

以乘法和加法在數學上的關係「2 * 4 = 2 + 2 + 2 + 2」為例，Calculator 類別的乘法 multiply() 將依賴於加法 add()。當我們需要以單元測試來驗證兩個方法之間的互動關係時，顯然 Mock Object 幫不上什麼忙，因為 Mock Object 只能用於物件行為的驗證，如方法呼叫次數，但無法保留並驗證物件欄位狀態和方法間的互動。

這時可以使用 Spy Object，如以下範例。行 24 呼叫 Spy 的 multiply() 方法，行 26 驗證 multiply() 內部轉呼叫 add() 方法的互動次數。

🎯 **範例：**/ch04-mockito/src/test/java/lab/mockito/more/CalculatorTest.java

```java
1   public class CalculatorTest {
2
3     // Test add()
4     @Test
5     public void Should_verify_result_When_spy_a_real_object() {
6       // Given
7       Calculator calculator = spy(new Calculator());
8       int a = 10;
9       int b = 20;
10      // When
11      int result = calculator.add(a, b);
12      // Then
13      assertEquals(30, result);
14    }
15
16    // Test multiply()
17    @Test
18    public void Should_verify_internal_interation_When_spy_a_real_object() {
19      // Given
20      Calculator calculator = spy(new Calculator());
21      int a = 2;
22      int b = 4;
23      // When
24      int result = calculator.multiply(a, b);
25      // Then
26      verify(calculator, times(3)).add(anyInt(), anyInt());
27      assertEquals(8, result);
28    }
29  }
```

使用 Mock Object 無法保留並驗證物件欄位狀態和方法間的互動，可參考 Should_not_verify_internal_interation_When_mock_object() 方法。

另外，建立 Spy Object 的偽冒方法時，使用 doReturn() 和 thenReturn() 有時候會有不同的結果，如以下範例。行 6 使用 doReturn() 建立呼叫 get(0) 時的偽冒結果，行 8 驗證結果符合預期；行 17 使用 thenReturn() **無法**建立呼叫 get(0) 時的偽冒結果，且將拋出例外 IndexOutOfBoundsException ！

範例：/ch04-mockito/src/test/java/lab/mockito/more/SpyTest.java

```
1  @Test
2  public void Should_passed_When_doReturn() throws Exception {
3      // Given
4      List<String> list = new ArrayList<>();
5      List<String> spy = spy(list);
6      doReturn("now reachable").when(spy).get(0);
7      // When & Then
8      assertEquals("now reachable", spy.get(0));
9  }
10
11 @Test
12 public void Should_throws_exception_When_thenReturn() throws Exception {
13     // Given
14     List<String> list = new ArrayList<>();
15     List<String> spy = spy(list);
16     assertThrows(IndexOutOfBoundsException.class, () -> {
17         when(spy.get(0)).thenReturn("not reachable");
18     });
19 }
```

Mockito 的 Spy Object 允許我們建立一個與真實物件的行為一致的物件，只是偽冒某些方法；這種機制可以讓我們去測試一些比較舊的、不易更新的程式碼，稱 legacy。

Spy Object 對於無法使用 Mock Object 進行單元測試的 SUT 提供另一條道路。有可能是因為無法建立 Mock Object，或是無法偽冒一些方法；因為 Spy Object 預設是真實物件，未改寫為偽冒方法時預設是真實方法，因此可以消除這些測試障礙。

4.8 使用 Mockito 的標註 (annotation) 類別

如先前範例，Mockito 支援以 @Mock 標註要建立的 Mock Object。除此之外還有 3 個常見的標註類別：

4.8.1 使用 @Captor

@Captor 用於建立 ArgumentCaptor 類別實例變數，所有單元測試方法可以共用。如果要捕捉的參數使用泛型，還可以避免「Type Safety」的風險，如以下範例：

1. 第 2 個單元測試使用行 12-13 取代第 1 個單元測試的行 6-7。
2. 第 1 個單元測試的行 6 在 Eclipse 會顯示警告訊息「**Type safety**: Unchecked cast from Class to Class<List<String>>」，第 2 個單元測試使用 **@Captor** 自動建立 ArgumentCaptor 物件因此無類型轉換的警告訊息。

📄 範例：/ch04-mockito/src/test/java/lab/mockito/more/ ArgCaptorTest_Generic.java

```
1  @Test
2  public void show_captures_collections_with_generic() {
3      // When
4      service1.call1(Arrays.asList("a", "b"));
5      // Then
6      Class<List<String>> listClass = (Class<List<String>>) (Class) List.class;
7      ArgumentCaptor<List<String>> captor = ArgumentCaptor.forClass(listClass);
8      verify(service1).call1(captor.capture());
9      assertTrue(captor.getValue().containsAll(Arrays.asList("a", "b")));
10  }
11
12  @Captor
13  ArgumentCaptor<List<String>> captor;
14  @Test
15  public void show_captures_collections_with_generic_annotation() {
16      // When
17      service1.call1(Arrays.asList("a", "b"));
18      // Then
```

```
19    verify(service1).call1(captor.capture());
20    assertTrue(captor.getValue().containsAll(Arrays.asList("a", "b")));
21  }
```

4.8.2 使用 @Spy

@Spy 用於建立 Spy Object 的類別實例變數，所有單元測試方法可以共用。值得注意的是，以 @Spy 標註的物件欄位必須以**實體類別**如 ArrayList 宣告型態 (如以下範例行 17)，若以介面如 List 的型態宣告 (如以下範例行 5)，因為介面的方法沒有實作內容，因此呼叫 Spy Object 的方法將類似於 Mock Object，若方法是 void 則什麼都不做，若有 return 則回傳 null 或 0，可以比較以下範例行 13 和行 25 的驗證結果：

🎯 範例：/ch04-mockito/src/test/java/lab/mockito/more/
SpyAnnotationTest.java

```
1   @ExtendWith(MockitoExtension.class)
2   public class SpyAnnotationTest {
3
4       @Spy
5       List<String> spyInterface;
6
7       @Test
8       public void show_spy_as_interface() {
9           // When
10          spyInterface.add("one");
11          // Then
12          verify(spyInterface, times(1)).add("one");
13          assertNull(spyInterface.get(0));
14      }
15
16      @Spy
17      ArrayList<String> spyImplement;
18
19      @Test
20      public void show_spy_as_implement() {
21          // When
22          spyImplement.add("one");
23          // Then
24          verify(spyImplement, times(1)).add("one");
25          assertNotNull(spyImplement.get(0));
```

```
26        }
27  }
```

4.8.3 使用 @InjectMocks

將 SUT 的實例變數以 **@InjectMocks** 標註後，以 @Mock 或 @Spy 標註的實例變數將自動注入到 SUT 中。以下範例的第 2 個測試方法裡，作為 SUT 的 DelegateController 必須在行 34 自己建立區域變數；第 1 個測試案例則直接使用被 @InjectMocks 標註的 DelegateController 實例變數，如行 14-15，因此無須自己建立物件：

範例：/ch04-mockito/src/test/java/lab/mockito/more/
InjectMocksAnnotationTest.java

```
1   @ExtendWith(MockitoExtension.class)
2   public class InjectMocksAnnotationTest {
3
4      @Mock
5      HttpServletRequest request;
6      @Mock
7      HttpServletResponse response;
8      @Mock
9      RequestDispatcher dispatcher;
10
11     @Mock
12     LoginController loginController;
13
14     @InjectMocks
15     DelegateController controller;
16
17     @Test
18     public void show_mocks_are_injected() throws Exception {
19        // Given
20        when(request.getServletPath()).thenReturn("/");
21        when(request.getRequestDispatcher(anyString())).thenReturn(dispatcher);
22        // When
23        controller.doGet(request, response);
24        // Then
25        verify(request).getRequestDispatcher(eq("login.jsp"));
26     }
27
```

```
28   @Test
29   public void show_mocks_are_not_injected() throws Exception {
30     // Given
31     when(request.getServletPath()).thenReturn("/");
32     when(request.getRequestDispatcher(anyString())).thenReturn(dispatcher);
33     // When
34     DelegateController controller =
                     new DelegateController(loginController, null, null);
35     controller.doGet(request, response);
36     // Then
37     verify(request).getRequestDispatcher(eq("login.jsp"));
38   }
39 }
```

05

使用 PowerMock

5.1 使用 PowerMock 測試 legacy 程式碼

「legacy」一詞經常用來描述複雜的程式碼,這種程式碼難以理解,一旦改動就出現無法預期的錯誤,因此幾乎不可能進行重構或強化。

在《Working Effectively with Legacy Code》一書中,作者邁克爾・費瑟斯 (Michael Feathers) 有更嚴格的定義,他認為任何沒有自動化單元測試的程式碼都是 legacy 程式碼。一段程式碼可以寫得很好,遵循嚴謹的開發準則,易於理解,乾淨,鬆耦合且容易於擴充;但是如果沒有自動化的單元測試,它就是一個 legacy 程式碼。

不管定義如何，實務上要對一個 legacy 的專案或系統增加新功能或修復 bug 通常是不容易的。在 legacy 程式碼中，常見沒有自動化的單元測試，或是測試很少，因此一旦異動就可能承受無法預期的風險。

Legacy 的程式碼可能來自一個年代久遠的專案或系統，或無法維護該程式碼的另一個團隊，或從另一家公司獲得；但是提高程式碼質與量是程式設計師的責任。單元測試為我們提供了一定程度的保證，讓我們的程式碼可以有預期的結果，並允許我們快速更改程式碼並快速驗證這個更改有沒有其他副作用。

Legacy 的程式碼通常不可測試，需要進行程式碼重構以使其可測試，但難題是在大多數情況下 legacy 系統對業務至關重要，所以沒人想去異動程式碼。除非存在嚴重錯誤，否則修改現有的關鍵模組或核心程式的風險太高。

這其實是一個進退不得的窘境。除非擁有自動化測試套件，否則重構程式碼風險太高，因為沒有測試將不知道是否改出其他 bug；但若要寫單元測試，又必須先改動程式碼以便重構。又有些時候，即使是帶有單元測試的舊程式碼，也不容易理解、維護和提升功能性。因此也需要讓測試程式碼更具可讀性。這些都是 legacy 程式碼的難題與困擾。

久而久之，legacy 程式碼的問題愈來愈嚴重，商業需求愈來愈難被滿足，於是企業決定重新開發系統。在面臨沒有足夠文件可供參考 (這和書到用時方恨少的情景相似)，沒有使用者可以把需求說清楚，舊程式碼盤根錯節很難理解，甚至沒有完整的測試環境，又要考慮資料移轉等難題，因此專案成功的背後經常是難以估計的資源投入，難度過高而失敗或是預算不足而縮減範圍的結果更如過江之鯽。

但專案上線之後呢？因為時程必然緊迫，因此沒有文件和測試程式碼的情況依舊，於是如同熱帶氣旋形成颱風般，下一個 legacy 系統風暴漸次形成；若企業生命週期夠長可斷言相似的時空背景依然會發生，只是換了開發團隊或廠商。但不管是成功或失敗的循環，都是讓軟體產業持續運作的一股動力。

5.1.1 測試障礙說明

本節說明使單元測試變得困難的程式碼特性。自動化測試可以幫助我們快速開發軟體，即使我們有大量的函式庫需要使用。自動化的單元測試應該是可以快速地執行，以便測試結果可以快速回報給我們；因此若正式程式碼表現出以下特徵，就表示單元測試進行可能不容易：

1. 執行時間長。
2. 連接到資料庫並修改資料庫記錄。
3. 使用 RMI 呼叫遠端物件。
4. 使用 JNDI 查找資源或伺服器物件。
5. 存取檔案系統。
6. 使用作業系統元件如 Windows 告警，或 UI 顯示相關如 Java Swing 套件。
7. 使用網路資源如印表機或下載檔案等。

此外單元測試不應等待長時間的運行才能完成，它會影響快速回報結果的目的；單元測試應該是可靠的，只有在正式程式碼有問題的情況下測試才應該失敗。如果單元測試驗證了 I/O 操作 (如連接印表機)，就可能導致測試速度降低，而且容易出錯 (如網路中斷) 且不可預測，因此對網路操作進行單元測試將影響測試可靠性原則。反過來說，如果單元測試依賴了不可靠的內容如網路、資料庫等，將使測試不可靠。

測試是要讓人確信程式碼正確無誤，而不可靠就會破壞這樣的信心。如同「放羊的孩子」的寓言故事，幾次「狼來了」就會摧毀長期苦心建置的單元測試信賴度。

單元測試會自動運行，因此在測試執行過程中彈出對話框或顯示告警訊息沒有任何意義，有可能因為要提供輸入給對話框而導致測試等待。

這些都是必須了解的測試障礙，接下來是思考如何避免這些狀況。

5.1.2 簡介 PowerMock

測試程式碼不該去驗證 I/O、網路、資料庫等環境因素，因此我們會針對這些程式碼建立 Test Stub 或 Mock Object 並偽冒相關方法。但若這些程式碼是放在：

1. 宣告 private 的方法。
2. 宣告 final 的方法或 final 的類別。
3. 宣告 static 的方法或 static 的類別初始化區塊 (static { })。
4. 使用 new 建立新物件。

將導致 Mockito 不易支援。

因此我們需要「重構程式碼」讓程式碼變得具備「可測試性」。比如說避免宣告 final 的方法或 final 的類別，把依賴網路或資料庫的方法由 private 存取控制層級放寬、或搬移至其他協同作業類別，避免使用 static 方法等。

接下來我們使用測試框架「PowerMock」解決這些問題。但這並不是因為 Mockito 技術上無法做到，而是 Mockito 想表達哪些是屬於不良的正式程式碼設計；這些不良設計也不全然和可測試性有關，比如說 Java 是物件導向的程式語言，使用 static 方法可能影響良好的物件導向設計。

將正式程式碼的存取層級由 private 放寬至 protected 可以讓我們方便建立 Mock Object 並定義偽冒方法，但這通常不是好的修改理由和設計！又建立 Spy Object 若需要局部偽冒程式碼可能表示沒有把 SRP(Single Responsibility Principle) 的設計做好，此時將這些程式碼重構為另一個類別可以帶來更好的設計！

使用 final 宣告方法通常可以保護特定的實作內容不被覆寫，這也暗示該實作應該要有介面以便建立測試替身。

使用 static、final、private 的方法宣告都是常見的設計，但卻也導致使用 Mockito 的測試不容易進行或需啟用特殊支援，這時 PowerMock 就是另一個選項！

不過必須提醒的是，當程式碼具備可測試性時使用 Mockito 是最佳做法；PowerMock 只是用來測試 legacy 程式碼的備援方案，我們應該還是要產出具備可測試性的正式程式碼。PowerMock 可以建立特殊的 Mock Object，即使程式設計製造了測試障礙，也使我們能夠對程式碼進行單元測試。

PowerMock 是一個擴充了測試框架如 EasyMock 和 Mockito 的特殊框架。它使用自定義的類別載入器 (class loader) 以操作 Java 的位元組碼 (bytecode)，因此無論正式程式碼使用 static 宣告的方法、建構子、以 final 宣告的類別和方法、private 方法、或 static 的類別初始化區塊 (initializers) 等等都能建立 Mock Object，因此 PowerMock 對 legacy 程式碼的測試至關重要！

本章範例的 pom.xml 如下：

🎯 範例：/ch05-powermock/pom.xml

```
1   <dependency>
2       <groupId>junit</groupId>
3       <artifactId>junit</artifactId>
4       <version>4.12</version>
5       <scope>test</scope>
6   </dependency>
7
8   <dependency>
9       <groupId>org.mockito</groupId>
10      <artifactId>mockito-core</artifactId>
11      <version>3.9.0</version>
12      <scope>test</scope>
13  </dependency>
14
15  <dependency>
16      <groupId>org.powermock</groupId>
17      <artifactId>powermock-module-junit4</artifactId>
18      <version>2.0.9</version>
19      <scope>test</scope>
20  </dependency>
21  <dependency>
22      <groupId>org.powermock</groupId>
23      <artifactId>powermock-api-mockito2</artifactId>
24      <version>2.0.9</version>
25      <scope>test</scope>
26  </dependency>
```

使用 PowerMock 必須相依 2 個函式庫：

1. powermock-module-junit4
2. powermock-api-mockito2

本書使用 2.09 版，參考 https://mvnrepository.com/ 的編譯相依性 (compile dependencies) 可以搭配 JUnit 的 4.12 版本。如前所述 PowerMock 用於撰寫 legacy 程式碼的單元測試，使用較舊的 JUnit 4 將比 JUnit 5 更符合實際狀況。

Mockito 使用的版本 3.9.0 與之前章節範例相同，須注意不同的版本對 static、final、private 的宣告的支援結果可能不盡相同；將用來撰寫一些 Mockito 單元測試以比較與 PowerMock 的不同。

撰寫單元測試時，需要先在測試類別上標註 **@RunWith(PowerMockRunner. class)** 以啟用 PowerMock，再標註 **@PrepareForTest** 指定要建立 Mock Object 的 legacy 類別。後續將示範如何測試 Mockito 無法測試的一些狀況。

▌5.2 偽冒 static 方法

如以下範例，類別 StaticMethodDemo 的 staticGenerateId() 方法以 static 宣告，方法 generateId() 則未以 static 宣告，兩者都使用 Random 類別以產生一個隨機整數；更複雜的情況也可能呼叫資料庫的 sequence 機制以產生不重複的流水號！

很多程式需要取得流水號進行作業，因此類別 StaticMethodDemo 是常見的 DOC：

🧩 範例：/ch05-powermock/src/main/java/lab/powermock/fStatic/ StaticMethodDemo.java

```
1  public class StaticMethodDemo {
2
3      public static int staticGenerateId() {
4          return new Random().nextInt();
5      }
```

```
6
7      public int generateId() {
8          return new Random().nextInt();
9      }
10 }
```

如果類別有宣告 static 方法，使用 Mockito 框架可以建立該類別的 Mock Object，但無法偽冒 static 方法以回傳固定值。以下單元測試針對方法是否以 static 宣告對比偽冒結果，行 10 偽冒一般方法因此行 11 將通過驗證，行 14 則因為行 13 偽冒 static 方法而驗證失敗：

🎯 範例：/ch05-powermock/src/test/java/lab/powermock/fStatic/mockito/
StaticMethodTestByMockito.java

```
1  @RunWith(MockitoJUnitRunner.class)
2  public class StaticMethodTestByMockito {
3
4      @Mock
5      StaticMethodDemo staticMethodDemo;
6
7      @Test
8      public void show_stubs_static_method() throws Exception {
9
10         when(staticMethodDemo.generateId()).thenReturn(1);
11         assertEquals(1, staticMethodDemo.generateId());
12
13         when(StaticMethodDemo.staticGenerateId()).thenReturn(2);
14         assertEquals(2, staticMethodDemo.staticGenerateId());
15     }
16 }
```

使用 PowerMockito 的 mockStatic() 則可以排除這個限制，如以下單元測試：

🎯 範例：/ch05-powermock/src/test/java/lab/powermock/fStatic/
StaticMethodTest.java

```
1  @RunWith(PowerMockRunner.class)
2  @PrepareForTest(value = StaticMethodDemo.class)
3  public class StaticMethodTest {
4
5      @Test
6      public void show_stubs_static_method() throws Exception {
7          System.out.println(StaticMethodDemo.staticGenerateId());
```

```
8
9          PowerMockito.mockStatic(StaticMethodDemo.class);
    //     when(StaticMethodDemo.staticGenerateId()).thenReturn(1);
10         when(StaticMethodDemo.staticGenerateId())
               .thenAnswer((Answer<Integer>) (invocation -> 1));
11         assertEquals(1, StaticMethodDemo.staticGenerateId());
12     }
13  }
```

🔊 說明

1	**PowerMockRunner** 讓單元測試以 PowerMock 框架進行，並可以使用類別加載器 (class loader) 載入要建立 Mock Object 的類別。
2	@PrepareForTest 使用 value 指定要建立的 Mock Object 類別。
7	比較偽冒前的 static 方法。
9	被 org.powermock.api.mockito.PowerMockito 的靜態 mockStatic() 方法加持過的類別就可以讓我們偽冒 static 方法。
10	偽冒 static 方法。這裡未直接使用 thenReturn() 而是改用 thenAnswer()，原因是： • 使用 thenReturn()會因為啟用**org.mockito.plugins.MockMaker＝mock-maker-inline** 而 拋 出 例 外 org.mockito.exceptions.misusing.NotAMockException: Argument should be a mock。 • 使用 thenAnswer() 則驗證結果不受是否啟用 mock-maker-inline 影響。 mock-maker-inline 的啟用將在本章最後一節說明。
11	驗證 static 方法偽冒結果。

5.3 抑制類別 static 成員執行初始化

類別裡的 static 的屬性欄位稱為「類別成員」；有時候對這些 static 欄位設定初始值的需求會使用 static 初始化區塊 (initialization block) 完成，如以下範例行 6-10：

範例：/ch05-powermock/src/main/java/lab/powermock/fStatic/
StaticInitDemo.java

```
1   public class StaticInitDemo {
2
3       static int value = 10;
4
5       static final Map<String, String> MAP = new HashMap<>();
6       static {
7           MAP.put("a", "honey");
8           MAP.put("b", "jelly");
9           MAP.put("c", "beans");
10      }
11  }
```

其中欄位 value 在宣告時就一併完成初始化為 10，欄位 MAP 則是利用 static 初
始化區塊完成初始化。無論是宣告 static 的變數或 static 的區塊，在類別載入記
憶體時即開始執行，因此使用 Mockito 也無法抑制執行！使用 PowerMock 則允
許我們抑制 static 欄位的初始化，無論是宣告 static 的變數或 static 的區塊。只
要在測試類別使用 **@SuppressStaticInitializationFor** 標註，並使用 String 指定
要抑制初始化的類別 (套件 + 類別名稱)，如下：

範例：/ch05-powermock/src/test/java/lab/powermock/fStatic/
StaticInitTest.java

```
1   @RunWith(PowerMockRunner.class)
2   @SuppressStaticInitializationFor("lab.powermock.fStatic.StaticInitDemo")
3   public class StaticInitTest {
4
5       @Test
6       public void show_supresses_static_initialization() {
7
8           assertEquals(0, StaticInitDemo.value);
9           assertEquals(null, StaticInitDemo.MAP);
10
11          Map<String, String> m = new HashMap<>();
12          m.put("a", "jim");
13          Whitebox.setInternalState(StaticInitDemo.class, m);
14
15          int i = 111;
16          Whitebox.setInternalState(StaticInitDemo.class, i);
17
```

```
18        assertEquals(111, StaticInitDemo.value);
19        assertEquals("jim", StaticInitDemo.MAP.get("a"));
20    }
21 }
```

🔊 **說明**

2	使用 @SuppressStaticInitializationFor 標註，並使用 String 指定要抑制初始化的類別 (套件與類別名稱)。
8-9	抑制 static 欄位的初始化後，會得到該變數型態的預設值，如 int 是 0，Map 則是 null！
13	使用 Whitebox.setInternalState() 偽冒 static 欄位值，型態為 Map。
16	使用 Whitebox.setInternalState() 偽冒 static 欄位值，型態為 int。
18-19	驗證 Whitebox.setInternalState() 偽冒 static 欄位值結果。

▌5.4 抑制父類別建構子的執行

當一個類別因為要使用某一框架或模組而繼承另一個類別時，被繼承的父類別可能在其建構子內連接網際網路或資料庫取得某些初始資訊，而造成單元測試的障礙，此時就需要抑制父類別建構子執行。

使用 PowerMock 可以抑制父類別建構子執行。以下範例由 SuppressSuperConstructor 繼承 DoNotExtendMe，且一旦執行 DoNotExtendMe 建構子行 9 將拋出錯誤訊息「java.lang.ArithmeticException: / by zero」，因此可以用來驗證父類別建構子是否被抑制：

🎯 **範例**：/ch05-powermock/src/main/java/lab/powermock/fConstructor/SuppressSuperConstructor.java

```
1 public class SuppressSuperConstructor extends DoNotExtendMe {
2     public SuppressSuperConstructor() {
3         super();
4     }
5 }
6
```

```
7   class DoNotExtendMe {
8       DoNotExtendMe() {
9           System.out.println(1 / 0);
10      }
11  }
```

抑制的方法是使用 PowerMock 框架的 MemberModifier.**suppress**() 方法輸入
MemberMatcher.**constructor**() 呼叫後的回傳值，該方法的輸入內容是要抑制的
類別，如範例行 7。若註解行 7 將拋出 ArithmeticException：

🎯 **範例**：/ch05-powermock/src/test/java/lab/powermock/fConstructor/
SuppressSuperConstructorTest.java

```
1   @RunWith(PowerMockRunner.class)
2   @PrepareForTest(SuppressSuperConstructor.class)
3   public class SuppressSuperConstructorTest {
4
5       @Test
6       public void show_supresses_super_class_constructor() {
7           suppress( constructor( DoNotExtendMe.class ) );
8           new SuppressSuperConstructor();
9       }
10  }
```

本例中我們使用 constructor(DoNotExtendMe.class) 回傳建構子，這與 Java 的映
射 (Reflection) 技術有關；使用 suppress() 除了可以抑制建構子的執行外，也可
以抑制單元測試裡方法的執行，將在後續內容說明。

▌5.5 抑制類別建構子的執行

如同父類別可能在其建構子內連接網際網路或資料庫取得某些初始資訊，子
類別建構子也有相似的可能，都將造成單元測試的障礙，使用 PowerMock
也可以抑制子類別建構子執行。以下範例 SuppressConstructor 具備兩個建
構子，都可以影響欄位 someInt 值；預設建構子的行 12 若被執行將拋出
ArithmeticException 的執行時期錯誤：

🎯 範例：/ch05-powermock/src/main/java/lab/powermock/fConstructor/
SuppressConstructor.java

```java
 1  public class SuppressConstructor {
 2
 3      private int someInt = 100;
 4      private boolean someBoolean;
 5
 6      public SuppressConstructor(int val) {
 7          someBoolean = true;
 8          someInt = someInt / val;
 9      }
10      public SuppressConstructor() {
11          someBoolean = true;
12          someInt = someInt / 0;
13      }
14
15      public int getSomeInt() {
16          return someInt;
17      }
18      public boolean isSomeBoolean() {
19          return someBoolean;
20      }
21  }
```

PowerMock 為我們提供了一個 **Whitebox** 類別，它的 `newInstance()` 方法可以避免由建構子建立物件實例，如以下行 5；而且產生的物件的欄位都未經過初始化，因此都得到該型態的預設值，如以下單元測試：

🎯 範例：/ch05-powermock/src/test/java/lab/powermock/fConstructor/
SuppressConstructorTest.java

```java
 1  public class SuppressConstructorTest {
 2    @Test
 3    public void show_supresses_self_constructor() throws Exception {
 4      SuppressConstructor instance =
 5              Whitebox.newInstance(SuppressConstructor.class);
 6      assertNotNull(instance);
 7      assertEquals(0, instance.getSomeInt());
 8      assertEquals(false, instance.isSomeBoolean());
 9    }
10  }
```

5.6 抑制方法的執行

在單元測試的過程中，若我們要測試的方法呼叫了某一個方法，而該方法又具備某些測試障礙時，我們需要抑制該方法的呼叫以繼續進行測試。被抑制的方法表示不會執行原本程式邏輯，若被抑制的方法有回傳值，則回傳該型態的預設值，如物件為 null、int 為 0。

以下範例行 3 的 format() 方法被呼叫時將再呼叫 getCurrency() 方法，行 10 的 plusNumber() 方法被呼叫時將再呼叫 getNumber() 方法：

範例：/ch05-powermock/src/main/java/lab/powermock/
SuppressMethod.java

```java
1  public class SuppressMethod {
2
3      public String format(String str) {
4          return str + getCurrency();
5      }
6      private String getCurrency() {
7          return "$";
8      }
9
10     public int plusNumber(int i) {
11         return i + getNumber();
12     }
13     private int getNumber() {
14         return 10;
15     }
16 }
```

以下單元測試將抑制 getCurrency() 與 getNumber() 方法的呼叫，抑制呼叫後前者改回傳 null，後者改回傳 0。行 6 方法與行 11 方法是對照組，行 18 方法與行 23 方法是對照組：

範例：/ch05-powermock/src/test/java/lab/powermock/
SuppressMethodTest.java

```java
1  @RunWith(PowerMockRunner.class)
2  @PrepareForTest(SuppressMethod.class)
3  public class SuppressMethodTest {
```

```
4
5      @Test
6      public void show_not_supresses_string_method() {
7          SuppressMethod method = new SuppressMethod();
8          assertTrue(method.format("10").contains("$"));
9      }
10     @Test
11     public void show_supresses_string_method() {
12         suppress( method( SuppressMethod.class, "getCurrency" ) );
13         SuppressMethod method = new SuppressMethod();
14         assertFalse(method.format("10").contains("$"));
15     }
16
17     @Test
18     public void show_not_supresses_int_method() {
19         SuppressMethod method = new SuppressMethod();
20         assertEquals(20, method.plusNumber(10));
21     }
22     @Test
23     public void show_supresses_int_method() {
24         suppress( method( SuppressMethod.class, "getNumber" ) );
25         SuppressMethod method = new SuppressMethod();
26         assertEquals(10, method.plusNumber(10));
27     }
28 }
```

抑制方法的呼叫和抑制父類別建構子呼叫的方式相同，都是使用 PowerMock 框架的 MemberModifier.**suppress**() 方法；以 MemberMatcher.**method**() 輸入要抑制方法的字串名稱和所屬類別可以回傳以 Java 映射取得的方法物件。

▌5.7 偽冒 private 方法

一旦方法宣告為 private 時，我們將無法由類別外部呼叫這個方法。因此如果 private 方法包含了測試障礙，而且有其他 public 或 protected 方法呼叫，則連帶造成這些 public 或 protected 方法無法被測試，除非可以繞過有測試障礙的 private 方法或改呼叫其他方法！

以下範例 PrivateMethod 行 3 有一個宣告為 private 的 secretValue() 方法，執行後將回傳一個秘密字串值；另外行 7 有一個宣告為 public 的 exposeSecretValue() 方法將呼叫該 secretValue() 方法：

🎯 範例：/ch05-powermock/src/main/java/lab/powermock/fPrivate/
PrivateMethod.java

```java
1  public class PrivateMethod {
2
3      private String secretValue() {
4          return "!@#$%^&";
5      }
6
7      public String exposeSecretValue() {
8          return secretValue();
9      }
10 }
```

本例目的在使用 PowerMock 偽冒 PrivateMethod 的 private 方法，但其他方法依然保留；因此先選擇建立該類別的 Spy Object，然後偽冒 Spy Object 的 private 方法，如行 17 指定 private 方法改回傳字串 "123"。注意這裡的 spy() 和 when() 都是出自於 **PowerMockito** 類別：

🎯 範例：/ch05-powermock/src/test/java/lab/powermock/fPrivate/
PrivateMethodTest.java

```java
1  import static org.junit.Assert.assertEquals;
2  import static org.powermock.api.mockito.PowerMockito.spy;
3  import static org.powermock.api.mockito.PowerMockito.when;
4
5  import org.junit.Test;
6  import org.junit.runner.RunWith;
7  import org.powermock.core.classloader.annotations.PrepareForTest;
8  import org.powermock.modules.junit4.PowerMockRunner;
9
10 @RunWith(PowerMockRunner.class)
11 @PrepareForTest(PrivateMethod.class)
12 public class PrivateMethodTest {
13
14     @Test
15     public void show_stubs_private_methods() throws Exception {
16         PrivateMethod privateMethodSpy = spy(new PrivateMethod());
```

```
17      when(privateMethodSpy, "secretValue").thenReturn("123");
18
19      assertEquals("123", privateMethodSpy.exposeSecretValue());
20  }
21  }
```

▌5.8 偽冒 final 方法

Mockito 無法偽冒 final 方法，因為 Java 不允許我們覆寫 final 方法。但是當 final 方法包含了測試障礙時，一般只能放棄單元測試，或是移除 final 宣告，但兩者都不是好的做法。範例 FinalMethod 定義了簡單的 final 方法 getValue()：

🎯 **範例**：/ch05-powermock/src/main/java/lab/powermock/fFinal/ FinalMethod.java

```
1  public class FinalMethod {
2
3      public final String getValue() {
4          return null;
5      }
6  }
```

使用 PowerMock 允許我們偽冒 final 方法，如下單元測試。只要行 5 先註記預備建立 Mock Object 的類別，行 10 再建立該類別的 Mock Object，行 11 就可以偽冒 final 方法。注意這裡的 mock() 和 when() 都是出自於 **PowerMockito** 類別：

🎯 **範例**：/ch05-powermock/src/test/java/lab/powermock/fFinal/ FinalMethodTest.java

```
1  import static org.powermock.api.mockito.PowerMockito.mock;
2  import static org.powermock.api.mockito.PowerMockito.when;
3
4  @RunWith(PowerMockRunner.class)
5  @PrepareForTest(FinalMethod.class)
6  public class FinalMethodTest {
7      @Test
8      public void show_stub_final_methods() throws Exception {
9          // Given
10         FinalMethod finalMethod = mock(FinalMethod.class);
```

```
11      when(finalMethod.getValue()).thenReturn("A stubbed value");
12      // When & Then
13      assertEquals("A stubbed value", finalMethod.getValue());
14  }
15 }
```

5.9 建立 final 類別的 Mock Object

因為 final 類別無法被繼承,所以 Mockito 無法建立 Mock Object;一旦 final 類別裡有測試障礙,連帶讓使用 final 類別的一般類別無法被測試。函式庫或第三方框架常見使用 final 類別避免被繼承後覆寫;若沒有原始碼就更不用想把它們改成非 final 類別,範例類別 InstallVerifier 與 Installer 呈現這樣的情況。類別 InstallVerifier 掌控可安裝的軟體清單,為避免被繼承後竄改,類別宣告為 final,呼叫其 isInstallable() 方法可以確認軟體是否有安裝授權:

⊙ 範例:/ch05-powermock/src/main/java/lab/powermock/fFinal/InstallVerifier.java

```
1  public final class InstallVerifier {
2      public boolean isInstallable(String software) {
3          return false;
4      }
5  }
```

執行 Installer 類別的 install() 方法可以安裝軟體,但 Installer 的建構子相依於 InstallVerifier,呼叫 install() 時會先呼叫 isInstallable() 方法確認是否具有安裝授權:

⊙ 範例:/ch05-powermock/src/main/java/lab/powermock/fFinal/Installer.java

```
1  public class Installer {
2      private final InstallVerifier verifier;
3      public Installer(InstallVerifier verifier) {
4          this.verifier = verifier;
5      }
6
```

```
7      public boolean install(String software) {
8          if (verifier.isInstallable(software)) {
9              // some install process
10             return true;
11         }
12         return false;
13     }
14 }
```

為了測試 Installer 的 install() 方法，我們需要建立 InstallVerifier 的 Mock Object 並偽冒 isInstallable() 方法；但這需求使用 Mockito 是做不到的，只能如下使用 PowerMock。先建立 final 類別的 Mock Object，再偽冒 isInstallable() 方法使其只要是安裝 JDK 軟體就回傳 true，因此允許 Installer 安裝 JDK：

🎯 範例：/ch05-powermock/src/test/java/lab/powermock/fFinal/ FinalClassTest.java

```
1  import static org.powermock.api.mockito.PowerMockito.mock;
2  import static org.powermock.api.mockito.PowerMockito.when;
3
4  @RunWith(PowerMockRunner.class)
5  @PrepareForTest(InstallVerifier.class)
6  public class FinalClassTest {
7
8      @Test
9      public void show_mocks_final_classes() throws Exception {
10         // Given
11         InstallVerifier verifier = mock(InstallVerifier.class);
12         when(verifier.isInstallable("JDK")).thenReturn(true);
13         // When
14         Installer installer = new Installer(verifier);
15         // Then
16         assertTrue(installer.install("JDK"));
17     }
18 }
```

注意，這裡的 mock() 和 when() 都是出自於 **PowerMockito** 類別。

讀者可以試跑以下 Mockito 的單元測試。這裡的 mock() 和 when() 都是出自於 **Mockito** 類別，結果為失敗：

🎯 **範例**：/ch05-powermock/src/test/java/lab/powermock/fFinal/
FinalClassTestByMockito.java

```
1   import static org.mockito.Mockito.mock;
2   import static org.mockito.Mockito.when;
3
4   @RunWith(MockitoJUnitRunner.class)
5   public class FinalClassTestByMockito {
6
7       @Test
8       public void show_mocks_final_classes() throws Exception {
9           // Given
10          InstallVerifier systemVerifier = mock(InstallVerifier.class);
11          when(systemVerifier.isInstallable("JDK")).thenReturn(true);
12          // When
13          Installer installer = new Installer(systemVerifier);
14          // Then
15          assertTrue(installer.install("JDK"));
16      }
17  }
```

5.10 使用 Mockito 偽冒 static 方法、final 方法與 final 類別

長期以來 Mockito 拒絕偽冒 static 方法、final 方法與類別導致了使用上的不方便 (以「拒絕」來陳述應該是符合事實的，畢竟 PowerMock 能做到，沒理由 Mockito 做不到)，直到拉斐爾‧溫特哈爾特 (Rafael Winterhalter) 決定解決這個問題。

由 2.1.0. 開始，Mockito 結合了 Java 代理檢測 (agent instrumentation) 和子類別化的組合來實現偽冒這些類型，可參閱 https://github.com/mockito/mockito/wiki/What%27s-new-in-Mockito-2 的說明：

Mock the unmockable: opt-in mocking of final classes/methods

For a long time our users suffered a disbelief when Mockito refused to mock a final class. Mocking of final methods was even more problematic, causing surprising behavior of the framework and generating angry troubleshooting. The lack of mocking finals was a chief limitation of Mockito since its inception in 2007. The root cause was the lack of sufficient support in mock creation / bytecode generation. Until Rafael Winterhalter decided to fix the problem and provide opt-in implementation in Mockito 2.1.0. In the releases, Mockito team will make mocking the unmockable completely seamless, greatly improving developer experience.

▲ 圖 5-1 Mockito 支援選擇性同意偽冒 final 的類別和方法

啟用對 static 方法、final 方法與類別進行偽冒的能力並非是 Mockito 預設的，因為畢竟存在前文提到的設計合適與否的問題；開發者必須建立相關目錄「src/test/resources/mockito-extensions」，並建立檔案「org.mockito.plugins. MockMaker」如下：

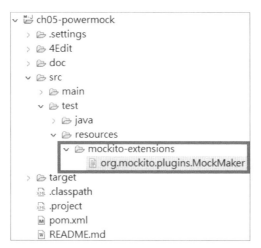

▲ 圖 5-2 檔案 org.mockito.plugins.MockMaker

該檔案內容若包含一行文字「mock-maker-inline」則將啟用偽冒 static 方法、final 方法與類別的能力！本專案以「#」加在該行文字開頭，因此專案目前為關閉相關偽冒能力：

🎯 範例：/ch05-powermock/src/test/resources/mockito-extensions/ org.mockito.plugins.MockMaker

```
1  #mock-maker-inline
```

在這樣的狀況下，執行專案內所有單位測試結果如下：

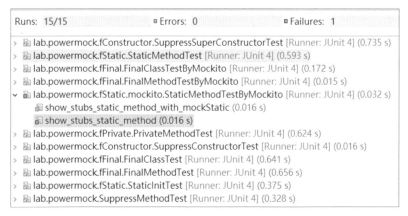

▲ 圖 5-3 關閉 mock-maker-inline 的專案測試範例執行結果

若文字移除「#」以改為啟用狀態，再執行本專案的所有單元測試結果如下：

```
Runs: 15/15              ▣ Errors:  0           ▣ Failures:  1
> 🔳 lab.powermock.fConstructor.SuppressSuperConstructorTest [Runner: JUnit 4] (0.735 s)
> 🔳 lab.powermock.fStatic.StaticMethodTest [Runner: JUnit 4] (0.593 s)
> 🔳 lab.powermock.fFinal.FinalClassTestByMockito [Runner: JUnit 4] (0.172 s)
> 🔳 lab.powermock.fFinal.FinalMethodTestByMockito [Runner: JUnit 4] (0.015 s)
⌄ 🔳 lab.powermock.fStatic.mockito.StaticMethodTestByMockito [Runner: JUnit 4] (0.032 s)
      🔳 show_stubs_static_method_with_mockStatic (0.016 s)
      🔳 show_stubs_static_method (0.016 s)
> 🔳 lab.powermock.fPrivate.PrivateMethodTest [Runner: JUnit 4] (0.624 s)
> 🔳 lab.powermock.fConstructor.SuppressConstructorTest [Runner: JUnit 4] (0.016 s)
> 🔳 lab.powermock.fFinal.FinalClassTest [Runner: JUnit 4] (0.641 s)
> 🔳 lab.powermock.fFinal.FinalMethodTest [Runner: JUnit 4] (0.656 s)
> 🔳 lab.powermock.fStatic.StaticInitTest [Runner: JUnit 4] (0.375 s)
> 🔳 lab.powermock.SuppressMethodTest [Runner: JUnit 4] (0.328 s)
```

▲ 圖 5-4 開啟 mock-maker-inline 的專案測試範例執行結果

差異將在後續章節說明。

除了建立檔案 org.mockito.plugins.MockMaker 以啟用 static 和 final 的偽冒機制外，Mockito 由 2.7.x. 開始也推出 **mockito-inline** 的函式庫：

📌 範例：pom.xml

```xml
<!-- https://mvnrepository.com/artifact/org.mockito/mockito-inline -->
<dependency>
    <groupId>org.mockito</groupId>
    <artifactId>mockito-inline</artifactId>
    <version>2.7.2</version>
    <scope>test</scope>
</dependency>
```

相較於本章使用的「mockito-core」函式庫，將直接具備相關偽冒能力！不過該版本為暫時版，本未來可能依驗證結果和開發者反映而融入 mockito-core 版本，可以參照 https://mvnrepository.com/artifact/org.mockito/mockito-inline 相關說明。

5.10.1 偽冒 static 方法

要偽冒 static 方法，若仿照先前偽冒非 static 方法的做法進行，如以下行 10 和行 13，則無論是否啟用 mock-maker-inline 都無法通過測試：

📌 範例：/ch05-powermock/src/test/java/lab/powermock/fStatic/mockito/StaticMethodTestByMockito.java

```java
1  @RunWith(MockitoJUnitRunner.class)
2  public class StaticMethodTestByMockito {
3
4      @Mock
5      StaticMethodDemo staticMethodDemo;
6
7      @Test
8      public void show_stubs_static_method() throws Exception {
9
10         when(staticMethodDemo.generateId()).thenReturn(1);
11         assertEquals(1, staticMethodDemo.generateId());
12
13         when(StaticMethodDemo.staticGenerateId()).thenReturn(2);
14         assertEquals(2, staticMethodDemo.staticGenerateId());
15     }
16 }
```

要偽冒 static 方法，必須**啟用 mock-maker-inline**，而且使用 **Mockito.mockStatic()** 方法建立 Mock Object，並且在 **try-with-resource 區塊**內完成驗證：

（範例圖示）**範例**：/ch05-powermock/src/test/java/lab/powermock/fStatic/mockito/
StaticMethodTestByMockito.java

```
1  @Test
2  public void show_stubs_static_method_with_mockStatic() {
3      try (MockedStatic<StaticMethodDemo> mock =
                        Mockito.mockStatic(StaticMethodDemo.class)) {
4          mock.when(StaticMethodDemo::staticGenerateId).thenReturn(2);
5          assertEquals(2, StaticMethodDemo.staticGenerateId());
6      }
7      assertNotEquals(2, StaticMethodDemo.staticGenerateId());
8  }
```

如此可以通過單元測試。不過行 7 其實不能保證遠永不相等，在極小的機率下仍是有可能產生的隨機整數正好是 2；這裡只是要強調離開 try-with-resource 區塊就失去了偽冒效果。

5.10.2 偽冒 final 方法和 final 類別

要偽冒 final 方法和類別，必須**啟用 mock-maker-inline**，單元測試寫法則和 PowerMock 一樣，和使用 Mockito 偽冒一般類別與方法也相同。如以下單元測試偽冒 **final** 方法：

（範例圖示）**範例**：/ch05-powermock/src/test/java/lab/powermock/fFinal/
FinalMethodTestByMockito.java

```
1   @RunWith(MockitoJUnitRunner.class)
2   public class FinalMethodTestByMockito {
3       @Test
4       public void stubs_final_methods() throws Exception {
5           // Given
6           FinalMethod finalMethod = mock(FinalMethod.class);
7           when(finalMethod.getValue()).thenReturn("A stubbed value");
8           // When & Then
9           assertEquals("A stubbed value", finalMethod.getValue());
10      }
11  }
```

以下單元測試偽冒 **final** 類別：

🎯 **範例**：/ch05-powermock/src/test/java/lab/powermock/fFinal/
FinalClassTestByMockito.java

```java
@RunWith(MockitoJUnitRunner.class)
public class FinalClassTestByMockito {
    @Test
    public void show_mocks_final_classes() throws Exception {
        // Given
        InstallVerifier systemVerifier = mock(InstallVerifier.class);
        when(systemVerifier.isInstallable("JDK")).thenReturn(true);
        // When
        Installer installer = new Installer(systemVerifier);
        // Then
        assertTrue(installer.install("JDK"));
    }
}
```

06

依據 Mockito 的可測試性
設計正式程式碼

本章提要

6.1　了解測試障礙的可能原因

6.2　識別建構子的問題

6.3　識別初始化的問題

6.4　識別 `private` 方法對單元測試的影響

6.5　識別 `static` 方法對單元測試的影響

6.6　識別 `final` 方法對單元測試的影響

6.7　識別 `final` 類別對單元測試的影響

6.8　識別使用 `new` 呼叫建構子造成的測試問題

6.9　識別使用 `static` 變數和程式碼區塊造成的測試問題

6.1　了解測試障礙的可能原因

我們了解了一些商業邏輯程式碼的撰寫方式將造成單元測試進行的困難，稱
「測試障礙 (test impediments)」，如連線資料庫或印表機等，此時必須重構程式
碼並將測試障礙移至另一個類別或方法；撰寫單元測試程式碼時則將移出的測
試障礙更換為測試替身。PowerMock 的功能強大足以解決很多測試難題，但對
象應該是 legacy 程式碼；若有機會開發新的商業邏輯程式碼應該還是提升「可
測試性 (testability)」並做到「測試友善 (test friendly)」。

Java 語言的類別結構中，有幾種設計可能是不利 (unfavorable) 於測試的：

1. 在建構子裡建立測試障礙物件，或是建構子相依於測試障礙。
2. 方法使用 private 宣告。
3. 方法使用 static 宣告。
4. 方法使用 final 宣告。
5. 類別使用 final 宣告。
6. 使用 new 建立物件。
7. 類別欄位使用 static 宣告。
8. 程式碼區塊使用 static 宣告。

以下章節將逐一說明解決方式。

為了表示測試障礙，以下範例裡將定義一個屬於 RuntimeException 的例外類別 TestingImpedimentException。如果測試過程中拋出 TestingImpedimentException 錯誤，除了表示無法自動化測試外，也表示商業邏輯程式碼是不利於測試的，必須予以重構：

🎯 **範例**：/ch06-testability/src/main/java/lab/testability/ TestingImpedimentException.java

```
1  public class TestingImpedimentException extends RuntimeException {
2      private static final long serialVersionUID = 1L;
3      public TestingImpedimentException(String msg) {
4          super(msg);
5      }
6      public TestingImpedimentException() {
7      }
8  }
```

6.2 識別建構子的問題

要進行單元測試，我們需要在測試工具中建立類別的物件實例，但常見問題是在建立物件時必須連帶建立其他依賴的物件實例，如建立資料庫連線以取得資料，或是取得屬性檔 (*.properties) 的資料等。如果這類別有很多呼叫者，就更不能變更建構子以傳遞依賴關係，否則將導致編譯或執行時期錯誤。

以下先定義兩個測試障礙類別，分別是「DatabaseDependency」與「FileReadDependency」，代表連線資料庫和存取實體檔案；因此這 2 個類別應該以 Mock Object 形式參與單元測試，不能以建構子產生真正物件。

我們在建構子裡安插拋出 TestingImpedimentException 的程式碼，在單元測試時若是建立了這 2 個類別的真實物件就會馬上拋出錯誤訊息，所以也只能建立 Mock Object，分別如下：

📌 **範例：/ch06-testability/src/main/java/lab/testability/ DatabaseDependency.java**

```
1  public class DatabaseDependency {
2      public DatabaseDependency() {
3          throw new TestingImpedimentException("Calls database");
4      }
5  }
```

📌 **範例：/ch06-testability/src/main/java/lab/testability/ FileReadDependency.java**

```
1  public class FileReadDependency {
2      public FileReadDependency() {
3          throw new TestingImpedimentException("Reads file");
4      }
5  }
```

6.2.1 測試性不良的設計

不良的商業邏輯類別 BadConstructor 示範如下，直接在建構子中使用「new」建立依賴關係：

📌 **範例：/ch06-testability/src/main/java/lab/testability/constructor/bad/ BadConstructor.java**

```
1  public class BadConstructor {
2      private DatabaseDependency dependency1;
3      private FileReadDependency dependency2;
4
5      public BadConstructor() {
6          this.dependency1 = new DatabaseDependency();
7          this.dependency2 = new FileReadDependency();
```

```
8        }
9
10       public Object someMethod(Object arg) {
11           return arg;
12       }
13   }
```

撰寫單元測試程式碼：

🎯 **範例**：/ch06-testability/src/test/java/lab/testability/constructor/bad/
BadConstructorTest.java

```
1    @RunWith(MockitoJUnitRunner.class)
2    public class BadConstructorTest {
3
4        BadConstructor instance;
5
6        @Before
7        public void setUp() {
8            instance = new BadConstructor();
9        }
10
11       @Test
12       public void show_SUT_is_not_null() throws Exception {
13           assertNotNull(instance);
14           assertEquals("Jim", instance.someMethod("Jim"));
15       }
16   }
```

進行測試時，因為行 8 建構 BadConstructor 物件時因為必須先建構 Database Dependency 與 FileReadDependency，因此拋出 TestingImpedimentException 並終止測試：

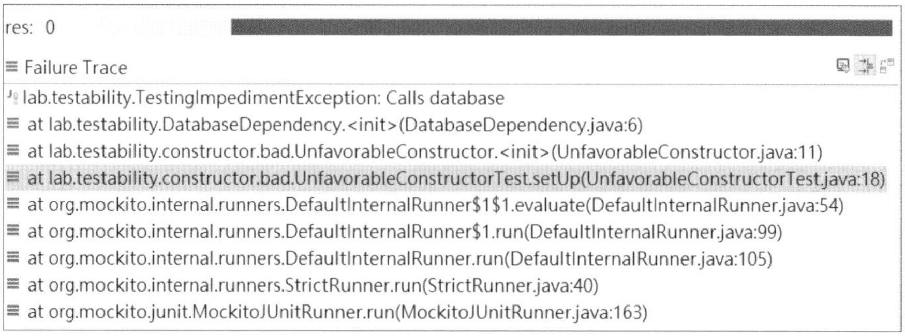

res: 0

≡ Failure Trace

⌐ lab.testability.TestingImpedimentException: Calls database
≡ at lab.testability.DatabaseDependency.<init>(DatabaseDependency.java:6)
≡ at lab.testability.constructor.bad.UnfavorableConstructor.<init>(UnfavorableConstructor.java:11)
≡ at lab.testability.constructor.bad.UnfavorableConstructorTest.setUp(UnfavorableConstructorTest.java:18)
≡ at org.mockito.internal.runners.DefaultInternalRunner$1$1.evaluate(DefaultInternalRunner.java:54)
≡ at org.mockito.internal.runners.DefaultInternalRunner$1.run(DefaultInternalRunner.java:99)
≡ at org.mockito.internal.runners.DefaultInternalRunner.run(DefaultInternalRunner.java:105)
≡ at org.mockito.internal.runners.StrictRunner.run(StrictRunner.java:40)
≡ at org.mockito.junit.MockitoJUnitRunner.run(MockitoJUnitRunner.java:163)

▲ 圖 6-1　拋出 TestingImpedimentException 而測試失敗

如果當成 legacy 程式碼就必須使用 PowerMock 抑止建構子的執行，可以使用
Whitebox.newInstance() 方法避開建構子產生物件：

範例：/ch06-testability/src/test/java/lab/testability/constructor/bad/
BadConstructorTestPowerMock.java

```
1  public class BadConstructorTestPowerMock {
2      @Test
3      public void show_object_is_not_null() throws Exception {
4          BadConstructor instance
5                  = Whitebox.newInstance(BadConstructor.class);
6          assertNotNull(instance);
7          assertEquals("Jim", instance.someMethod("Jim"));
8      }
9  }
```

6.2.2 以依賴注入提升測試性的設計

若要撰寫具備可測試性的程式碼，我們應該透過建構子「注入」依賴關係，
而不是在建構子中「直接建立」依賴關係，這也符合「依賴注入 (dependency
injection)」的作法。所以把商業邏輯程式碼重構如下：

範例：/ch06-testability/src/main/java/lab/testability/constructor/good/
GoodConstructor.java

```
1  public class GoodConstructor {
2    private DatabaseDependency dep1;
3    private FileReadDependency dep2;
4
5    public GoodConstructor(DatabaseDependency d1, FileReadDependency d2) {
6        this.dep1 = d1;
7        this.dep2 = d2;
8    }
9    public Object someMethod(Object arg) {
10       return arg;
11   }
12 }
```

也把單元測試程式碼修改如下。測試障礙類別 DatabaseDependency 與 FileRead
Dependency 不能直接建立物件，應該以 Mock Object 參與單元測試，並透過建
構子「注入」依賴關係：

🎯 **範例：**/ch06-testability/src/test/java/lab/testability/constructor/good/
GoodConstructorTest.java

```
1   @RunWith(MockitoJUnitRunner.class)
2   public class GoodConstructorTest {
3
4       @Mock
5       DatabaseDependency dep1;
6       @Mock
7       FileReadDependency dep2;
8
9       GoodConstructor instance;
10
11      @Before
12      public void setUp() {
13          instance = new GoodConstructor(dep1, dep2);
14      }
15
16      @Test
17      public void show_object_is_not_null() throws Exception {
18          assertNotNull(instance);
19          assertEquals("Jim", instance.someMethod("Jim"));
20      }
21  }
```

也方便使用 @InjectMocks 簡化程式碼，如行 9-10：

🎯 **範例：**/ch06-testability/src/test/java/lab/testability/constructor/good/
GoodConstructorTest2.java

```
1   @RunWith(MockitoJUnitRunner.class)
2   public class GoodConstructorTest2 {
3
4       @Mock
5       DatabaseDependency dep1;
6       @Mock
7       FileReadDependency dep2;
8
9       @InjectMocks
10      GoodConstructor instance;
11
12      @Test
13      public void show_object_is_not_null() throws Exception {
14          assertNotNull(instance);
15          assertEquals("Jim", instance.someMethod("Jim"));
16      }
17  }
```

6.3 識別初始化的問題

6.3.1 測試性不良的設計

正式程式碼宣告實例變數並同時完成初始化將造成不易偽冒該變數值,如以下範例行 2:

🎯 **範例**:/ch06-testability/src/main/java/lab/testability/instantiate/bad/BadVariableInitialization.java

```java
1  public class BadVariableInitialization {
2      DatabaseDependency dependency1 = new DatabaseDependency();
3
4      public Object someMethod(Object arg) {
5          return arg;
6      }
7  }
```

撰寫單元測試:

🎯 **範例**:/ch06-testability/src/test/java/lab/testability/instantiate/bad/BadVariableInitializationTest.java

```java
1  public class BadVariableInitializationTest {
2      @Test
3      public void show_object_is_not_null() throws Exception {
4          BadVariableInitialization instance= new BadVariableInitialization();
5          assertNotNull(instance);
6          assertEquals("Jim", instance.someMethod("Jim"));
7      }
8  }
```

執行時因為行 4 建立 SUT 必須先建立 DatabaseDependency 欄位並完成初始化,因此拋出 TestingImpedimentException 並終止測試:

▫ Failures: 0	
≡ Failure Trace	
⚡ lab.testability.TestingImpedimentException: Calls database	
≡ at lab.testability.DatabaseDependency.\<init\>(DatabaseDependency.java:6)	
≡ at lab.testability.instantiate.bad.BadVariableInitialization.\<init\>(BadVariableInitialization.java:6)	
≡ at lab.testability.instantiate.bad.BadVariableInitializationTest.show_object_is_not_null(BadVariableInitializationTest.java:11)	

▲ 圖 6-2 拋出 TestingImpedimentException 而測試失敗

使用 PowerMock 可以將建立 BadVariableInitialization 所需要的 DatabaseDependency 欄位在進行單元測試時以 Mock Object 取代，如以下單元測試。只要在行 15 建立 BadVariableInitialization 前先聲明一旦以 new 呼叫 DatabaseDependency 類別的建構子，則回傳預定義的 DatabaseDependency 的 Mock Object，如行 10-13：

🎯 範例：/ch06-testability/src/test/java/lab/testability/instantiate/bad/BadVariableInitializationTestPowerMock.java

```
1   @RunWith(PowerMockRunner.class)
2   @PrepareForTest(BadVariableInitialization.class)
3   public class BadVariableInitializationTestPowerMock {
4
5       @Mock
6       DatabaseDependency dependency;
7
8       @Test
9       public void show_object_is_not_null() throws Exception {
10          PowerMockito
11              .whenNew(DatabaseDependency.class)
12              .withNoArguments()
13              .thenReturn(dependency);
14
15          BadVariableInitialization instance = new BadVariableInitialization();
16          assertNotNull(instance);
17          assertEquals("Jim", instance.someMethod("Jim"));
18      }
19  }
```

6.3.2 以依賴注入提升測試性的設計

解決方式是將類別重構如下，欄位的初始化改以「依賴注入」的方式進行：

🎯 範例：/ch06-testability/src/main/java/lab/testability/instantiate/good/GoodVariableInitialization.java

```
1   public class GoodVariableInitialization {
2       DatabaseDependency dependency1;
3
4       public GoodVariableInitialization(DatabaseDependency d) {
5           this.dependency1 = d;
6       }
7
```

```
8    public Object someMethod(Object arg) {
9        return arg;
10   }
11 }
```

改版後的單元測試如下：

🎯 範例：/ch06-testability/src/test/java/lab/testability/instantiate/good/
GoodVariableInitializationTest.java

```
1  @RunWith(MockitoJUnitRunner.class)
2  public class GoodVariableInitializationTest {
3
4      @Mock
5      DatabaseDependency dependency;
6
7      @InjectMocks
8      GoodVariableInitialization instance;
9
10     @Test
11     public void show_object_is_not_null() throws Exception {
12         assertNotNull(instance);
13         assertEquals("Jim", instance.someMethod("Jim"));
14     }
15 }
```

若類別欄位的型態不涉及「測試障礙」還是可以在宣告時一併初始化完成，如
List<String> field = new ArrayList<>()，讓類別負責自己的內部欄位。

6.4 識別 private 方法對單元測試的影響

6.4.1 測試性不良的設計

private 方法對於隱藏物件內部狀態和封裝很有用，但是也有可能包含測試障礙
的邏輯：

🎯 範例：/ch06-testability/src/main/java/lab/testability/privates/bad/
PrivateMethodDemo.java

```
 1  public class PrivateMethodDemo {
 2    public Object validate(Object arg) {
 3      if (arg == null) {
 4        showError("Null input");
 5      }
 6      return arg;
 7    }
 8    private void showError(String msg) {
 9      throw new TestingImpedimentException("GUI need manual operation");
10    }
11  }
```

類別 PrivateMethodDemo 具備 public 的 validate() 方法，若傳入的參數為 null 將呼叫另一個 private 的方法 showError()，該方法模擬使用者介面的訊息彈出，因此需要與使用者互動，屬於測試障礙，設計為拋出 TestingImpedimentException：

撰寫單元測試程式碼如下，執行 showMessage() 時將出錯：

🎯 範例：/ch06-testability/src/test/java/lab/testability/privates/bad/
PrivateMethodTest.java

```
 1  public class PrivateMethodTest {
 2    PrivateMethodDemo privateMethod;
 3    @Before
 4    public void setUp() {
 5      privateMethod = new PrivateMethodDemo();
 6    }
 7    @Test
 8    public void validate() throws Exception {
 9      privateMethod.validate(null);
10    }
11  }
```

6.4.2 使用關注分離提升測試性的設計

一般處理具有測試障礙的 private 方法是建立一個新類別，將測試障礙重構至新類別，然後將新類別依賴注入到原類別，如此 private 方法就可以呼叫依賴注入的結果。

我們將 private showError(String msg) 的內容重構至類別 GraphicalInterface，如下：

🎯 範例：/ch06-testability/src/main/java/lab/testability/privates/good/
GraphicalInterface.java

```
1  public class GraphicalInterface {
2      public void showMessage(String msg) {
3          throw new TestingImpedimentException("GUI need manual operation");
4      }
5  }
```

然後將 PrivateMethodDemo 重構為 PrivateMethodInjection，以建構子關連注入類別 GraphicalInterface 後，private 方法改呼叫 GraphicalInterface.showMessage()，如範例行 13：

🎯 範例：/ch06-testability/src/main/java/lab/testability/privates/good/
PrivateMethodInjection.java

```
1  public class PrivateMethodInjection {
2      private GraphicalInterface graphicalInterface;
3      public PrivateMethodInjection(GraphicalInterface ui) {
4          this.graphicalInterface = ui;
5      }
6      public Object validate(Object arg) {
7          if (arg == null) {
8              showError("Null input");
9          }
10         return arg;
11     }
12     private void showError(String msg) {
13         graphicalInterface.showMessage(msg);
14     }
15 }
```

改寫單元測試後通過測試：

🎯 範例：/ch06-testability/src/test/java/lab/testability/privates/good/
PrivateMethodInjectionTest.java

```
1  @RunWith(MockitoJUnitRunner.class)
2  public class PrivateMethodInjectionTest {
3      @Mock
```

```
4      GraphicalInterface graphicalInterface;
5      @InjectMocks
6      PrivateMethodInjection privateMethod;
7      @Test
8      public void validate() throws Exception {
9          privateMethod.validate(null);
10     }
11 }
```

6.4.3 提升存取層級以提升測試性

另一種作法是將有測試障礙的 private 方法提升存取層級到 default 或 protected，
如行 8：

🎯 **範例**：/ch06-testability/src/main/java/lab/testability/privates/good/
PrivateMethod2Default.java

```
1  public class PrivateMethod2Default {
2      public Object validate(Object arg) {
3          if (arg == null) {
4              showError("Null input");
5          }
6          return arg;
7      }
8      void showError(String msg) {
9          throw new TestingImpedimentException("GUI need manual operation");
10     }
11 }
```

改寫單元測試：

🎯 **範例**：/ch06-testability/src/test/java/lab/testability/privates/good/
PrivateMethod2DefaultTest.java

```
1  public class PrivateMethod2DefaultTest {
2      PrivateMethod2Default privateMethod;
3      @Before
4      public void setUp() {
5          privateMethod = new PrivateMethod2Default() {
6              void showError(String msg) {
7                  // do nothing
8              }
9          };
```

```
10          }
11      @Test
12      public void validate() throws Exception {
13          privateMethod.validate(null);
14      }
15  }
```

因為 showError() 方法的存取層級更改為 default，建立 PrivateMethod2Default 物件實例時可以採用匿名 (anonymous) 類別的作法覆寫 (override) 原本呼叫測試障礙的邏輯。如此正式的商業邏輯程式碼可以不變，但單元測試時就避開無法測試的邏輯，讓其他單元測試可以繼續自動化執行。

這種針對測試障礙建立一個覆寫的版本的作法稱為建立 Fake Object，若是原類別含有多個測試障礙的方法，可以在測試類別建立內部 (inner) 類別繼承原類別，然後覆寫所有含有測試障礙的方法。

由本案例也可得知，撰寫正式的商業邏輯程式碼時，應該盡量不要將測試障礙隱藏在 private 方法中。

6.5 識別 static 方法對單元測試的影響

6.5.1 測試性不良的設計

static 方法常用於工具 / 設施類 (utility) 的類別，如 Math 類別。如先前內容所述 Mockito 在較新的版本可以選用對 static 方法的支援，但預設沒有，因此我們還是在使用 static 方法時拋出測試障礙的例外：

範例：/ch06-testability/src/main/java/lab/testability/staticmethods/bad/
StaticMethodDemo.java

```
1  public class StaticMethodDemo {
2      public static void aStaticMethod() {
3          throw new TestingImpedimentException("Calls static method");
4      }
5  }
```

單元測試如下。我們嘗試建立 StaticMethodDemo 的 Mock Object，並偽冒唯一的 static 方法 aStaticMethod() 並預期「doNothing」；若偽冒失敗就會呼叫原本的程式邏輯，將拋出 TestingImpedimentException：

⏱ 範例：/ch06-testability/src/test/java/lab/testability/staticmethods/bad/
StaticMethodTest.java

```
1   @RunWith(MockitoJUnitRunner.class)
2   public class StaticMethodTest {
3       @Mock
4       StaticMethodDemo staticMethodDemo;
5       @Test
6       public void show_mock_static_method() throws Exception {
7           // Given
8           Mockito.doNothing().when(staticMethodDemo).aStaticMethod();
9           // When
10          staticMethodDemo.aStaticMethod();
11      }
12  }
```

單元測試結果如預期將拋出例外，確定偽冒 static 方法失敗。

6.5.2 以非 static 的方法重構

解決問題的方法之一是建立另一個可以被偽冒的「非 static 方法」，並讓它去轉呼叫「static 方法」，如以下範例。因為該方法唯一的功能就是將呼叫轉給 aStaticMethod()，故名 delegate()，如行 6：

⏱ 範例：/ch06-testability/src/main/java/lab/testability/staticmethods/good/
StaticMethodDelegate.java

```
1   public class StaticMethodDelegate {
2       public static void aStaticMethod() {
3           throw new TestingImpedimentException("Calls static method");
4       }
5       void delegate() {
6           aStaticMethod();
7       }
8   }
```

因為無法偽冒 static 方法，因此改偽冒 delegate() 方法，並預期「doNothing」，
如果再拋出 TestingImpedimentException 就是重構失敗：

🎯 範例：/ch06-testability/src/test/java/lab/testability/staticmethods/good/
StaticMethodDelegateTest.java

```
1  @RunWith(MockitoJUnitRunner.class)
2  public class StaticMethodDelegateTest {
3      @Mock
4      StaticMethodDelegate staticMethodDelegate;
5      @Test
6      public void show_mock_static_method() {
7          // Given
8          doNothing().when(staticMethodDelegate).delegate();
9          try {
10             // When
11             staticMethodDelegate.delegate();
12         } catch (TestingImpedimentException e) {
13             // Then
14             fail();
15         }
16     }
17 }
```

本例如預期通過測試！

6.5.3 啟用 Mockito 偽冒 static 的支援

Mockito 在較新的版本支援偽冒 static 方法，但預設關閉，要啟動支援必須依照
以下步驟：

1. 建立資料夾「src/test/resources/mockito-extensions/」。
2. 在資料夾「mockito-extensions」內建立檔案名稱為「org.mockito.plugins.
   MockMaker」的空白檔案，無副檔名。
3. 在檔案內鍵入「mock-maker-inline」，如本專案的：

🎯 範例：/ch06-testability/src/test/resources/mockito-extensions/
org.mockito.plugins.MockMaker

```
1  mock-maker-inline
```

如此可以啟用對偽冒 static 的支援。以下範例將說明對使用 static 宣告的：

1. void 方法：aVoid()
2. 有 return 回傳值的方法：aReturn()
3. 有參數輸入且有 return 回傳值的方法：aParamReturn()

進行偽冒的方式：

🎯 範例：/ch06-testability/src/main/java/lab/testability/staticmethods/
StaticMethodDemo2.java

```
1   public class StaticMethodDemo2 {
2       public static void aVoid() {
3           throw new RuntimeException();
4       }
5       public static String aReturn() {
6           return "Hello";
7       }
8       public static String aParamReturn(String s) {
9           return "Hello " + s;
10      }
11  }
```

偽冒 void 方法：aVoid()

未偽冒方法 aVoid() 時，單元測試將拋出 RuntimeException：

🎯 範例：/ch06-testability/src/test/java/lab/testability/staticmethods/
StaticMethodDemo2Test.java

```
1   @Test
2   public void show_not_mock_static_void_method() {
3       try {
4           StaticMethodDemo2.aVoid();
5           fail();
6       } catch (Exception e) {
7           assertTrue(e instanceof RuntimeException);
8       }
9   }
```

使用 **Mockito.mockStatic()** 方法可以建立指定類別的 Mock Object。建立 Mock Object 後，和過去介紹的規則相同，預設 void 方法都是 doNothing()。要注意的

是 Mockito.mockStatic() 回傳的物件有實作 **AutoCloseable** 介面，因此會宣告在 try-with-resource 區塊中，而且離開區塊則偽冒將失效：

🎯 **範例**：/ch06-testability/src/test/java/lab/testability/staticmethods/ StaticMethodDemo2Test.java

```
1   @Test
2   public void show_mock_static_void_method_by_default() {
3       // Given
4       try (MockedStatic<StaticMethodDemo2> mock
5                       = Mockito.mockStatic(StaticMethodDemo2.class)) {
6           // When
7           StaticMethodDemo2.aVoid();
8           // Then
9           mock.verify(() -> StaticMethodDemo2.aVoid(), times(1));
10      }
11  }
```

也可以使用「MockedStatic.**when**(Verification).**then**(Answer<?>)」結構的介面 **Answer<Void>** 來偽冒 static 的 void 方法內容，如以下範例行 6-11。本例依然 定義偽冒的內容為什麼都不做，但實際上也可以利用 answer() 方法定義要執行 的程式邏輯：

🎯 **範例**：/ch06-testability/src/test/java/lab/testability/staticmethods/ StaticMethodDemo2Test.java

```
1   @Test
2   public void show_mock_static_void_method_by_answer() {
3       // Given
4       try (MockedStatic<StaticMethodDemo2> mock
5                   = Mockito.mockStatic(StaticMethodDemo2.class)) {
6       mock.when(StaticMethodDemo2::aVoid).then(new Answer<Void>() {
7           @Override
8           public Void answer(InvocationOnMock invocation) throws Throwable {
9               return null;
10          }
11      } );
12      // When
13      StaticMethodDemo2.aVoid();
14      // Then
15      mock.verify(() -> StaticMethodDemo2.aVoid(), times(1));
16      }
17  }
```

承前述範例，改用 lambda 語法將更為簡潔，如以下範例行 6：

🎯 範例：/ch06-testability/src/test/java/lab/testability/staticmethods/
StaticMethodDemo2Test.java

```
1  @Test
2  public void show_mock_static_void_method_by_answer_lambda() {
3      // Given
4      try (MockedStatic<StaticMethodDemo2> mock
5                  = Mockito.mockStatic(StaticMethodDemo2.class)) {
6          mock.when(StaticMethodDemo2::aVoid).then(invocation -> null);
7          // When
8          StaticMethodDemo2.aVoid();
9          // Then
10         mock.verify(() -> StaticMethodDemo2.aVoid(), times(1));
11     }
12 }
```

偽冒有 return 回傳值的方法：aReturn()

類似的語法也可以用在有 return 回傳值的 static 方法。使用「MockedStatic.
when(Verification).**thenReturn**(T value)」結構可以在 thenReturn() 方法中定義偽
冒的回傳值，如以下範例行 7；而且只在 try-with-resource 區塊中有效，離開區
塊如行 12 則偽冒將失效：

🎯 範例：/ch06-testability/src/test/java/lab/testability/staticmethods/
StaticMethodDemo2Test.java

```
1  @Test
2  public void show_mock_static_return_method() {
3    assertEquals("Hello", StaticMethodDemo2.aReturn());
4    // Given
5    try (MockedStatic<StaticMethodDemo2> mock
6                = Mockito.mockStatic(StaticMethodDemo2.class)) {
7      mock.when(StaticMethodDemo2::aReturn).thenReturn("method is mocked!");
8      // When & Then
9      assertEquals("method is mocked!", StaticMethodDemo2.aReturn());
10   }
11
12   assertEquals("Hello", StaticMethodDemo2.aReturn());
13 }
```

偽冒有參數輸入且有 return 回傳值的方法：aParamReturn()

對於有輸入參數且 return 回傳值得 static 方法一樣使用「MockedStatic.**when**(Verification).**thenReturn**(T value)」結構，只是介面 Verification 的實作直接指定傳入的參數值，如以下範例行 7-8。離開 try-with-resource 區塊如行 13 則偽冒將失效：

範例：/ch06-testability/src/test/java/lab/testability/staticmethods/
StaticMethodDemo2Test.java

```java
@Test
public void show_mock_static_return_method_with_params() {
  assertEquals("Hello Jim", StaticMethodDemo2.aParamReturn("Jim"));
  // Given
  try (MockedStatic<StaticMethodDemo2> mock
            = Mockito.mockStatic(StaticMethodDemo2.class)) {
    mock.when(() -> StaticMethodDemo2.aParamReturn("Jim"))
        .thenReturn("mocked!");
    // When & Then
    assertEquals("mocked!", StaticMethodDemo2.aParamReturn("Jim"));
  }

  assertEquals("Hello Jim", StaticMethodDemo2.aParamReturn("Jim"));
}
```

6.6 識別 final 方法對單元測試的影響

6.6.1 測試性不良的設計

當方法宣告為 final 時在子類別將無法覆寫它，因此也無法建立偽冒方法，將導致單元測試執行時失敗。以下 FinalMethodDemo 設計了一個含有 final 方法的類別：

範例：/ch06-testability/src/main/java/lab/testability/finals/bad/method/
FinalMethodDemo.java

```java
public class FinalMethodDemo {
    public final void aFinalMethod() {
```

```
3        System.out.println("do something");
4    }
5 }
```

範例 UseFinalMethod 則是關連注入了 FinalMethodDemo，並在 doSomething()
方法中呼叫了 aFinalMethod()：

🎯 範例：/ch06-testability/src/main/java/lab/testability/finals/bad/method/
UseFinalMethod.java

```
1 public class UseFinalMethod {
2     private FinalMethodDemo finalMethod;
3     public UseFinalMethod(FinalMethodDemo finalMethod) {
4         this.finalMethod = finalMethod;
5     }
6     public void doSomething() {
7         finalMethod.aFinalMethod();
8     }
9 }
```

在單元測試中我們建立 FinalMethodDemo 的 Mock Object 並注入到類別
UseFinalMethod 中：

🎯 範例：/ch06-testability/src/test/java/lab/testability/finals/bad/method/
UseFinalMethodTest.java

```
1  @RunWith(MockitoJUnitRunner.class)
2  public class UseFinalMethodTest {
3      @Mock
4      FinalMethodDemo finalMethod;
5      @InjectMocks
6      UseFinalMethod useFinalMethod;
7      @Test
8      public void show_final_method_test() throws Exception {
9          doNothing().when(finalMethod).aFinalMethod();
10         useFinalMethod.doSomething();
11     }
12 }
```

執行單元測試時，拋出了 org.mockito.exceptions.misusing.UnfinishedStubbing
Exception ！

Mockito 提示了幾項可能原因，本例出錯是因為我們嘗試偽冒 final 方法：

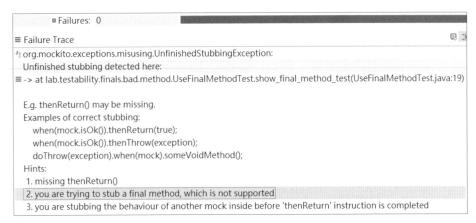

▲ 圖 6-3 測試失敗時拋出 UnfinishedStubbingException

因此建議不要在 final 方法中包含測試障礙，Mockito 預設不支援偽冒 final 方法。若是啟用 **org.mockito.plugins.MockMaker＝mock-maker-inline** 則相同單元測試可通過！

6.6.2 以非 final 的方法重構

重構的作法之一是將 final 方法的內容提取至新建類別的「非 final」的方法，如範例 NotFinalMethodDemo 的 **delegate**()：

🎯 範例：/ch06-testability/src/main/java/lab/testability/finals/good/method/NotFinalMethod.java

```
1   public class NotFinalMethod {
2       public void delegate() {
3           System.out.println("do something");
4       }
5   }
```

然後重構 FinalMethodDemo 的 final 方法改呼叫 NotFinalMethod 的 **delegate**()，新類別是 FinalMethodDemoRefactored，並關聯注入 NotFinalMethod：

⊙ 範例：/ch06-testability/src/main/java/lab/testability/finals/good/method/
FinalMethodDemoRefactored.java

```
1  public class FinalMethodDemoRefactored {
2      private NotFinalMethod notFinalMethod;
3      public FinalMethodDemoRefactored (NotFinalMethod notFinalMethod) {
4          this.notFinalMethod = notFinalMethod;
5      }
6      public final void aFinalMethod() {
7          notFinalMethod.delegate();
8      }
9  }
```

重構 UseFinalMethod 為 UseFinalMethodRefactored，改呼叫 FinalMethodDemo
Refactored：

⊙ 範例：/ch06-testability/src/main/java/lab/testability/finals/good/method/
UseFinalMethodRefactored.java

```
1  public class UseFinalMethodRefactored {
2      private FinalMethodDemoRefactored finalMethod;
3      public UseFinalMethodRefactored(FinalMethodDemoRefactored finalMethod) {
4          this.finalMethod = finalMethod;
5      }
6      public void doSomething() {
7          finalMethod.aFinalMethod();
8      }
9  }
```

如此可以對「非 final」方法進行偽冒，如行 17 的 doNothing()：

⊙ 範例：/ch06-testability/src/test/java/lab/testability/finals/good/method/
UseFinalMethodRefactoredTest.java

```
1   @RunWith(MockitoJUnitRunner.class)
2   public class UseFinalMethodRefactoredTest {
3
4       @Mock
5       NotFinalMethod notFinalMethod;
6
7       FinalMethodDemoRefactored finalMethod;
8       UseFinalMethodRefactored useFinalMethod;
9
10      @Before
```

```
11    public void setUp() {
12        finalMethod = new FinalMethodDemoRefactored(notFinalMethod);
13        useFinalMethod = new UseFinalMethodRefactored(finalMethod);
14    }
15    @Test
16    public void show_final_method_test() throws Exception {
17        doNothing().when(notFinalMethod).delegate();
18        useFinalMethod.doSomething();
19    }
20 }
```

如果接觸不到原始程式碼或其他原因導致無法重構，就只能使用 PowerMock 或是啟用 Mockito 偽冒 final 方法的支援。

6.7 識別 final 類別對單元測試的影響

6.7.1 測試性不良的設計

final 類別無法被其他類別所繼承並覆寫，因此在單元測試裡會遇到一些問題。我們先建立一個 final 類別 FinalClassDemo 如下：

📍 範例：/ch06-testability/src/main/java/lab/testability/finals/bad/klass/FinalClassDemo.java

```
1    public final class FinalClassDemo {
2        public void methodInFinalClass() {
3            // do something
4        }
5    }
```

再建立範例類別 UseFinalClass 並關聯注入前述的 final 類別：

📍 範例：/ch06-testability/src/main/java/lab/testability/finals/bad/klass/UseFinalClass.java

```
1    public class UseFinalClass {
2        private FinalClassDemo finalClass;
3        public UseFinalClass(FinalClassDemo finalClass) {
```

```
4        this.finalClass = finalClass;
5    }
6    public void doSomething() {
7        finalClass.methodInFinalClass();
8    }
9 }
```

建立單元測試程式碼時建立 final 類別的 Mock Object：

🎯 **範例**：/ch06-testability/src/test/java/lab/testability/finals/bad/klass/
UseFinalClassTest.java

```
1  @RunWith(MockitoJUnitRunner.class)
2  public class UseFinalClassTest {
3      @Mock
4      FinalClassDemo finalClass;
5      @InjectMocks
6      UseFinalClass useFinalClass;
7      @Test
8      public void show_final_class_test() throws Exception {
9          doNothing().when(finalClass).methodInFinalClass();
10         useFinalClass.doSomething();
11     }
12 }
```

單元測試時拋出 MockitoException 錯誤訊息：

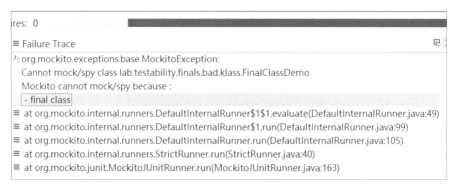

▲ 圖 6-4 測試拋出 MockitoException

錯誤訊息顯示「Mockito cannot mock/spy because：- final class」，因為 Mockito
預設不支援建立 final 類別的 Mock Object！

6.7.2 以建立 final 類別的介面執行重構

final 類別對於框架或架構設計很重要，一個安全性考量是可以避免執行中的程式碼被覆寫因而置換。本例重構的解決方案是先建立 final 類別的 interface，如介面 IFinalClass：

⊙ 範例：/ch06-testability/src/main/java/lab/testability/finals/good/klass/
IFinalClass.java

```java
1  public interface IFinalClass {
2      public void methodInFinalClass();
3  }
```

重構原本的 final 類別使實作介面 IFinalClass：

⊙ 範例：/ch06-testability/src/main/java/lab/testability/finals/good/klass/
FinalClassRefactored.java

```java
1  public final class FinalClassRefactored implements IFinalClass {
2      @Override
3      public void methodInFinalClass() {
4          // do something
5      }
6  }
```

重構 UseFinalClass，關連注入時改注入滿足介面 IFinalClass 的實作而非指定 final 類別：

⊙ 範例：/ch06-testability/src/main/java/lab/testability/finals/good/klass/
UseFinalClassRefactored.java

```java
1  public class UseFinalClassRefactored {
2      private IFinalClass finalClass;
3      public UseFinalClassRefactored(IFinalClass finalClass) {
4          this.finalClass = finalClass;
5      }
6      public void doSomething() {
7          finalClass.methodInFinalClass();
8      }
9  }
```

建立單元測試程式碼時 Mock Object 型態以 interface 宣告，而非原本 final 類別：

🎯 範例：/ch06-testability/src/test/java/lab/testability/finals/good/klass/
UseFinalClassRefactoredTest.java

```
1   @RunWith(MockitoJUnitRunner.class)
2   public class UseFinalClassRefactoredTest {
3       @Mock
4       IFinalClass finalClass;
5       @InjectMocks
6       UseFinalClassRefactored useFinalClass;
7       @Test
8       public void show_final_class_test() throws Exception {
9           doNothing().when(finalClass).methodInFinalClass();
10          useFinalClass.doSomething();
11      }
12  }
```

如此可以通過測試！

6.8 識別使用 new 呼叫建構子造成的測試問題

6.8.1 測試性不良的設計

使用 new 呼叫建構子是程式裡很常見的片段，但也常常造成單元測試的困擾。以下範例建立一個很普通的類別，在 myMethod() 方法故意拋出 TestingImpedimentException 例外：

🎯 範例：/ch06-testability/src/main/java/lab/testability/newexpression/
NewExpression.java

```
1   public class NewExpression {
2       public void myMethod() {
3           throw new TestingImpedimentException ("should not be called!");
4       }
5   }
```

在具有相依性的類別 UseNewExpression 中，我們使用 new 直接建立 New Expression 的物件：

🎯 **範例**：/ch06-testability/src/main/java/lab/testability/newexpression/bad/ UseNewExpression.java

```
1  public class UseNewExpression {
2      public void doSomething() {
3          NewExpression stuff = new NewExpression();
4          stuff.myMethod();
5      }
6  }
```

單元測試時，因為 UseNewExpression 直接建立 NewExpression，兩者關連性糾纏，無法只測試 UseNewExpression 類別：

🎯 **範例**：/ch06-testability/src/test/java/lab/testability/newexpression/bad/ UseNewExpressionTest.java

```
1   @RunWith(MockitoJUnitRunner.class)
2   public class UseNewExpressionTest {
3       UseNewExpression useNewExpression;
4       @Before
5       public void setUp() {
6           useNewExpression = new UseNewExpression();
7       }
8       @Test
9       public void show_new_expression_test() throws Exception {
10          useNewExpression.doSomething();
11      }
12  }
```

呼叫 UseNewExpression 的 doSomething() 方法時，會直接呼叫真實 NewExpression 物件的 myMethod() 方法，因此拋出 TestingImpedimentException 例外，並終止測試。

```
□ Failures: 0
≡ Failure Trace
ᴶᵛ lab.testability.TestingImpedimentException: should not be called!
≡ at lab.testability.newexpression.NewExpression.myMethod(NewExpression.java:7)
≡ at lab.testability.newexpression.bad.UseNewExpression.doSomething(UseNewExpression.java:9)
≡ at lab.testability.newexpression.bad.UseNewExpressionTest.show_new_expression_test(UseNewExpressionTest.java:20)
≡ at org.mockito.internal.runners.DefaultInternalRunner$1$1.evaluate(DefaultInternalRunner.java:54)
≡ at org.mockito.internal.runners.DefaultInternalRunner$1.run(DefaultInternalRunner.java:99)
≡ at org.mockito.internal.runners.DefaultInternalRunner.run(DefaultInternalRunner.java:105)
≡ at org.mockito.internal.runners.StrictRunner.run(StrictRunner.java:40)
≡ at org.mockito.junit.MockitoJUnitRunner.run(MockitoJUnitRunner.java:163)
```

▲ 圖 6-5 拋出 TestingImpedimentException 而測試失敗

6.8.2 以依賴注入提升測試性的設計

解決方式和過去的幾個重構案例一致，都是關連注入相依物件，因此將 UseNewExpression 重構為 UseNewExpressionRefactored：

◎ 範例：/ch06-testability/src/main/java/lab/testability/finals/good/ UseNewExpressionRefactored.java

```java
1  public class UseNewExpressionRefactored {
2      private NewExpression stuff;
3      public UseNewExpressionRefactored(NewExpression stuff) {
4          this.stuff = stuff;
5      }
6      public void doSomething() {
7          stuff.myMethod();
8      }
9  }
```

如此，撰寫單元測試就可以建立 NewExpression 的 Mock Object，並關連注入至 UseNewExpressionRefactored 的建構子中：

◎ 範例：/ch06-testability/src/test/java/lab/testability/finals/good/ UseNewExpressionRefactoredTest.java

```java
1  @RunWith(MockitoJUnitRunner.class)
2  public class UseNewExpressionRefactoredTest {
3      @Mock
4      NewExpression newExpression;
5      @InjectMocks
```

```
6     UseNewExpressionRefactored useNewExpression;
7     @Test
8     public void show_new_expression_test() throws Exception {
9         useNewExpression.doSomething();
10    }
11 }
```

如此分離 NewExpression 並完成 UseNewExpressionRefactored 的單元測試！

物件導向程式設計有一句名言「Program to an interface, not an implementation.」程式開發時應該盡量以抽象型態或父類別來建立相依性，直接以 new 產生子類別或實作的物件是比較不建議的作法，比較好的作法是以「關連注入」來決定執行時期相依的子類別或實作，框架如 Spring 就是以這樣的基本設計貫串整個架構！

以過去的諸多測試障礙的重構方法可知，「關連注入」同時也是讓我們比較好撰寫單元測試的好習慣。

6.9 識別使用 static 變數和程式碼區塊造成的測試問題

6.9.1 測試性不良的設計

static 變數的初始化和程式碼區塊都是在類別載入時執行。因為無法覆寫，因此也無法建立偽冒方法，將使用以下範例說明。

先建立 StaticBlockDependency 類別如下。因為本章設計情境裡該類別具有測試障礙，因此建構子拋出 TestingImpedimentException：

🎯 範例：/ch06-testability/src/main/java/lab/testability/staticblock/
StaticBlockDependency.java

```
1   public class StaticBlockDependency {
2       private Date loadTime;
3       public StaticBlockDependency() {
```

```
4        throw new TestingImpedimentException("Can't be loaded!!");
5    }
6    public Date getLoadTime() {
7        return loadTime;
8    }
9    public void setLoadTime(Date loadTime) {
10       this.loadTime = loadTime;
11   }
12 }
```

該類別被 StaticBlockOwner 的 static 變數所參照，如行 2；並在 static 程式碼區塊中初始化，如行 4：

🎯 範例：/ch06-testability/src/main/java/lab/testability/staticblock/bad/
StaticBlockOwner.java

```
1  public class StaticBlockOwner {
2      private static StaticBlockDependency dependency;
3      static {
4          dependency = new StaticBlockDependency();
5          dependency.setLoadTime(new Date());
6      }
7      public boolean isLoadingTimeBefore(Date base) {
8          return dependency.getLoadTime().before(base);
9      }
10 }
```

我們將以 StaticBlockOwnerTest 對類別 StaticBlockOwner 進行單元測試，如以下範例。因為 StaticBlockOwner 相依於 StaticBlockDependency，因此測試時不能產生 StaticBlockDependency 的真實物件，只能建立 Mock Object。所以我們設計 StaticBlockDependency 時故意在建構子裡拋出例外物件，只要建構子被呼叫執行，就表示測試失敗：

🎯 範例：/ch06-testability/src/test/java/lab/testability/staticblock/bad/
StaticBlockOwnerTest.java

```
1  public class StaticBlockOwnerTest {
2      StaticBlockOwner staticBlockDemo;
3      @Before
4      public void setUp() {
5          staticBlockDemo = new StaticBlockOwner();
6      }
```

```
7    @Test
8    public void testLoadingTime() throws ParseException {
9        Date base = new SimpleDateFormat("yyyy-MM-dd").parse("2020-05-29");
10       assertTrue(staticBlockDemo.isLoadingTimeBefore(base));
11   }
12 }
```

這個測試如預期會失敗，主要是因為我們無法在建立 StaticBlockOwner 物件時避免建立 StaticBlockDependency 真實物件，更無法以 Mock Object 取代：

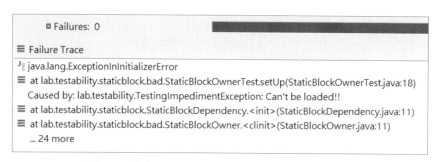

▲ 圖 6-6　拋出 TestingImpedimentException 而失敗

6.9.2 避免使用 static 程式碼區塊初始化物件或以 PowerMock 測試

在 static 程式碼區塊中建立物件的關連性會成測試程式碼不易撰寫，還是應該以依賴注入的方式建立物件關連。若只能使用 static 程式碼區塊，就必須如以下範例行 6 使用 PowerMock 抑止 static 初始化區塊，再置入 StaticBlockDependency 的 Mock Object，如以下範例行 12-15：

📌 範例：/ch06-testability/src/test/java/lab/testability/instantiate/bad/StaticBlockOwnerTestByPowerMock.java

```
1  import static org.powermock.api.mockito.PowerMockito.mock;
2  import static org.powermock.api.mockito.PowerMockito.when;
3  import org.powermock.core.classloader.annotations.SuppressStaticInitializationF
   or;
4  // other import…
5  @RunWith(PowerMockRunner.class)
6  @SuppressStaticInitializationFor("lab.testability.staticblock.bad.
   StaticBlockOwner")
```

```
7   public class StaticBlockOwnerTestByPowerMock {
8     @Test
9     public void Should_return_true_When_given_earlier_than_loading_time() throws
                                                           ParseException {
10      // Given
11      Date loadTime = new SimpleDateFormat("yyyy-MM-dd").parse("2019-05-29");
12      StaticBlockDependency dependency = mock(StaticBlockDependency.class);
13      when(dependency.getLoadTime()).thenReturn(loadTime);
14
15      Whitebox.setInternalState(StaticBlockOwner.class, dependency);
16
17      // When
18      StaticBlockOwner instance = new StaticBlockOwner();
19      // Then
20      Date base = new SimpleDateFormat("yyyy-MM-dd").parse("2020-05-29");
21      assertTrue(instance.isLoadingTimeBefore(base));
22    }
23  }
```

PART 2

建立 REST API

07

簡介 REST

如今網路已成為我們生活中不可或缺的一部分：在 Facebook 上查看狀態、在線上訂購產品、通過電子郵件進行交流等等。網站的成功和無處不在導致了企業應用網站的架構原則來構建分散式的應用程式。在接下來的內容我們將介紹 REST，一種將這些原則形式化的架構風格。

7.1 什麼是 REST？

REST 是「**RE**presentational **S**tate **T**ransfer」的縮寫，是一種用於設計分散式網路應用程式的架構風格。羅伊‧菲爾丁 (Roy Fielding) 在他的博士論文中創造了術語 REST，並提出了以下六個約束或原則作為 REST 的基礎：

1. **用戶端與伺服器的分離架構**：用戶端和伺服器應有各自不同的關注焦點。這使用戶端和伺服器元件能夠獨立發展，進而擴展系統。

2. **無狀態**：用戶端和伺服器之間的通信應該是無狀態的，亦即伺服器不需要記住用戶端的狀態。因此用戶端必須在每次的請求中包含所有必要的資訊，以便伺服器可以理解和處理它。

3. **系統分層**：用戶端和伺服器之間可以存在多個中介分層元件，例如網路閘道 (gateway)、防火牆 (firewall) 和代理 (proxy)。可以通透地增加、修改、重新排序或刪除中介元件以提高可擴展性。

4. **快取 (cache)**：來自伺服器的回應 (response) 必須宣告為可快取或不可快取，這將允許用戶端或其他中介元件可以快取回應並將它們重複使用於之後的請求，如此減少了伺服器上的負載並有助於提高性能。

5. **一致的介面或系統接口**：用戶端、伺服器和中介元件之間的所有互動作用都基於一致的介面，如此簡化了整體架構。因為只要元件實作既定的介面，元件就可以獨立發展。一致的介面約束可以進一步分解為 4 個子約束，包含**資源識別、資源呈現、自我描述的資訊**，和 **HATEOAS (Hypermedia As The Engine Of Application State)**。將在本章後續說明其中的一些指導原則。

6. **依據需求取得程式碼**：用戶端可以依據需求下載和執行程式碼來擴展他們的功能，用戶端可能是 JavaScript、Java Applets、Silverlight 等等，這是一個非必要的約束。

遵守這些約束的應用程式就被認為是 RESTful。基本上這些限制並沒有決定用於開發應用程式的實際技術和語言，反而遵守這些準則和最佳實踐將使應用程式具有可擴展性、可見性、便攜性、可靠性並且能夠更好地執行。理論上可以使用任何網路基礎設施或傳輸協定來構建 RESTful 應用程式，實務上 RESTful 應用程式利用網站的特性和功能，並使用 HTTP 作為傳輸協定。

其中「**一致的系統接口或介面**」是區分 REST 應用程式與其他基於網路的應用程式的關鍵特性，它可以藉由一些抽象的元素如**資源 (resources)**、**呈現 (representations)**、**URI** 和 **HTTP** 方法來定義。接下來的內容我們將介紹這些抽象的元素。

7.2 認識資源 (Resources)

羅伊・菲爾丁曾經說過「The key abstraction of information in REST is a resource」。

要了解 REST 的基礎必須先有「資源」的概念。資源是可以存取或操作的任何東西，如一段視頻、部落格 (Blog) 的一篇文章、使用者個人資料、圖像，甚至是實體的人物或設備。

資源之間通常互為關連。例如在電子商務應用程式中，客戶可以為任意數量的「產品」下「訂單」；在這種情況下就可以說「產品資源」與相應的「訂單資源」具備關連性。

資源也可以群組成為「集合」。以前述範例來說，一組訂單是單個訂單資源的集合。

7.2.1 以 URI 辨識資源

在我們和資源互動之前必須先能識別資源。網際網路提供了「統一資源識別 (Uniform Resource Identifier, URI)」，用於唯一標示資源。URI 的語法是：

🔔 **語法**

```
scheme:scheme-specific-part
常見的 scheme 有 http、ftp、mailto 等，用於定義 URI 其餘部分的語義和解釋。
```

以 http://www.test.com/12345 為例，scheme 是 http，表示將使用 HTTP 協定來解析 URI 的其餘部分如 www.test.com/12345。依據 RFC 7230 規格的定義，www.test.com/12345 表示 URI 標示的資源位於主機 www.test.com 上。其他 HTTP 的 URI 範例為：

↻ 表 7-1 URI 和資源描述

URI	資源描述
http://blog.example.com/**posts**	部落格文章集合 (collection) 資源。
http://blog.example.com/**posts/1**	一個識別序號為 1 的部落格文章資源。此類被稱為獨體 (singleton) 資源。

URI	資源描述
http://blog.example.com/**posts/1/comments**	對識別序號為 1 的部落格文章資源的所有評論的集合。
http://blog.example.com/**posts/1/comments/245**	對識別序號為 1 的部落格文章資源的單一評論，且該評論識別序號為 245。

即使一個 URI 唯一標識一個資源，但一個資源卻可以有多個 URI，例如可以使用 https://www.**facebook**.com 和 https://www.**fb**.com 存取 Facebook；此時另一個 URI 就稱為「URI 別名 (aliases)」，顧名思義用來辨識相同資源的 URI。URI 別名提供了靈活性和額外的便利，例如可以更少的登打文字存取相同資源，本例 fb 字數少於 facebook。

7.2.2 URI 模板 (Templates)

在使用 REST 和 REST API 時，有時需要表示 URI 的結構而不是 URI 本身。例如在部落格應用程式中：

1. http://blog.example.com/**2014**/posts 將取得在 2014 年建立的所有部落格文章。
2. http://blog.example.com/**2013**/posts 將取得在 2013 年建立的所有部落格文章。
3. http://blog.example.com/**2012**/posts 將取得在 2012 年建立的所有部落格文章。

在這個情境下，讓 URI 的使用者知道使用 URI 結構 (或稱 URI 模板) 如「http://blog.example.com/**year**/posts」的使用方式，會比理解個別 URI 更有意義。

在 **RFC 6570** (https://datatracker.ietf.org/doc/html/rfc6570) 規格中定義了 **URI 模板**用於提供描述 URI 結構的標準化機制。本情境的標準化 URI 模板可以定義為「http://blog.example.com/**{year}**/posts」，**大括號 { }** 表示部落格的文章年份資訊是一個變數，通常稱為「路徑變數 (path variable)」。在用戶端可以將此 URI 模板作為輸入，用正確的年份數值替換路徑變數後就可以取得對應年份的部落格文章。在伺服器端，URI 模板也讓程式碼輕鬆解析和取得路徑變數，進而由資料倉儲中取出對應部落格文章並回應用戶端。

7.3 資源呈現 (Representation)

RESTful 的資源是抽象的存在。構成 RESTful 資源的：

1. 資料 (data)
2. 用於描述該資料的資料 (metadata)

必須在送抵用戶端前序列化為一個可以呈現 (representation) 的狀態。這種呈現可以被視為在特定時間點資源狀態的快照 (snapshot)。

考慮電子商務應用程式中的一個資料表，且該表儲存所有可用產品的資訊；當線上消費者使用他們的瀏覽器請求其細節並購買產品時，電子商務程式會將產品細節以 HTML 網頁來呈現。一樣的產品內容，當程式設計師使用手機程式請求產品細節時，電子商務程式則改以 XML 或 JSON 格式的字串回應。

在這兩種情況下，用戶端都沒有和實際資源 (保存產品詳細資訊的資料表) 進行互動作用；反而是和資源呈現 (representation) 的型態，不管是 HTML、XML 或 JSON 進行互動作用。因此 REST 元件和實際資源的互動通常會在呈現轉換的過程中完成，他們從不直接與資源互動作用。

在這個產品範例裡，同一資源可以有多種呈現形式。可以是基於文字 (text) 的 HTML、XML 和 JSON 格式，也可以是二進制 (binary) 格式如 PDF、JPEG 和 MP4。用戶端可以請求特定的呈現方式，這個過程被稱為「**內容協商 (content negotiation)**」。以下列舉兩種可能的內容協商策略：

1. 在代表資源的 URI 字串尾加上請求呈現的內容格式，如：
   * http://www.example.com/products/143.**json**
   * http://www.example.com/products/143.**xml**

2. 使用 HTTP 請求的「**Accept 標頭 (header)**」記錄請求呈現的內容格式，並與請求一起發送給伺服器。RFC 2616 規格提供了一系列詳細的規則，可以用於區分同時要求多種呈現格式時的優先順序。

值得注意的是事實上 JSON 格式已經成為 REST 服務的標準，後續範例也都使用 JSON 作為請求和回應的呈現格式。

7.4 HTTP 方法

REST 定義的「一致的系統接口或介面」限制可以透過少數標準化操作來限制用戶端和伺服器之間的互動。網際網路的 HTTP 標準提供了八種方法，允許用戶端互動和操作資源，一些常用的方法是 GET、POST、PUT 和 DELETE。在我們開始介紹 HTTP 方法之前，先回顧一下它們的兩個重要特性：安全性 (safety) 和冪等性 (idempotency)。

7.4.1 安全性 (Safety)、冪等性 (Idempotency)

安全性 (Safety)

如果 HTTP 方法不會導致伺服器資源狀態發生任何改變就可以說該方法是安全的，比方說 GET 或 HEAD 之類的方法只是由伺服器擷取資訊 / 資源，屬於唯讀操作，不會對伺服器的狀態造成任何改變，因此被認為是安全的。

安全的方法用於擷取資源，但不表示該方法每次都必須回應相同的值。比如查詢股票的 GET 請求可能每次結果都不同，但只要該次請求沒有改變任何狀態，它仍然被認為是安全的。

實際上，安全操作可能仍然存在副作用。比如說若在每次查詢股票的 GET 請求時同時在資料庫中留存存取紀錄，嚴格說我們依然改變整個系統的狀態，但這不應該對資源的呈現有影響。

冪等性 (Idempotency)

如果一個對資源的操作無論是一次還是多次都能取得相同的狀態，該操作就被認為是「冪等 (idempotent)」的。HTTP 常用方法如 GET、HEAD、PUT 和 DELETE 都被認為是冪等的，應該保證用戶端發出的二次或多次請求後與第一次請求有相同的效果。

以在電子商務應用程式中刪除訂單的情境為例。在成功完成請求後伺服器上將不再存在該訂單，因此將來刪除同一訂單的任何請求仍將導致相同的伺服器狀態。相比之下，使用 POST 請求可以建立訂單一個新訂單，但如果重新 POST 相同的請求，伺服器將接受該請求再新建一個新訂單。因為重複的 POST 請求可能會導致無法預期的副作用，如重複相同訂單，所以 POST 不被認為是冪等的。

7.4.2 GET 方法

GET 方法用於取得資源的呈現 (representation)。如 http://blog.example.com/**posts/1** 施予 GET 方法將回應識別序號為 1 的部落格文章。而 http://blog.example.com/**posts** 則取回部落格文章的集合。因為 GET 請求不會修改伺服器狀態，所以它們被認為是安全和冪等的。

以下示範對 http://blog.example.com/posts/1 的 GET 請求與回應：

```
1   GET /posts/1 HTTP/1.1
2   Accept: text/html,application/xhtml+xml,application/xml;q=0.9,*/*;q=0.8
3   Accept-Encoding: gzip, deflate
4   Accept-Language: en-US,en;q=0.5
5   Connection: keep-alive
6   Host: blog.example.com
7   Content-Type: text/html; charset=UTF-8
8   Date: Sat, 10 Jan 2015 20:16:58 GMT
9   Server: Apache
10  <!DOCTYPE html PUBLIC "-//W3C//DTD XHTML 1.1//EN"
11  "http://www.w3.org/TR/xhtml11/DTD/xhtml11.dtd">
12  <html xmlns="http://www.w3.org/1999/xhtml">
13      <head>
14          <title>First Post</title>
15      </head>
16      <body>
17          <h3>Hello World!!</h3>
18      </body>
19  </html>
```

除了回應資源的呈現外，GET 請求還回應了描述資源的資料 (metadata)，即為放置在 HTTP 標頭裡的鍵值對 (key-value pairs)，如前述範例行 2-9。因為 GET 方法是安全和冪等的，所以可以快取對 GET 請求的回應。

GET 方法有時也被誤用於刪除或更新資源呈現，應該盡量避免這種違反標準 HTTP 定義的作法。

7.4.3 HEAD 方法

有時候用戶端只想檢查特定資源是否存在，並非真正關心資源呈現；又或者用戶端希望在取得資源之前先知道是否有較新版本的資源可用。在這些情況下使用 HTTP 的 GET 請求就顯得過於「重量級」，HEAD 是比較「輕量級」且合適的作法。

HEAD 方法允許用戶端僅取得與資源相關的「描述資料 (metadata)」，並沒有資源呈現被發送到用戶端；而這些描述資料若使用 GET 方法也將同樣被取得。用戶端使用這些描述資料來確定資源是否可存取和最近的修改。以下示範對 http://blog.example.com/posts/1 的 HEAD 請求與回應：

```
1   HEAD /posts/1 HTTP/1.1
2   Accept: text/html,application/xhtml+xml,application/xml;q=0.9,*/*;q=0.8
3   Accept-Encoding: gzip, deflate
4   Accept-Language: en-US,en;q=0.5
5   Connection: keep-alive
6   Host: blog.example.com
7   Connection: Keep-Alive
8   Content-Type: text/html; charset=UTF-8
9   Date: Sat, 10 Jan 2015 20:16:58 GMT
10  Server: Apache
```

與 GET 一樣，HEAD 方法也是安全且冪等的。

7.4.4 DELETE 方法

顧名思義，DELETE 方法可以請求刪除一個資源；收到該請求後伺服器將刪除資源。對於可能需要很長時間才能刪除的資源，伺服器通常會發送確認消息，表示它已收到請求並將對其進行處理。根據伺服器端的實作方式，資源可能會或不會被實際刪除。

成功刪除後，未來對該資源的 GET 請求將回應 HTTP 的錯誤狀態碼 404「Resource Not Found」表示資源不存在，將在後續內容說明。以下示範對 http://blog.example.com/**posts/2** 的 DELETE 請求。完成後伺服器可以回應狀態碼 200(OK) 或 204(無內容)，表示 DELETE 請求已成功處理：

```
1  Delete /posts/2/comments HTTP/1.1
2  Content-Length: 0
3  Content-Type: application/json
4  Host: blog.example.com
```

以下示範對 http://blog.example.com/posts/2/**comments** 的 DELETE 請求將刪除
識別序號為 2 的部落格文章資源的所有評論：

```
1  Delete /posts/2 HTTP/1.1
2  Content-Length: 0
3  Content-Type: application/json
4  Host: blog.example.com
```

因為 DELETE 方法改變了系統的狀態，所以不被認為是安全的；但是 DELETE
方法被認為是冪等的，因為後續的 DELETE 請求仍會使資源和系統處於相同
狀態。

7.4.5 PUT 方法

PUT 方法允許用戶端「修改」資源狀態。用戶端請求修改資源的狀態，並使用
PUT 方法將更新後的資源呈現發送到伺服器；伺服器收到請求後將資源更換為
新狀態。

以下範例發送 PUT 請求以更新識別序號為 1 的部落格文章，該請求包含更新後
的部落格文章的 body 與 title。完成後伺服器將回應狀態碼 200，表示請求已成
功處理。

```
1  PUT /posts/1 HTTP/1.1
2  Accept: */*
3  Content-Type: application/json
4  Content-Length: 65
5  Host: blog.example.com
6  BODY
7  {"title": "First Post","body": "Updated Hello World!!"}
```

若使用者只想更新部落格文章的 title 呢？依據 HTTP 的規格 **PUT** 請求應包含
「**完整**」的資源呈現，其中包括更新的 title 以及其他未改變的屬性，如部落格
文章 body 等。但是這種情況也需要用戶端具有完整的資源呈現，如果資源本身

非常龐大或者關連資源錯綜複雜就很難實現送出完整的資源呈現，即便能送出也需要較高的網路頻寬以傳輸資料，因此實務上 PUT 方法也是可以接受只送出部分的資源呈現。

此外 HTTP 為了支援這種**部分更新**的情況，已在 RFC 5789 (http://www.ietf.org/rfc/rfc5789.txt) 的規格中定義了一種稱為 **PATCH** 的方法，將在本章稍後介紹。

用戶端也可以使用 PUT 方法來建立新資源，但是只有在用戶端知道新資源的 URI 時才有可能。例如在部落格應用程式中用戶端可以上傳與部落格文章相關連的圖檔，此時用戶端決定新圖檔的 URI：

PUT http://blog.example.com/posts/1/images/author.jpg

PUT 不是安全操作，因為它會改變系統狀態；但是它被認為是冪等的，因為一次或多次更新相同的資源只會產生相同的結果。

7.4.6 POST 方法

POST 方法用於「新建」資源，通常會在子集合 (存在於父資源下的資源集合) 下新建資源。例如使用 POST 方法可用於在部落格應用程式中建立新的部落格文章，此時：

1. 部落格應用程式是**父資源**
2. 新建的**部落格文章**屬於部落格應用程式下的**資源集合**

以下範例發送新建部落格文章的 POST 請求與其回應內容：

```
1   POST /posts HTTP/1.1
2   Accept: */*
3   Content-Type: application/json
4   Content-Length: 63
5   Host: blog.example.com
6   BODY
7   {"title": "Second Post","body": "Another Blog Post."}
8   Content-Type: application/json
9   Location: posts/12345
10  Server: Apache
```

與 PUT 方法不同，POST 請求不需要知道資源的 URI，且伺服器負責為資源分配一個識別序號 ID 並決定資源將駐留的 URI。在前面的範例中部落格應用程式將處理 POST 請求並在 http://blog.example.com/posts/12345 新建一個資源，其中 12345 是伺服器產生的 ID，回應中的 Location 標頭包含新建資源的 URI。

POST 方法非常靈活，在似乎沒有其他 HTTP 方法合適使用時可以考慮。以使用者希望為 JPEG 或 PNG 圖像產生縮圖的情境為例，我們提交圖像二進制數據並請伺服器執行操作，此時 GET 和 PUT 等 HTTP 方法並不適合使用，因為我們正在處理 RPC (Remote Procedure Call) 型態的操作；諸如此類就可以考慮使用 POST 方法處理。

類似的情況，有時候會把 MVC 框架的 Controller 也視為一種可執行 (executable) 的資源，它可以接受輸入、執行某些操作並回應輸出。雖然這些類型的資源不符合真正的 REST 資源定義，但它們非常方便地用於複雜的操作。

POST 方法被認為是不安全的，因為它會改變系統狀態；此外多次使用 POST 方法將生成多個資源，因此歸類為非冪等的。

7.4.7 PATCH 方法

正如之前說明的，HTTP 規範要求用戶端使用 PUT 方法時必須將全部資源呈現作為請求的一部分一起發送；而 RFC 5789 (http://tools.ietf.org/html/rfc5789) 則提出 PATCH 方法可以用於執行部分資源更新，它屬於不安全也不冪等。以下範例使用 PATCH 方法更新識別序號為 1 的部落格文章 title：

```
1  PATCH /posts/1 HTTP/1.1
2  Accept: */*
3  Content-Type: application/json
4  Content-Length: 59
5  Host: blog.example.com
6  BODY
7  {"replace": "title","value": "New Awesome title"}
```

請求主體 (BODY) 包含對資源執行的改變描述。範例中使用「replace」指令來說明需要替換「title」屬性的值，不過這類實作目前並未標準化，因此也可以如下，只要伺服器和用戶端有共識、能互動即可：

```
6   BODY
7     {"change": "title", "from": "Post Title", "to": "New Awesome Title"}
```

7.4.8 CRUD 和 HTTP 動詞

資料庫相關的應用程式通常使用術語 CRUD 來表示四種基本的持久性功能：新建 (create)、讀取 (read)、更新 (update) 和刪除 (delete)。一些建構 REST 應用程式的開發人員經常將四個常用的 HTTP 方法 GET、POST、PUT 和 DELETE 與 CRUD 語義直接關連。經常看到的典型關連是：

1. 新建 (create)：POST
2. 更新 (update)：PUT
3. 讀取 (read)：GET
4. 刪除 (delete)：DELETE

這些相關性適用於 GET 和 DELETE 操作，但 POST/PUT 則不是那麼單純：

1. PUT 主要用來更新，但只要滿足冪等性約束，就可以用來新建。
2. POST 主要用於新建，但也可以用來更新 (http://roy.gbiv.com/untangled/2009/it-is-okay-to-use-post)。
3. 用戶端也可以使用 PATCH 來更新資源。

因此，對於 API 設計者來說，為實作內容定義正確的 HTTP 方法比簡單地使用 CRUD 關連更重要。本書後續範例使用 HTTP 方法的基本原則是：

1. 使用 GET 方法**查詢**資源。
2. 使用 POST 方法**新增**資源。
3. 使用 PUT 方法**更新資源全部**內容。
4. 使用 PATCH 方法**更新資源部分**內容。
5. 使用 DELETE 方法**刪除**資源。

▌7.5 HTTP 狀態碼

HTTP 狀態碼允許伺服器傳達用戶端請求的處理結果。這些狀態碼分為以下幾類：

1. 資訊回應 (Informational Responses)：表示伺服器已收到請求但尚未處理完成的狀態碼。這些回應狀態碼在 1XX 系列中。

2. 成功回應 (Successful Responses)：表示請求已成功接收和處理的狀態碼，這些狀態碼屬於 2XX 系列。

3. 重導向 (Redirects)：表示請求已被處理的狀態碼，但用戶端必須執行額外的操作來完成請求。這些操作通常涉及重導向到不同的 URI 以獲取資源，這些狀態碼屬於 3XX 系列。

4. 用戶端錯誤 (Client Errors)：表示用戶端的請求存在錯誤或問題的狀態碼，屬於 4XX 系列。

5. 伺服器錯誤 (Server Errors)：表示處理用戶端請求時在伺服器上出現錯誤的狀態碼，屬於 5XX 系列。

HTTP 狀態碼在 REST API 設計中相當重要，因為有意義的狀態碼有助於傳達正確的狀態，使用戶端能夠做出適當的反應。下表列舉常見的一些重要狀態碼：

↻ 表 7-2 HTTP 狀態碼及其描述

HTTP 狀態碼 (描述)	說明
100 (Continue)	伺服器已收到請求的第一部分，應發送其餘部分。
200 (OK)	請求一切順利。
201 (Created)	請求已完成新建資源。
202 (Accepted)	請求已被接受，但仍在處理中。
204 (No Content)	伺服器已經完成請求，但用戶端不需要更新目前頁面。
301 (Moved Permanently)	請求的資源已經移到新的位置，需要使用新的 URI 存取。
400 (Bad Request)	請求格式錯誤，伺服器無法理解請求。
401 (Unauthorized)	用戶端在訪問資源之前需要進行身份驗證。如果請求已包含用戶端的憑證或帳號密碼，則表示資訊無效 (如密碼錯誤)。

HTTP 狀態碼（描述）	說明
403 (Forbidden)	伺服器理解請求但拒絕執行，可能是因權限不足，或黑名單 IP。
404 (Not Found)	請求處理的 URI 資源不存在。
406 (Not Acceptable)	伺服器有能力處理請求，然而生成的回應可能不被用戶端接受。當用戶端對其接受標頭 (header) 變得過於挑剔時，就會發生這種情況。
500 (Internal Server Error)	伺服器在處理請求時出現錯誤，請求無法完成。
503 (Service Unavailable)	伺服器因為某些原因如過載或進行維護因而無法提供服務。

7.6 理查森的成熟度模型

理查森成熟度模型 (Richardson Maturity Model, RMM) 由倫納德・理查森 (Leonard Richardson) 提出，把基於 REST 原則建立的 Web Service，由其遵守 REST 原則的程度進行分類，下圖顯示了這種分類的四個級別。

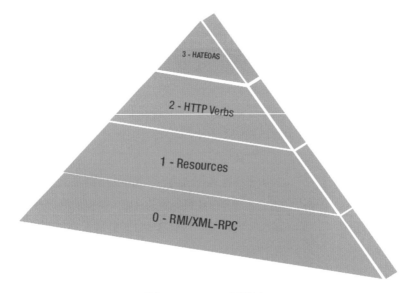

▲ 圖 7-1 RMM 分級圖示

RMM 對於協助理解與分析 Web Service 的風格、設計、優缺等非常有價值。它的分級依序如下：

第 0 級：RMI/XML-RPC

這是 Web Service 最基本的成熟度級別。此級別的服務使用 HTTP 作為傳輸機制並對單一服務端點 (Service Endpoint) 執行多種遠端程序呼叫 (Remote Procedure Calls, RPC)，呼叫時通常使用 POST 或 GET 方法。此一級別的 Web Service 基本上不算是 REST 風格，而基於 SOAP 和 XML-RPC 的 Web Service 就屬於此級別。

第 1 級：Resources

此一級別開始引入資源 (resource) 的概念，相較於前一級別將所有的請求發送到單一服務端點，此一級別遵循 REST 原則讓每一個資源對應一個 URI，用戶端通常使用 POST 方法與個別的 URI 互動。

第 2 級：HTTP Verbs

此級別的服務利用 HTTP 協定並正確使用 HTTP 方法和狀態碼，實作 CRUD 操作的 Web Service 是 2 級服務的常見例子。

第 3 級：HATEOAS

這是基於「Hypermedia as the Engine of Application State, HATEOAS」概念構建、最能滿足 REST 限制的 Web Service。該等級的服務以超媒體 (Hypermedia) 的概念作為變化應用程式狀態 (Application State) 的核心引擎 (Engine)。

超媒體是超文件 (Hypertext) 概念的延伸。超文件強調文字，藉由超連結 (Hyperlink) 將網際網路的資訊串聯，讓使用者無須依特定的順序閱讀。超媒體也是類似概念，將大量的媒體 (包括文字與非文字) 予以連接，經過特定的路徑，做自動的聯繫，使用者可以不斷檢索不同媒體呈現的資訊，直到滿意為止。

第 3 級的服務套用超媒體的概念，就是要求資源除了 URI 作為識別之外，還必須清楚表達資源本身接受的操作，操作後狀態如何改變，以及與其他資源的關係。這包含要知道如何前往其他相關資源，以及表達這些資源的目的、如何操作等。

總的來說，就是為了讓服務能夠發揮最大效益，主動提供自己與相關資源的各種操作方式。

7.7 構建 REST API

設計和實現一個漂亮的 REST API 不亞於一門藝術，需要投入大量時間與精力；而設計精良的 REST API 可以讓用戶端更輕鬆採用。以下是建構 REST API 的主要步驟：

1. 識別資源 (resource)：REST 的核心是資源。一開始需要對使用者感興趣的不同資源進行建模，這些資源通常是應用程式的領域 (domain) 物件或實體 (entity) 物件，而且不一定要與資源一對一關連。
2. 識別端點 (endpoint)：設計與資源關連的端點 URI。
3. 識別操作 (action)：設計可以對資源操作的 HTTP 方法。
4. 識別回應 (response)：設計回應請求的資源呈現與 HTTP 狀態碼。

在本書後續將著眼於 REST API 的設計與完備，並使用 Spring 框架實踐。

08

建構 REST API 專案

到目前為止，我們已經了解 REST 的基礎知識，接下來將使用 Spring Boot 建構主體為 RESTful Web Service 的 EasyPoll 範例專案。

在本章中，我們將透過：

1. 分析 EasyPoll 專案的需求。
2. 識別 EasyPoll 專案的資源。
3. 設計資源呈現 (representations)。
4. 實作 EasyPoll 專案。

來實踐對 RESTful Web Service 的理解。

8.1 介紹 EasyPoll（簡易問卷）範例專案

如今，問卷調查已經成為在許多網站上徵求與統計意見的常用方式，各家問卷調查或許不同，但通常會有問題和答案選項列表。以近日受關注的新冠病毒 COVID-19 疫苗施打意願調查為例，問卷調查設計如下：

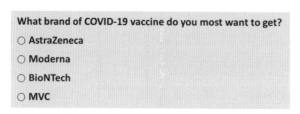

▲ 圖 8-1 COVID-19 疫苗施打意願調查範例

參與者透過選擇一個或多個選項投票來表達他們的意見，許多問卷調查還允許參與者查看投票結果：

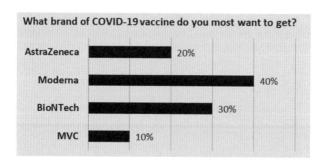

▲ 圖 8-2 COVID-19 疫苗施打意願調查統計範例

想像一下若 EasyPoll 這個專案若成功，我們將一鼓作氣成立 EasyPoll Inc.，這是一家新創的軟體即服務 (SaaS) 的供應商，允許使用者建立、操作和投票問卷選項。為了拓展市場，除了 Web 之外，EasyPoll 還希望支援 iOS 和 Android 平台，因此將使用 REST 原則和 Web 技術來實作專案。

經過需求訪談和分析之後，EasyPoll 應用程式具有以下要求：

1. 使用者與 EasyPoll 服務互動以建立新的問卷選項。
2. 每次投票都可以看到一組問卷提供的選項。

3. 本次初版，EasyPoll 限制每次填問卷只能單選。

4. 投票中的選項在後續的規劃版本允許更新，以因應時勢再加入新選項。

5. 參與者不限制投票次數。

6. 任何人都可以查看問卷結果。

本章先以滿足市場基本需求為要進行實作，後續章節會逐漸擴充系統架構。

8.2 設計 EasyPoll 專案

如同前一章節所述，設計 REST 應用程式通常包括以下步驟：

1. 資源識別

2. 資源呈現 (representation)

3. 端點 (endpoint) 識別

4. HTTP 方法識別

後續逐一說明。

8.2.1 資源識別

我們透過「分析需求」和「提取名詞 (extracting nouns)」來開始資源識別過程。

由較高的系統層面來看，EasyPoll 應用程式具有建立「問卷 (poll)」並與之互動的「使用者 (user)」；在前面的語句中可以將**使用者**和**問卷**標示為名詞並將它們歸類為資源。之後使用者可以對問卷進行投票並查看結果，使「投票 (vote)」成為另一種資源。這種資源建模過程類似於資料庫建模，因為它用於標示資料實體 (Entity) 或用於物件導向設計 (object-oriented design) 裡的領域 (Domain) 物件。

要特別說明的是，並非所有被識別的名詞都需要公開成為資源。例如一份問卷包含多個「問卷選項 (poll option)」，使**問卷選項**成為資源的另一個候選者；當**問卷選項**也成為資源時需要用戶端發出 2 個 GET 請求，第 1 個請求將獲得一個問卷資源的呈現，第 2 個請求將獲得相關的**問卷選項**呈現；不過這種作法會使 API 變得繁瑣，並且可能會使伺服器過載。

另一種作法是將**問卷選項**包含在**問卷**呈現中，因此**問卷選項**成為隱藏的資源；如此使**問卷**成為一種粗粒度的資源，但用戶端可以在一次 API 呼叫中獲得所有資訊。此外這種方法也延伸出其他商業邏輯規則，例如需要至少 2 個**問卷選項**才能建立**問卷**。

這種提取名詞的方法也使我們能夠識別「資源集合 (resource collection)」。

現在要考慮取得所有問卷投票結果的情境，為了解決這個問題，我們需要一個稱為「投票集合 (votes)」的資源集合，之後可以執行 GET 請求並取得整個集合，當然這也包含了多個單一的「投票 (vote)」資源。同樣的我們也需要一個「問卷集合 (polls)」的資源集合，它方便我們查詢問卷選項組合並建立新的問卷選項組合。

最後需要彙整問卷調查的結果並提供使用者查詢。這個情境需要統計所有投票結果，根據選項對這些票數進行分組、計數，此時可以使用可執行 (executable) 的 Controller 資源來處理，結果將彙整為 computeresult 資源呈現並回應給使用者。

下表是 EasyPoll 應用程式預期建模的資源與其描述。由於先採不記名填答問卷，因此使用者相關資源如 user 與 users 暫不考慮：

⊍ 表 8-1 EasyPoll 應用程式資源列表

資源	描述
poll	單一問卷資源
polls	問卷資源集合
vote	單一投票資源
votes	投票資源集合
computeresult	投票結果統計資源

8.2.2 資源呈現 (Representation)

設計 REST API 的下一步是定義「資源呈現 (Representation)」的方式。REST API 支援多種格式如 HTML、JSON 和 XML 等，格式的選擇很大程度上取決於 API 使用者。例如公司內部的 REST API 可能只支援 JSON 格式就夠了，而公共 REST API 可能需要支援 XML 和 JSON 格式。本書內容將以 JSON 格式為首選。

相對於 XML 而言，JSON (JavaScript Object Notation) 是一種用於交換資訊的輕量級格式，可以為物件 (object) 和陣列 (array) 兩種資料結構提供資訊內容。

JSON 物件範例

JSON 物件是鍵 - 值對 (key-value pair) 的集合，每一個鍵 - 值對的鍵名 (key) 字串以雙引號「"」包圍，並以冒號「:」和值 (value) 區隔。JSON 物件支援多種類型的值，如布林值 (true 或 false)、數字 (整數或浮點數)、字串、null、陣列或另一個 JSON 物件：

```
"country" : "US"
"age" : 31
"isRequired" : true
"email" : null
```

JSON 物件將所有鍵 - 值對以大括號「{ }」包圍，每個鍵 - 值對使用逗號 「,」分隔。以下是一個 Person 型態的 JSON 物件範例：

```
{ "firstName": "John", "lastName": "Lin", "age": 26, "active": true }
```

JSON 陣列範例

另一個 JSON 結構是陣列，是一個有順序的值的集合。每一個陣列都以中括號「[ ]」包圍，值之間用逗號「,」分隔。以下是呈現地名字串的陣列：

```
[ "Taipei", "New York", "Las Vegas"]
```

JSON 陣列成員也可以是 JSON 物件：

```
[
    { "firstName": "John", "lastName": "Lin", "age": 26, "active": true },
```

```
    { "firstName": "Jane", "lastName": "Lin", "age": 22, "active": true },
    { "firstName": "Jonnie", "lastName": "Lin", "age": 30, "active": false }
]
```

poll 資源以 JSON 呈現

REST 的資源由一組屬性 (attributes) 組成，如同物件導向設計裡的物件 (object) 可以具多個欄位 (fields)。例如 EasyPoll 專案裡的 poll 資源除了具備 question 與 id 屬性外，還包含一組問卷選項 (poll option) 屬性資源；每一個問卷選項都由一個 value 和 id 屬性組成。以下使用 JSON 完整描述一個 poll 資源：

```
{
    "id":1,
    "question":"What brand of COVID-19 vaccine do you most want to get?",
    "options":[
        {
            "id":2,
            "value":"AstraZeneca"
        },
        {
            "id":3,
            "value":"Moderna"
        },
        {
            "id":4,
            "value":"BioNTech"
        },
        {
            "id":5,
            "value":"MVC"
        }
    ]
}
```

polls 資源集合則包含多個單一 poll 資源，示意如下：

```
[
    {
        "id":5,
        "question":"q1",
        "options":[
            {"id":6, "value":"X"},
            {"id":9, "value":"Y"},
```

```
        {"id":10, "value":"Z"}
      ]
  },
  {
      "id":2,
      "question":"q10",
      "options":[
        {"id":15, "value":"Yes"},
        {"id":16, "value":"No"}
      ]
  },
  ......
]
```

vote 資源以 JSON 呈現

vote 資源的屬性包含票選的 poll 資源的 id 屬性值和 option 屬性值：

```
{
  "id":2,
  "option":{
    "id":2,
    "value":" AstraZeneca"
  }
}
```

votes 資源集合則包含多個單一 vote 資源，示意如下：

```
[
  {
    "id":245,
    "option":{
      "id":5,
      "value":"X"
    }
  },
  {
    "id":110,
    "option":{
      "id":7,
      "value":"Y"
    }
  }
]
```

computeresult 資源以 JSON 呈現

computeresult 資源呈現是針對每一份問卷調查所回收的投票總數和每一個投票選項的計數。我們使用 totalVotes 屬性來呈現投票總數，使用 results 屬性來呈現投票選項 id 和相關的投票計數 count：

```
{
    "totalVotes":30,
    "results":[
        {"id":2, "count":10},
        {"id":3, "count":10},
        {"id":4, "count":6},
        {"id":5, "count":4}
    ]
}
```

現在我們已經定義了 EasyPoll 專案的資源呈現，後續將識別並定義這些資源的端點。

8.2.3 端點 (Endpoint) 識別原則

REST 資源是使用 URI 端點標示的，良好設計的 REST API 應該有易於理解、直觀且易於使用的端點，如此才方便開發者使用。有幾個業界常用端點識別的原則：

原則 1：設計 URI 基底

第 1 個原則是為應用程式所有的 REST API 提供一個 URI 基底，以作為存取所有服務的入口點。公開的 REST API 提供商通常使用自己網域的子網域 (例如 http://api.domain.com 或 http://dev.domain.com) 作為其 URI 基底。

以 GitHub 網站 (https://github.com) 為例，它提供子網域 https://api.github.com 作為所有 REST API 的入口點：

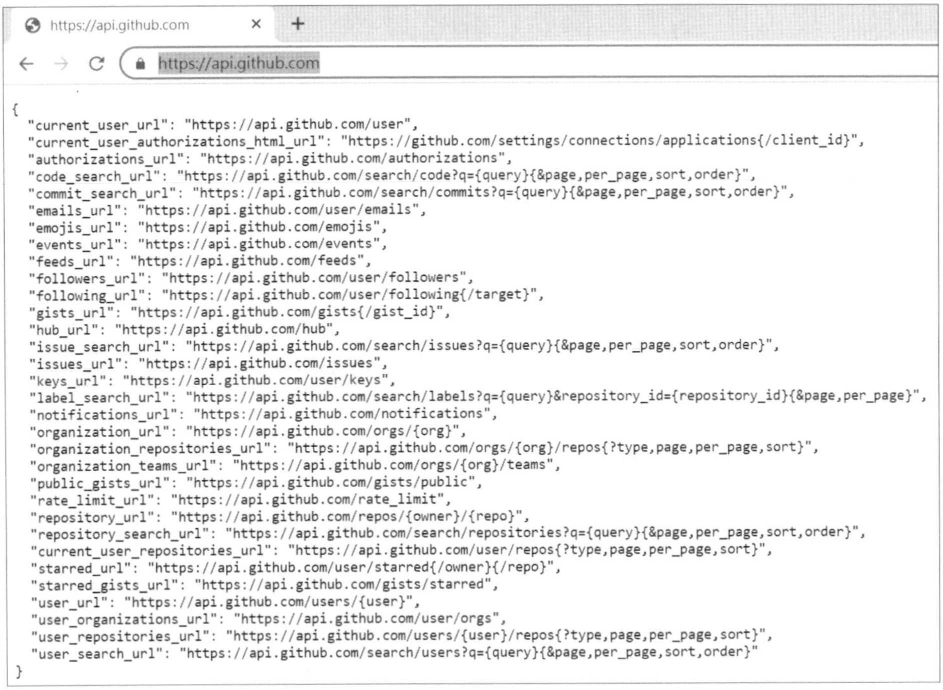

▲ 圖 8-3 GitHub 的 REST URI 基底

透過建立單獨的子網域可以防止與自家網站的網址衝突，也方便建立不同於一般網站的資訊安全策略。為了快速建構，EasyPoll 應用程式將以 **http://localhost:8080** 作為所有 REST 服務的 URI 基底。

原則 2：使用複數名詞命名資源端點

第 2 個原則是使用「複數名詞」來命名資源端點。因此在 EasyPoll 應用程式中將以端點 http://localhost:8080/polls 做為存取 polls 資源集合的 URI。加上 id 就可以使用 URI 存取各別 poll 資源，如 http://localhost:8080/polls/1234 和 http://localhost:8080/polls/3456。我們可以使用 URI 模板：

```
http://localhost:8080/polls/{pollId}
```

概括對單一個 poll 資源的存取方式。

原則 3：以 URI 階層結構表示相依資源

第 3 個原則建議使用 URI 的路徑階層結構來表示彼此相依的資源。在 EasyPoll 應用程式中，每一個 vote 資源都和一個 poll 資源相關。因為投票是基於 poll 資源，所以建議使用 poll 資源的下一路徑階層作為 vote 資源的端點，以獲取或操作對 poll 資源的投票：

```
http://localhost:8080/polls/{pollId}/votes
```

同樣的方式將以如下端點回傳特定 poll 資源的某次 vote 結果：

```
http://localhost:8080/polls/{pollId}/votes/{voteId}
```

原則 4：特殊端點使用查詢參數

最後，因為 computeresult 同時相依於 vote、poll 和 poll option 等資源，所以我們不能使用第 3 個原則的路徑階層結構來設計分層 URI；EasyPoll 將以端點 http://localhost:8080/computeresult 存取 computeresult 資源。

為了使此資源正常運行且統計選票，會需要一個 poll 資源的 id。對於這些需要輸入資料來執行計算的情境，第 4 個原則建議使用「查詢參數 (query parameter)」，如用戶端可以使用端點 http://localhost:8080/computeresult?pollId = 1234 來統計 id 為 1234 的 poll 資源的所有投票數。查詢參數是當資源需要提供附加資料時的不錯選擇。

在本節中我們已經確定了 EasyPoll 應用程式的資源端點設計。下一步是對這些資源執行的操作以及預期的回應。

8.2.4 HTTP 方法識別

HTTP 方法是用戶端存取資源端點的手段。在我們的 EasyPoll 應用程式中，用戶端必須能夠對 poll 和 vote 等資源、或 polls 和 votes 等資源集合執行一項或多項 CRUD 操作。有 5 個基本原則：

1. 對於資源集合，我們拒絕 PUT 和 DELETE 操作，但允許 GET 和 POST 操作，且以 POST 方法操作將建立新資源。
2. 允許對單一資源進行 GET、PUT 和 DELETE 操作，但拒絕 POST 操作。

3. 對於不存在的單一資源進行 GET、PUT 或 DELETE 操作都將返回 404 狀態碼，錯誤訊息為「Not Found」。

4. 對端點使用不支援的 HTTP 方法存取會返回 400 狀態碼，錯誤訊息為「Bad Request」。

5. 任何伺服器錯誤都會返回 500 狀態碼，錯誤訊息為「Internal Server Error」。

poll 資源與 polls 資源集合的 HTTP 方法識別

下表顯示對 polls 資源集合 (前 4 筆資料) 和 poll 資源 (後 4 筆資料) 的端點，允許的操作以及成功和錯誤回應：

⊕ 表 8-2 對 poll 和 polls 資源端點的操作

HTTP 方法	資源端點	輸入	HTTP 成功碼 & 回應	HTTP 失敗碼	說明
GET	/polls	Body: 無輸入	200 Body: 回傳 polls	500	取得 polls 資源集合
POST	/polls	Body: 新建 poll	201 Body: 回傳新建 poll ID	500	新建 poll 資源
PUT	/polls	N/A	N/A	400	禁止執行
DELETE	/polls	N/A	N/A	400	禁止執行
GET	/polls/{pollId}	Body: 無輸入	200 Body: 回傳 poll	404, 500	取得 poll 資源
POST	/polls/{pollId}	N/A	N/A	400	禁止執行
PUT	/polls/{pollId}	Body: 更新 poll	200 Body: 為空	404, 500	更新 poll 資源
DELETE	/polls/{pollId}	Body: 無輸入	200	404, 500	刪除 poll 資源

vote 資源與 votes 資源集合的 HTTP 方法識別

下表顯示對 votes 資源集合 (前 4 筆資料) 和 vote 資源 (後 4 筆資料) 的端點，允許的操作以及成功和錯誤回應：

⊕ 表 8-3 對 vote 和 votes 資源端點的操作

HTTP 方法	資源端點	輸入	HTTP 成功碼 & 回應	HTTP 失敗碼	說明
GET	/polls/{pollId}/ **votes**	Body: 無輸入	200 Body: 回傳 votes	500	取得指定 poll 的 vote 資源集合
POST	/polls/{pollId}/ **votes**	Body: 新建 vote	201 Body: 回傳 新建 vote ID	500	新建 vote 資源
PUT	/polls/{pollId}/ **votes**	N/A	N/A	400	禁止執行
DELETE	/polls/{pollId}/ **votes**	N/A	N/A	400	禁止執行
GET	/polls/{pollId}/ votes/**{voteId}**	Body: 無輸入	200 Body: 回傳 vote	404, 500	取得 vote 資源
POST	/polls/{pollId}/ votes/**{voteId}**	N/A	N/A	400	禁止執行
PUT	/polls/{pollId}/ votes/**{voteId}**	N/A	N/A	400	投票後禁止更新結果
DELETE	/polls/{pollId}/ votes/**{voteId}**	N/A	N/A	400	投票後禁止刪除結果

computeresult 資源的 HTTP 方法識別

下表 顯示了對 computeresult 資源端點允許的操作：

⊕ 表 8-4 對 computeresult 資源端點允許的操作

HTTP 方法	資源端點	輸入	HTTP 成功代碼 & 回應	HTTP 失敗代碼	說明
GET	/computeresult	Body: 無輸入 查詢參數： pollId	200 Body: vote 統計資訊	500	取得指定 poll 的 vote 統計資訊

EasyPoll 專案的 REST API 設計到此先告一段落，在開始實作之前我們先理解一下較高層面的程式設計架構。

8.3 EasyPoll 專案架構說明

EasyPoll 應用程式將由：

1. REST API 層
2. 資料持久 (Persistency) 層

組成。因為範例專案商業邏輯簡化，因此未建構服務 (Service) 層。中間傳輸由 Domain 物件負責，屬於領域層，如下圖示意。結構分層讓關注點明確分離，使應用程式易於建構和維護。每一層都使用明確定義的介面與另一層互動，如同合約定義彼此關係；只要介面沒有異動，就可以在不影響整個系統的情況下抽換底層實作：

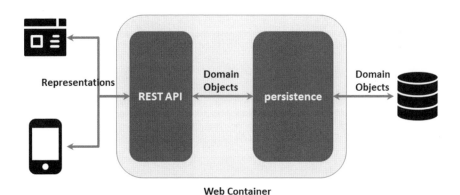

▲ 圖 8-4 EasyPoll 系統架構

REST API 層負責接收用戶端請求、驗證使用者輸入，而後與服務或持久層互動以生成回應。同時因為使用 HTTP 協定，因此資源呈現在用戶端和 REST API 層之間交換。該層使用 Controller/Handler 將大部分工作委派給後端的服務層或資料持久層處理，因此通常屬於輕量級。

領域層被認為是應用程式的核心，這一層的領域物件包含商業邏輯規則和資料。這些物件以系統應用中的名詞進行塑模，例如 EasyPoll 應用程式中的 Poll 物件將被視為領域物件。

持久層負責與資料儲存物件 (如資料庫或 LDAP 或 Legacy 系統) 進行互動。它提供 CRUD 操作，用於資料儲存和擷取。

另 EasyPoll 專案範例並未設計服務 (Service) 層。該層通常位於 REST API 與持久層間，負責比較粗粒度的使用案例 (use case)，也常用於滿足交易或 AOP 的需求。因為 EasyPoll 沒有處理複雜使用案例，也為了讓重心放在 REST API 層，因此沒有在架構中引入服務層。

8.4 建置 EasyPoll 範例專案

8.4.1 建立 Spring Boot 專案

本專案使用 Spring Boot 框架，觀念與架構可參考《Spring Boot 情境式網站開發指南》一書的「CH8. 使用 Spring Boot 簡化 Spring 開發」。專案基本設定如下：

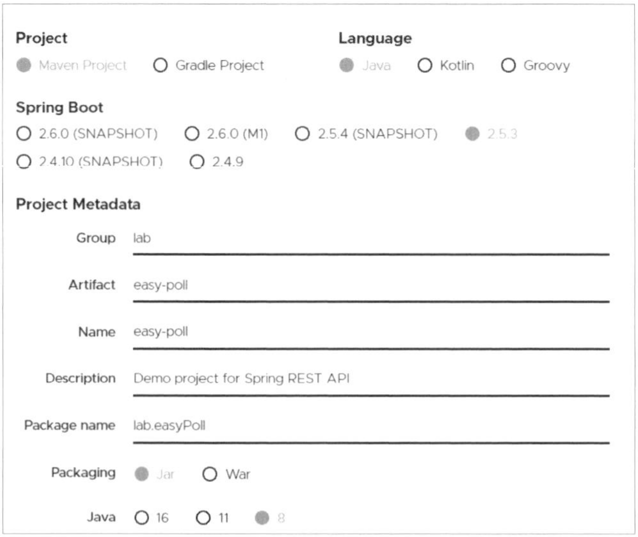

Project
● Maven Project　○ Gradle Project

Language
● Java　○ Kotlin　○ Groovy

Spring Boot
○ 2.6.0 (SNAPSHOT)　○ 2.6.0 (M1)　○ 2.5.4 (SNAPSHOT)　● 2.5.3
○ 2.4.10 (SNAPSHOT)　○ 2.4.9

Project Metadata

Group　lab

Artifact　easy-poll

Name　easy-poll

Description　Demo project for Spring REST API

Package name　lab.easyPoll

Packaging　● Jar　○ War

Java　○ 16　○ 11　● 8

▲ 圖 8-5 Spring Boot 專案基本設定

專案關連的啟動器設定如下：

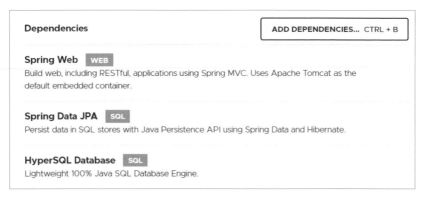

▲ 圖 8-6 啟動器關連設定

將 Spring Boot 專案下載為 easy-poll.zip 檔案後解壓縮並匯入 Eclipse 成為 Maven 專案，後續開始建置專案需要的類別。

8.4.2 實作 Domain 物件

Domain 物件經常扮演應用程式的基礎，因此我們先實作相關類別。下圖顯示 EasyPoll 應用程式三個主要 Domain 物件的 UML 類別圖：

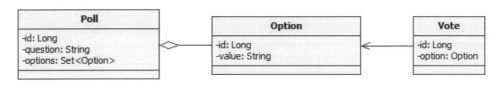

▲ 圖 8-7 Domain 物件 UML

類別 Option

類別 Option 設計如下：

🎯 範例：/ch08-easy-poll/src/main/java/lab/easyPoll/domain/Option.java

```
1  @Entity
2  public class Option {
3
```

```
4    @Id
5    @GeneratedValue
6    @Column(name="OPTION_ID")
7    private Long id;
8
9    @Column(name="OPTION_VALUE")
10   private String value;
11
12   // other getters & setters
13  }
```

Option 類別有 2 個屬性欄位：

1. 型態為 Long 的欄位 id 用於識別。
2. 型態為 String 的欄位 value 用於單一問卷選項內容。

此外本類別使用 JPA 標註類別如 @Entity、@Id 等，因此物件值可以輕鬆的使用 JPA 框架保存至資料庫或由資料庫取出。JPA 的介紹可參考《Spring Boot 情境式網站開發指南》一書的「CH2. JPA 與資料庫」。

類別 Poll

接下來我們新建另一個類別 Poll，並一樣標註為 JPA 實體：

🎯 範例：/ch08-easy-poll/src/main/java/lab/easyPoll/domain/Poll.java

```
1    @Entity
2    public class Poll {
3        @Id
4        @GeneratedValue
5        @Column(name="POLL_ID")
6        private Long id;
7
8        @Column(name="QUESTION")
9        private String question;
10
11       @OneToMany(cascade=CascadeType.ALL)
12       @JoinColumn(name="POLL_ID")
13       @OrderBy
14       private Set<Option> options;
15
16       // other getters & setters
17   }
```

Poll 類別有 3 個屬性欄位：

1. 型態為 Long 的欄位 id 用於識別。
2. 型態為 String 的欄位 question 儲存問卷題目。
3. 型態為 Set<Option> 的欄位 options 儲存問卷選項。標註 @OneToMany 表示一個 Poll 實例可以包含零個或多個 Option 實例，屬性 CascadeType.All 指示需要將 Poll 實例上的任何資料庫操作，如儲存、刪除或更新等同步到所有關連的 Option 實例。如當 Poll 實例被刪除時，所有相關的 Option 實例都將從資料庫中刪除。

類別 Vote

最後新建類別 Vote，也標註為 JPA 實體：

📌 範例：/ch08-easy-poll/src/main/java/lab/easyPoll/domain/Vote.java

```
1   @Entity
2   public class Vote {
3       @Id
4       @GeneratedValue
5       @Column(name="VOTE_ID")
6       private Long id;
7
8       @ManyToOne
9       @JoinColumn(name="OPTION_ID")
10      private Option option;
11
12      // other getters & setters
13  }
```

Vote 類別有 2 個屬性欄位：

1. 型態為 Long 的欄位 id 用於識別。
2. 型態為 Option 的欄位 option 儲存使用者投票結果。以 @ManyToOne 標註表示一個 Option 實例可以有零個或多個關連的 Vote 實例。

8.4.3 定義 Repository 介面

使用 DAO 設計模式，在 Spring 框架裡稱為 Repository，提供了一個與資料庫互動的抽象層。這個抽象層通常會有介面定義如 findById()、findAll() 等方法讓使用者可以由資料庫中取出資料，定義如 save() 或 delete() 等方法保存或刪除資料。

Repository 介面必須存在實作特定資料存取技術的類別，例如存取對象是關連式資料庫就會使用 JDBC 或 JPA，存取對象是 LDAP 就會使用 JNDI。習慣上有一個 Domain 物件就會有一個對應的 Repository 實作負責相關資料的存取。儘管這是一種行之有年的作法，但在每一個 Repository 的實作中卻也常常可以發現相似的程式碼反覆出現。

Spring Data 框架目的在藉由「消除編寫任何實作程式碼」來解決這個問題。使用 Spring Data 只需要建立一個介面就可在執行時期時自動生成實作程式碼，唯一的要求是該介面必須繼承 Spring Data 提供的相關介面，如 org.springframework.data.repository.**Crud**Repository：

🎯 範例：org.springframework.data.repository.CrudRepository

```
1   package org.springframework.data.repository;
2   import java.util.Optional;
3
4   @NoRepositoryBean
5   public interface CrudRepository<T, ID> extends Repository<T, ID> {
6       // Read
7       Optional<T> findById(ID id);
8       Iterable<T> findAll();
9       Iterable<T> findAllById(Iterable<ID> ids);
10      // Create & Update
11      <S extends T> S save(S entity);
12      <S extends T> Iterable<S> saveAll(Iterable<S> entities);
13      // Delete
14      void deleteById(ID id);
15      void delete(T entity);
16      void deleteAllById(Iterable<? extends ID> ids);
17      void deleteAll(Iterable<? extends T> entities);
18      void deleteAll();
19  }
```

```
20    boolean existsById(ID id);
21
22    long count();
23 }
```

介面 **Crud**Repository，顧名思義提供了 C (create)、R (read)、U (update)、D (delete) 的基本功能。行 5 的**泛型 T** 指 Domain 物件型態，如前述的 Option、Poll、Vote 等，**泛型 ID** 則是 T 型態中用於識別的欄位型態，皆為 Long。以下分別為 EasyPoll 專案的 3 個 Domain 物件建立對應的 Repository 介面。

建立介面 OptionRepository：

🎯 範例：/ch08-easy-poll/src/main/java/lab/easyPoll/repository/OptionRepository.java

```
1  public interface OptionRepository extends CrudRepository<Option, Long> {
2  }
```

建立介面 PollRepository：

🎯 範例：/ch08-easy-poll/src/main/java/lab/easyPoll/repository/PollRepository.java

```
1  public interface PollRepository extends CrudRepository<Poll, Long> {
2  }
```

建立介面 VoteRepository 時使用 @Query 定義表格 Option 關連表格 Vote 的客製查詢，觀念可參閱《Spring Boot 情境式網站開發指南》一書的「CH 5.3.2 定義客製查詢」：

🎯 範例：/ch08-easy-poll/src/main/java/lab/easyPoll/repository/VoteRepository.java

```
1  public interface VoteRepository extends CrudRepository<Vote, Long> {
2      @Query(value="select v.* from Option o, Vote v "
3              + "where o.POLL_ID = ?1 "
4              + "  and v.OPTION_ID = o.OPTION_ID", nativeQuery = true)
5      public Iterable<Vote> findByPoll(Long pollId);
6  }
```

8.4.4 使用嵌入式資料庫 HSQLDB

EasyPoll 定義了 3 個 Repository，因此必然需要一個資料庫存放資料。資料庫市場充滿選擇，從 Oracle、SQL Server 等商用資料庫到 MySQL、PostgreSQL 等開源資料庫都有不小市場。為了加快應用程式開發，我們使用嵌入式資料庫 HSQLDB，不需要前期安裝作業，可以共用啟動程式的 JVM。它的快速啟動和關閉的功能特性使它們成為程式展示和整合測試的理想選擇，但不適合做為永久保存資料使用。

Spring Boot 為 HSQLDB、H2 和 Derby 等嵌入式資料庫提供了強大的支援，唯一的要求是在 pom.xml 文件中加入依賴項目，我們在一開始建置 Spring Boot 專案時已經勾選該依賴項目：

🎯 **範例**：/ch08-easy-poll/pom.xml

```
1  <dependency>
2      <groupId>org.hsqldb</groupId>
3      <artifactId>hsqldb</artifactId>
4      <scope>runtime</scope>
5  </dependency>
```

Spring Boot 將負責在部署期間啟動 HSQLDB 資料庫並在應用程式關閉時停止，也無須提供任何資料庫連接的 URL 或帳號與密碼。

若需要在專案啟動期間檢視資料庫資料存取狀況，就需要：

1. 移除前述 pom.xml 行 4 的 <scope> 設定。
2. 在 EasyPollApplication.java 加入以下方法：

🎯 **範例**：/ch08-easy-poll/src/main/java/lab/easyPoll/
EasyPollApplication.java

```
1  @PostConstruct
2  public void startDBManager() {
3      System.setProperty("java.awt.headless", "false");
4      org.hsqldb.util.DatabaseManagerSwing
5          .main(new String[] { "--url", "jdbc:hsqldb:mem:testdb", "--noexit" });
6  }
```

在 application.properties 加入以下設定：

◎ 範例：/ch08-easy-poll/src/main/resources/application.properties

```
1  spring.datasource.url=jdbc:hsqldb:mem:testdb;DB_CLOSE_DELAY=-1
```

啟動 Spring Boot 專案後將彈出 Swing 的 DatabaseManager 存取視窗。可參考《Spring Boot 情境式網站開發指南》一書的「CH 8.2 使用 Spring Boot 開發專案」相關內容。

8.4.5 介紹 API 測試工具 Talend API Test

在測試程式碼功能之前，需要先準備 API 測試工具。本書使用在 Chrome 瀏覽器的「擴充功能」中可以安裝的 API 測試工具「Talend API Test」。步驟為：

1. 在 Chrome 鍵入網址 https://chrome.google.com/webstore/search/API?hl=zh-TW，或搜尋「Chrome 線上應用程式商店」。
2. 左上角搜尋關鍵字「API」，點擊擴充功能「Talend API Test – Free Edition」：

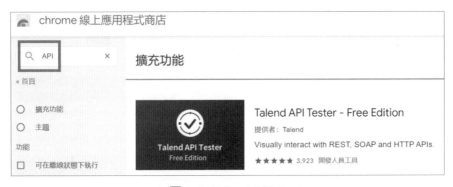

▲ 圖 8-8 Talend API Test

3. 點擊「加到 Chrome」按鍵：

▲ 圖 8-9　加到 Chrome

4. 點選 Chrome 右上角的「擴充功能」的圖示，如下圖：

- 點選 1 的圖釘圖示可以將該擴充功能常態釘選在瀏覽器上。
- 點選 2 的文字則直接啟用「Talend API Test」。

▲ 圖 8-10　釘選或啟用 Talend API Test

5. 點擊釘選在右上角的「Talend API Test」圖示即可啟用擴充功能：

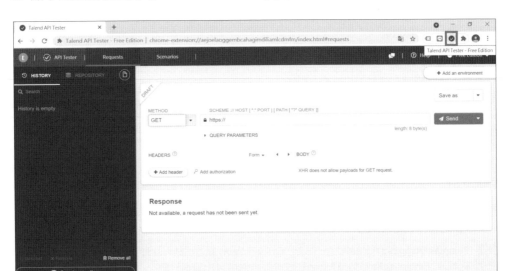

▲ 圖 8-11 啟用 Talend API Test

8.5 建置 REST API

在本節中我們將陸續建立 REST API 的 Controller 與端點。另 REST API 的完備需要考量很多設計要素，也是後續章節討論重心。專案範例 EasyPoll 會在各章節不同的主題與實作下逐漸完整，其餘未盡之處還請讀者包含。

8.5.1 實作 PollController 的 GET 方法查詢全部資源

類別 PollController 提供了所有操作 poll 和 polls 資源的端點，以下顯示基本結構。Spring 以 Controller 提供 REST API 功能，只要以 **@RestController** 標註類別即可，它的效果等於同時使用 @Controller 標註類別和 @ResponseBody 標註方法。因為我們需要存取 Poll 實例，所以使用 @Autowired 標註在欄位 PollRepository 以實現自動縫合與關連注入：

🎯 範例：/ch08-easy-poll/src/main/java/lab/easyPoll/controller/
PollController.java

```
1  @RestController
2  public class PollController {
3
4      @Autowired
5      private PollRepository pollRepository;
6
7      // implementations of endpoints
8  }
```

使用 GET 方法請求端點 /polls 可以得到 polls 資源集合，實作方式如下：

🎯 範例：/ch08-easy-poll/src/main/java/lab/easyPoll/controller/
PollController.java

```
1  @RequestMapping(value="/polls", method=RequestMethod.GET)
2  public ResponseEntity<Iterable<Poll>> getAllPolls() {
3      Iterable<Poll> allPolls = pollRepository.findAll();
4      return new ResponseEntity<>(allPolls, HttpStatus.OK);
5  }
```

📢 說明

1	• 使用 @RequestMapping 定義端點 URI 和允許的 HTTP 方法。 • 本行可以使用 @GetMapping(value="/polls") 取代。
2	• 使用 ResponseEntity 作為方法的回傳型別，表示回傳值是完整的 HTTP 回應，將包含本體 (body) 和標頭 (headers)。 • 回應的本體內容的型態是 Iterable<Poll>。
4	建立 ResponseEntity 物件實例，把資料庫查詢結果放入建構子第 1 個參數作為回應的本體資料，第 2 個參數則為回應的狀態碼 (200)：

接下來啟動 EasyPoll 專案並進行 API 測試。開啟 Talend API Test，選擇「GET」方法並輸入網址「http://localhost:8080/polls」後點擊 Send 按鍵：

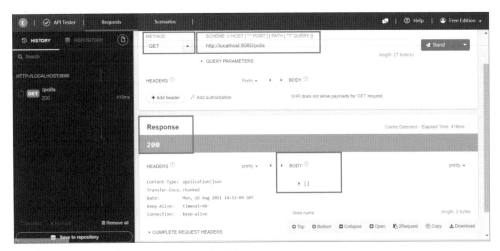

▲ 圖 8-12　以 GET 方法存取 http://localhost:8080/polls

下方將顯示回應 (response)。左下方為標頭 (headers)，右下方為本體 (body)，且為空。因為尚未建立任何問卷，因此 polls 資源集合為空集合。

8.5.2　實作 PollController 的 POST 方法建立新資源

接下來在 PollController 新增建立調查問卷的端點。HTTP 方法選用 POST，成功建立將回傳 HTTP 狀態碼 201，訊息為「Created」：

範例：/ch08-easy-poll/src/main/java/lab/easyPoll/controller/PollController.java

```
1   @RequestMapping(value = "/polls", method = RequestMethod.POST)
2   public ResponseEntity<?> createPoll(@RequestBody Poll poll) {
3       poll = pollRepository.save(poll);
4
5       // Set the location header for the newly created resource
6       HttpHeaders responseHeaders = new HttpHeaders();
7       URI newPollUri = ServletUriComponentsBuilder
8           .fromCurrentRequest()
9           .path("/{id}")
10          .buildAndExpand(poll.getId())
```

```
11          .toUri();
12   responseHeaders.setLocation( newPollUri );
13
14   return new ResponseEntity<>(null, responseHeaders, HttpStatus.CREATED);
15 }
```

🔊 說明

1	◆ 使用 @RequestMapping 定義端點 URI 和只允許 HTTP 方法 POST。 ◆ 本行可以使用 @PostMapping(value = "/polls") 取代。
2	◆ 方法輸入 Poll 類型的參數，標註 @RequestBody 將使 Spring Boot 以請求提供的 Content-Type 標頭識別輸入資料格式後，綁定 (bind) 為 Poll 的物件實例。 ◆ Spring Boot 支援 JSON 和 XML 格式的資料轉換。
3	CrudRepository 的方法 save() 將儲存資料庫並回傳包含 id 的 Poll 實體。
6-12	儲存調查問卷後，還需要回傳 URI 讓使用者可以查詢新建的 poll 資源。做法是建立回應的標頭物件 (HttpHeaders)，並以 poll 資源的 URI 設定 Location 標頭屬性，再由 ResponseEntity 回應使用者。
6	建立回應的標頭物件 (HttpHeaders)。
7	使用 ServletUriComponentsBuilder 建立 URI 物件。
8	呼叫 .fromCurrentRequest() 方法可以由請求取得輸入網址資訊，如主機位址、http 協定、port 等，有助建立回應的 poll 資源 URI，本例為 http://localhost:8080/polls/{id}。
9	使用 .path() 方法指定 URI 的路徑變數 (path variable) 值。
10	使用 .buildAndExpand() 方法構建一個 UriComponents 實例，並用 .path() 傳入的值替換路徑變數，本例為 {id}。
11	使用 .toUri() 方法將 UriComponents 物件實例轉換為 URI 物件實例。
12	使用 . setLocation() 方法將新建 poll 資源的 URI 設定為回應標頭。
14	使用 ResponseEntity 建立完整的 HTTP 回應。此處本體 (body) 為空，標頭為先前建立的標頭物件 (HttpHeaders)，HTTP 狀態碼為 201。

接下來啟動 EasyPoll 專案並進行 API 測試。開啟 Talend API Test，選擇「POST」方法，輸入網址「http://localhost:8080/polls」並輸入建立 poll 資源需要的 JSON 字串：

```
{
   "question":"What brand of COVID-19 vaccine do you most want to get?  ",
   "options":[
      {"value":"AstraZeneca"},
      {"value":"Moderna"},
      {"value":"BioNTech"},
      {"value":"MVC"}
   ]
}
```

點擊 Send 按鍵，測試結果如下：

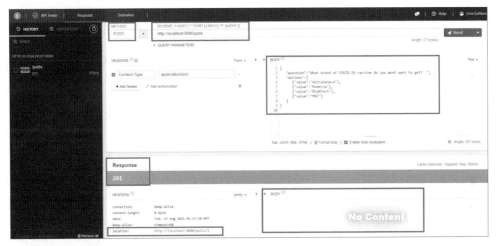

▲ 圖 8-13 以 POST 方法存取 http://localhost:8080/polls

可以得到回應：

1. HTTP 狀態碼是 201。

2. 本體 (body) 為空。

3. 標頭 (head) 的屬性 location 為「http://localhost:8080/polls/1」。

在我們完成後續端點「/polls/{pollId}」的 GET 實作後，直接點擊 location 的超連結將自動把網址遞交到 Talend API Test，選擇 GET 方法後再送出，將可以得到新建資源的查詢結果：

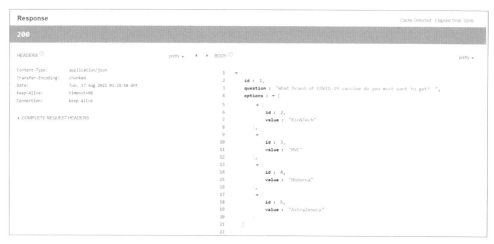

▲ 圖 8-14 以 GET 方法存取 http://localhost:8080/polls/1

8.5.3 實作 PollController 的 GET 方法查詢指定資源

現在將注意力轉向存取個別的 poll 資源，程式碼如下：

🎯 範例：/ch08-easy-poll/src/main/java/lab/easyPoll/controller/PollController.java

```
1  @RequestMapping(value = "/polls/{pollId}", method = RequestMethod.GET)
2  public ResponseEntity<?> getPoll(@PathVariable Long pollId) {
3      Poll p = pollRepository.findById(pollId).orElse(null);
4      return new ResponseEntity<>(p, HttpStatus.OK);
5  }
```

@RequestMapping 中的 value 屬性採用 URI 樣板 /polls/{pollId}，其中替代字符 {pollId} 和 @PathVarible 的標註允許 Spring 由使用者請求的 URI 路徑中提取出 pollId 參數值作為方法 getPoll() 的輸入參數。後續就由 pollId 自 findById() 方法中取回 Option<Poll> 物件，再呼叫 orElse(null) 方法取回 Poll 實體或是 null，並組成 ResponseEntity 物件後回傳使用者。

目前先假設一定可以取得資料，後續章節再一起討論無法取得資料的情境與處理方式。

8.5.4 實作 PollController 的 PUT 與 PATCH 方法更新 指定資源

對於資源更新本章範例以 2 種情境處理：

1. 局部更新，此時使用 HTTP 的 PATCH 方法。

2. 全部更新，此時使用 HTTP 的 PUT 方法。

無論哪種，都需要指定 pollId 並夾帶要更新的資訊，範例如下：

🎯 **範例**：/ch08-easy-poll/src/main/java/lab/easyPoll/controller/ PollController.java

```java
@RequestMapping(value = "/polls/{pollId}", method = RequestMethod.PUT)
public ResponseEntity<?> replacePoll(@RequestBody Poll poll, @PathVariable
                                                              Long pollId) {
    Poll updated = pollRepository.findById(pollId).get();
    updated.setQuestion(poll.getQuestion());
    // replace all options
    updated.setOptions(poll.getOptions());
    pollRepository.save(updated);
    return new ResponseEntity<>(HttpStatus.OK);
}
@RequestMapping(value = "/polls/{pollId}", method = RequestMethod.PATCH)
public ResponseEntity<?> updatePoll(@RequestBody Poll poll, @PathVariable Long
                                                              pollId) {
    Poll updated = pollRepository.findById(pollId).get();
    updated.setQuestion(poll.getQuestion());
    // only add new option
    for (Option o: poll.getOptions()) {
        if (!updated.getOptions().contains(o)) {
            updated.addOption(o);
        }
    }
    pollRepository.save(updated);
    return new ResponseEntity<>(HttpStatus.OK);
}
```

除了在行 4 與行 13 讓 PUT 與 PATCH 方法都更新問卷問題外，我們刻意讓：

1. 方法 PUT 的實作為取代所有問卷選項，如範例行 6。

2. 方法 PATCH 的實作為只有新增問卷選項，如範例行 15-19。

以彰顯兩者不同。

此外因為更新時需要問卷資料，因此如同以 POST 方法新建資源一樣，方法參數以 @RequestBody 標註後將由 Spring 取得請求發出的 JSON 字串並綁定 (bind) 成 Poll 物件後傳入方法。

8.5.5 實作 PollController 的 DELETE 方法刪除指定資源

刪除 poll 資源需要指定 pollId，因此我們以相似的方式實作：

🎯 範例：/ch08-easy-poll/src/main/java/lab/easyPoll/controller/PollController.java

```
1  @RequestMapping(value="/polls/{pollId}", method=RequestMethod.DELETE)
2  public ResponseEntity<?> deletePoll(@PathVariable Long pollId) {
3      pollRepository.deleteById(pollId);
4      return new ResponseEntity<>(HttpStatus.OK);
5  }
```

8.5.6 使用 Talend API Test 測試 poll 資源與 polls 資源集合

接下來啟動 EasyPoll 專案並進行 API 測試。Talend API Test 有一個很棒的設計是可以由左側的歷史 (HSITORY) 操作清單選擇過去紀錄後直接操作，不需要重新提供網址和請求的本體資料：

▲ 圖 8-15 Talend API Test 歷史操作清單

1. 執行 POST 方法建立 poll 資源

因為重新啟動後 HSQLDB 資料會自動清除,因此必須對「/polls」執行 POST 方法以建立 poll 資源,後續再測試更新與刪除的操作。

2. 驗證 PATCH 方法更新 poll 資源

選擇「PATCH」方法,輸入網址「http://localhost:8080/polls/1」並修改 JSON 字串以新增疫苗品牌 ABCD 選項,再點擊 Send 按鍵:

▲ 圖 8-16 以 PATCH 方法存取 http://localhost:8080/polls/1

可以得到回應:

1. HTTP 狀態碼是 200,表示更改成功。
2. 本體 (body) 為空。

選擇「GET」方法，輸入網址「http://localhost:8080/polls/1」後點擊 Send 按鍵
以查詢修改後的 poll 資源，可以確認已新增疫苗品牌 ABCD：

▲ 圖 8-17 以 GET 方法查詢 http://localhost:8080/polls/1 得到 PATCH 結果

3. 驗證 PUT 方法更新 poll 資源

接下來測試「PUT」方法。輸入網址「http://localhost:8080/polls/1」並修改 JSON 字串,除了調整問卷題目並移除新增的疫苗品牌 ABCD,再點擊 Send 按鍵:

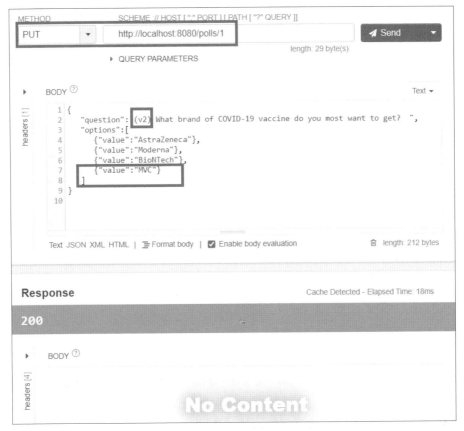

▲ 圖 8-18 以 PUT 方法存取 http://localhost:8080/polls/1

得到回應:

1. HTTP 狀態碼是 200,表示更改成功。
2. 本體 (body) 為空。

選擇「GET」方法，輸入網址「http://localhost:8080/polls/1」查詢修改結果，確認問卷選項的 ID 全數被更新：

▲ 圖 8-19 以 GET 方法查詢 http://localhost:8080/polls/1 得到 PUT 結果

4. 驗證 DELETE 方法刪除 poll 資源

最終測試「DELETE」方法，輸入網址「http://localhost:8080/polls/1」後點擊 Send 按鍵：

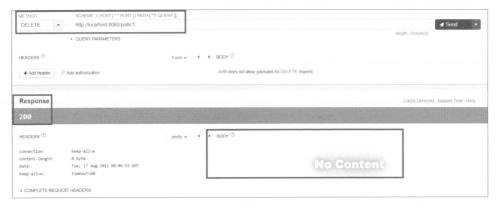

▲ 圖 8-20 以 DELETE 方法查詢 http://localhost:8080/polls/1

可以得到回應：

1. HTTP 狀態碼是 200，表示刪除成功。

2. 本體 (body) 為空。

選擇「GET」方法，輸入網址「http://localhost:8080/polls」後點擊 Send 按鍵以查詢修改後的 polls 資源集合，可以驗證所有 poll 資源均已刪除：

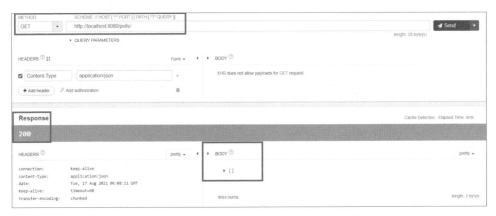

▲ 圖 8-21 以 GET 方法驗證 http://localhost:8080/polls

至此結束 PollController 在本章的實作。

8.5.7 實作 VoteController

定義介面 VoteRepository

因為投票 (vote) 必須先決定問卷 (poll) 與問卷選項 (option)，要查詢指定 poll 資源的投票結果，亦即取得 vote 資源，光靠表格 Vote 是不夠的，必須連結 (join) 表格 Option；因為表格 Option 同時具備欄位 POLL_ID 與 VOTE 的 ID，也才能指定 poll 資源。

在這樣的情境下 CrudRepository 的預設方法不足以支援，必須執行客製 SQL。我們在介面 VoteRepository 上建立方法 findByPoll()，並使用 @Query 標註要執行的客製 SQL：

🎯 範例：/ch08-easy-poll/src/main/java/lab/easyPoll/repository/
VoteRepository.java

```
1  public interface VoteRepository extends CrudRepository<Vote, Long> {
2
3      @Query(value="select v.* from Option o, Vote v "
4              + "where o.POLL_ID = ?1 "
5              + "  and v.OPTION_ID = o.OPTION_ID", nativeQuery = true)
6      public Iterable<Vote> findByPoll(Long pollId);
7
8  }
```

行 5 的屬性 **nativeQuery = true** 表示該客製 SQL 為原生 SQL，非 JPQL。

建立 VoteController

依照建立 PollController 類別的經驗，繼續建立 VoteController 類別，並實作必要的方法：

1. 建立 vote 資源。
2. 取得 vote 資源集合。

注意 vote 資源的端點建構在特定 poll 資源上；VoteController 關連注入 VoteRepository 實例以對 Vote 實體執行 CRUD 操作：

範例：/ch08-easy-poll/src/main/java/lab/easyPoll/controller/
VoteController.java

```
1   @RestController
2   public class VoteController {
3
4     @Autowired
5     private VoteRepository voteRepository;
6
7     @RequestMapping(value = "/polls/{pollId}/votes", method = POST)
8     public ResponseEntity<?> createVote(@PathVariable Long pollId,
9                                         @RequestBody Vote vote) {
10      vote = voteRepository.save(vote);
11
12      // Set the headers for the newly created resource
13      HttpHeaders responseHeaders = new HttpHeaders();
14      responseHeaders.setLocation(
15              ServletUriComponentsBuilder
16                  .fromCurrentRequest()
17                  .path("/{id}")
18                  .buildAndExpand(vote.getId())
19                  .toUri());
20
21      return new ResponseEntity<>(null, responseHeaders, HttpStatus.CREATED);
22    }
23
24    @RequestMapping(value = "/polls/{pollId}/votes", method = GET)
25    public Iterable<Vote> getAllVotes(@PathVariable Long pollId) {
26        return voteRepository.findByPoll(pollId);
27    }
28  }
```

接下來啟動 EasyPoll 專案並進行 API 測試。開啟 Talend API Test，選擇
「POST」方法，輸入網址「http://localhost:8080/polls/1/votes」及建立 vote 資源
需要的問卷選項 JSON 字串：

```
{
    "option":{
        "id":5,
        "value":"Moderna"
    }
}
```

表示選擇 Option Id 為 5 的 Moderna 疫苗。

驗證 POST 方法建立 vote 資源

點擊 Send 按鍵後，測試結果如下：

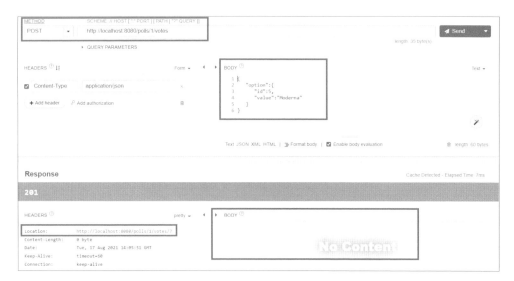

▲ 圖 8-22　以 POST 方法測試 http://localhost:8080/polls/1/votes

可以得到回應：

1. HTTP 狀態碼是 201。
2. 本體 (body) 為空。
3. 標頭 (head) 的屬性 location 為「http://localhost:8080/polls/1/votes/7」。

驗證 GET 方法取得 votes 資源集合

接下來測試取得指定 poll 資源的 votes 資源集合。

選擇「GET」方法，輸入網址「http://localhost:8080/polls/1/votes」後點擊 Send 按鍵，測試結果如下：

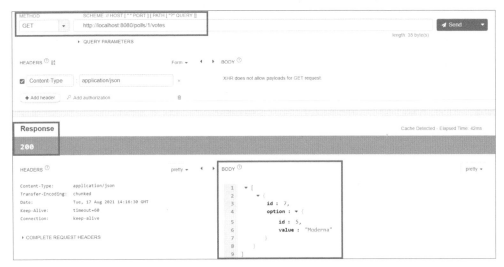

▲ 圖 8-23 以 GET 方法測試 http://localhost:8080/polls

可以得到回應：

1. HTTP 狀態碼是 200。
2. 本體 (body) 為投票時的疫苗選項。

8.5.8 實作 ComputeResultController

剩下的最後一部分是 computeresult 資源端點的實作。因為目前沒有相關的
Domain 物件可以直接幫助建立這種資源呈現，所以我們建立了 2 個資料傳輸物
件 (Data Transfer Object, DTO)，包含 OptionCount 和 VoteResult。OptionCount
包含問卷選項 ID 和該選項的投票數：

範例：/ch08-easy-poll/src/main/java/lab/easyPoll/dto/OptionCount.java

```
1  public class OptionCount {
2      private Long optionId;
3      private int count;
4      // getters & setters
5  }
```

VoteResult 包含總投票數和前述 OptionCount 實例的集合物件：

📌 範例：/ch08-easy-poll/src/main/java/lab/easyPoll/dto/VoteResult.java

```
1  public class VoteResult {
2      private int totalVotes;
3      private Collection<OptionCount> results;
4      // getters & setters
5  }
```

依照 PollController 和 VoteController 的建立方式，我們新建了一個新的 ComputeResultController 類別如下：

1. 關連注入 VoteRepository 以取得特定 poll 資源的所有投票結果，亦即 vote 資源集合。
2. 唯一的 computeResult() 方法以 pollId 作為參數，使用 @RequestParam 標註以便 Spring 從 HTTP 請求的查詢參數中取得 pollId 值。
3. 方法回傳 ResponseEntity 實例並將計算結果回應給客戶端：

📌 範例：/ch08-easy-poll/src/main/java/lab/easyPoll/controller/ComputeResultController.java

```
1   @RestController
2   public class ComputeResultController {
3
4       @Autowired
5       private VoteRepository voteRepository;
6
7       @RequestMapping(value = "/computeresult", method = RequestMethod.GET)
8       public ResponseEntity<?> computeResult( @RequestParam Long pollId ) {
9         VoteResult voteResult = new VoteResult();
10        Iterable<Vote> allVotes = voteRepository.findByPoll(pollId);
11
12        // 計算投票數
13        int totalVotes = 0;
14        Map<Long, OptionCount> tempMap = new HashMap<Long, OptionCount>();
15        for (Vote v : allVotes) {
16            totalVotes++;
17            // 建立關連於 Option 的 OptionCount
18            OptionCount optionCount = tempMap.get(v.getOption().getId());
19            if (optionCount == null) {
20                optionCount = new OptionCount();
```

```
21            optionCount.setOptionId(v.getOption().getId());
22            tempMap.put(v.getOption().getId(), optionCount);
23        }
24        optionCount.setCount(optionCount.getCount() + 1);
25    }
26
27    voteResult.setTotalVotes(totalVotes);
28    voteResult.setResults(tempMap.values());
29
30    return new ResponseEntity<VoteResult>(voteResult, HttpStatus.OK);
31    }
32 }
```

computeResult() 的 REST API 實作到此告一段落。接下來重啟 EasyPoll 專案後
開啟 Talend API Test 進行測試。步驟為：

1. 建立疫苗問卷。
2. 疫苗 Moderna (option id=5) 投 2 票。
3. 疫苗 AstraZeneca (option id=2) 投 1 票。
4. 疫苗 BioNTech (option id=4) 投 1 票。
5. 檢視投票結果。選擇 GET 方法及網址「http://localhost:8080/computeresult?
   pollId=1」後送出請求，結果如下：

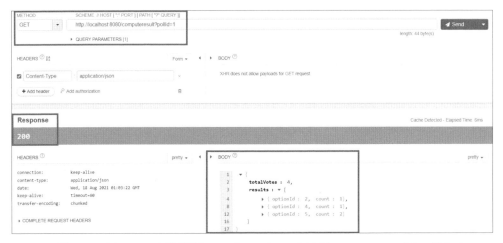

▲ 圖 8-24 以 GET 方法測試 http://localhost:8080/computeresult?pollId=1

可以得到回應：

1. HTTP 狀態碼是 200。
2. 本體 (body) 為投票統計結果：

🔄 **結果**

```
{
    "totalVotes":4,
    "results":[
        {
            "optionId":2,
            "count":1
        },
        {
            "optionId":4,
            "count":1
        },
        {
            "optionId":5,
            "count":2
        }
    ]
}
```

09

REST API 的例外處理

本章提要

9.1 資源不存在的例外處理
9.2 請求參數異常的例外處理
9.3 請求 JSON 格式異常的例外處理

在本章中,我們將討論:

1. 處理 REST API 中的例外情境
2. 設計有意義的例外回應
3. 驗證 API 輸入
4. 客製化例外訊息

例外處理是程式設計師重要但又有些被忽視的課題。儘管我們以良好的意圖開發軟體,但事情確實有可能出錯,因此我們必須準備好優雅地處理和傳達這些例外。溝通層面對於使用 REST API 的開發人員尤其重要,用心設計的例外回應協助 API 使用者了解問題並幫助他們正確使用 API。此外良好的例外處理留下合適日誌也有助於 API 開發人員追蹤並解決問題。

9.1 資源不存在的例外處理

9.1.1 資源不存在時回應 404 狀態碼

EasyPoll 應用程式中需要考量用戶端嘗試查詢不存在的 poll 資源的情境。當使用者以 GET 方法請求「http://localhost:8080/polls/100」時，PollController 使用 PollRepository 來查詢 Poll 資料，由於不存在 id 為 100 的 Poll 物件，方法 findById() 回傳的 Option 物件裡將不存在 Poll，參考變數 p 為 null：

```
Poll p = pollRepository.findById(100).orElse(null);
```

開啟 Talend API Test，選擇「GET」方法並輸入「http://localhost:8080/polls/100」後點擊 Send 按鍵：

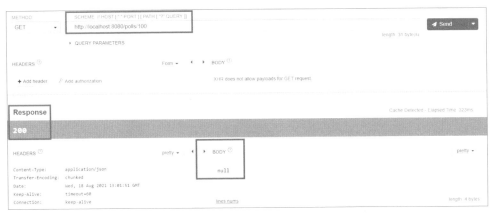

▲ 圖 9-1 使用 GET 測試 http://localhost:8080/polls/100

回應是：

1. HTTP 代碼 200 表示請求資源成功。

2. 但回應的本體內容卻為空！？

這樣的結果讓人容易混淆，因為用戶端收到一個狀態碼 200 代表成功，但實際上結果卻是沒有資料！此時應該返回狀態碼 404 表示請求的資源不存在。為了實現這個正確行為，我們在端點方法的實作中驗證請求的 poll 資源 id，對於不存在的資源，將拋出 ResourceNotFoundException 例外物件，其類別定義如下：

🎯 範例：/ch09-easy-poll/src/main/java/lab/easyPoll/exception/
ResourceNotFoundException.java

```
1  @ResponseStatus(HttpStatus.NOT_FOUND)
2  public class ResourceNotFoundException extends RuntimeException {
3
4      private static final long serialVersionUID = 1L;
5
6      public ResourceNotFoundException() {
7      }
8
9      public ResourceNotFoundException(String message) {
10         super(message);
11     }
12
13     public ResourceNotFoundException(String message, Throwable cause) {
14         super(message, cause);
15     }
16 }
```

ResourceNotFoundException 繼承了 RuntimeException 是一個客製的例外類別。
範例行 1 以 **@ResponseStatus(HttpStatus.NOT_FOUND)** 標註類別層級，指
示 Spring MVC 在 Controller 拋出 ResourceNotFoundException 例外時以狀態碼
404，錯誤訊息為「NOT_FOUND」，回應用戶端。

重構 PollController

類別 PollController 調整 getPoll() 方法如下。在行 3 先以方法 verifyPoll(pollId)
驗證 poll 資源是否存在，不存在則拋出 ResourceNotFoundException：

🎯 範例：/ch09-easy-poll/src/main/java/lab/easyPoll/controller/
PollController.java

```
1  @RequestMapping(value = "/polls/{pollId}", method = RequestMethod.GET)
2  public ResponseEntity<?> getPoll(@PathVariable Long pollId) {
3      verifyPoll(pollId);
4      Poll p = pollRepository.findById(pollId).get();
5      return new ResponseEntity<>(p, HttpStatus.OK);
6  }
7
8  private void verifyPoll(Long pollId) throws ResourceNotFoundException {
9    Optional<Poll> poll = pollRepository.findById(pollId);
10   if (!poll.isPresent()) {
```

```
11        throw new ResourceNotFoundException("Poll with id " + pollId + " not
                                                                      found");
12    }
13 }
```

除了 GET 方法之外，其他 HTTP 方法如 PUT、DELETE 和 PATCH 等都必須指定 poll 資源，因此都予以相同驗證工作，如行 3、13、27：

（靶）**範例**：/ch09-easy-poll/src/main/java/lab/easyPoll/controller/
PollController.java

```
1  @RequestMapping(value = "/polls/{pollId}", method = RequestMethod.PUT)
2  public ResponseEntity<?> replacePoll(@RequestBody Poll poll,
                                              @PathVariable Long pollId) {
3      verifyPoll(pollId);
4      Poll updated = pollRepository.findById(pollId).get();
5      updated.setQuestion(poll.getQuestion());
6      // replace all options
7      updated.setOptions(poll.getOptions());
8      pollRepository.save(updated);
9      return new ResponseEntity<>(HttpStatus.OK);
10 }
11 @RequestMapping(value = "/polls/{pollId}", method = RequestMethod.PATCH)
12 public ResponseEntity<?> updatePoll(@RequestBody Poll poll,
                                              @PathVariable Long pollId) {
13     verifyPoll(pollId);
14     Poll updated = pollRepository.findById(pollId).get();
15     updated.setQuestion(poll.getQuestion());
16     // only add new option
17     for (Option o: poll.getOptions()) {
18         if (!updated.getOptions().contains(o)) {
19             updated.addOption(o);
20         }
21     }
22     pollRepository.save(updated);
23     return new ResponseEntity<>(HttpStatus.OK);
24 }
25 @RequestMapping(value = "/polls/{pollId}", method = RequestMethod.DELETE)
26 public ResponseEntity<?> deletePoll(@PathVariable Long pollId) {
27     verifyPoll(pollId);
28     pollRepository.deleteById(pollId);
29     return new ResponseEntity<>(HttpStatus.OK);
30 }
```

驗證 404 狀態碼

重啟專案並開啟 Talend API Test，選擇「GET」方法並輸入「http://localhost:8080/polls/100」後進行驗證，回應狀態碼為 404，符合預期：

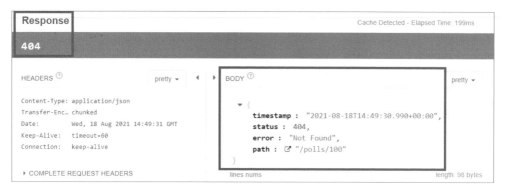

▲ 圖 9-2 使用 GET 再次測試 http://localhost:8080/polls/100

9.1.2 客製化例外回應資訊

HTTP 狀態碼在 REST API 中扮演重要的角色，API 開發人員應該致力回應正確狀態碼讓用戶端清楚知道請求處理結果，要是能在回應主體 (body) 提供有用的、細粒度的詳細資訊，將能使 API 使用者能夠有效率解決問題並幫助恢復服務狀態。Spring MVC 遵循這種精神，在幾乎預設的情況下就回應了上圖 9-2 在本體 (BODY) 顯示的錯誤訊息：

1. Timestamp：例外發生時間。
2. Status：HTTP 狀態碼。
3. Error：HTTP 相應狀態碼的錯誤訊息。
4. Path：請求 URI (非完整)。

經過擴充後可以在回應本體中提供更詳細例外資訊，如：

1. 主題 (title)：錯誤的類型。
2. 例外發生時間：以可讀性高的時間格式顯示。
3. HTTP 狀態碼：與例外相關的 HTTP 狀態碼。
4. HTTP 訊息：與狀態碼相關的描述。

5. 請求的 URI：導致此例外的請求的完整 URI。

6. 例外資訊：提供有關例外 (Exception) 的詳細資訊。

7. 其他資訊。

事實上各家 API 提供者對於例外回應的內容都不同，並沒有統一的格式，因此還是回歸需求來定義。若 API 是被網際網路使用者呼叫，提供詳細的例外資訊將可能導致資訊安全問題。EasyPoll 專案預計提供的例外回應訊息如下：

```
BODY ⑦

 1    ▼ {
 2        title :  "Resource Not Found",
 3        status :  404,
 4        detail :  "Poll with id 100 not found",
 5        timestamp :  1629421462320,
 6        developerMessage :  "lab.easyPoll.exception.ResourceNotFoundException",
 7        path :  ☑ "http://localhost:8080/polls/100",
 8        errors :  ▶ {}
10    }
```

▲ 圖 9-3 EasyPoll 專案提供的例外回應訊息

1. title：提供例外事件的簡短標題。如因輸入參數驗證而導致的錯誤可以標為「Validation Failure」，「Internal Server Error」則為內部伺服器出錯。

2. status：回應的 HTTP 狀態碼。儘管在回應本體中包含狀態碼是多餘的，好處是允許 API 用戶端在同一個地方取得故障排除需要的所有資訊。

3. detail：提供例外事件的詳細資訊，必須適合判讀，並且可以呈現給最終使用者。

4. timestamp：發生例外事件的時間，以毫秒為單位。

5. developerMessage：包含讓開發人員判讀的例外類別名稱或錯誤堆疊 (error stack) 等資訊。

6. path：發生例外事件的完整請求 URI。

7. errors：輸入參數驗證失敗的詳細資訊，可逐一列舉參數值與驗證失敗原因，將在後續章節說明。

要實現這樣的客製內容，首先定義錯誤訊息的 DTO 物件 ErrorDetail，如以下範例。注意行 9 需要另一個 DTO 物件 ValidationError，用於請求字串綁定為 Domain 物件時的欄位值驗證，將在下一章節介紹：

範例：/ch09-easy-poll/src/main/java/lab/easyPoll/dto/error/ErrorDetail.java

```java
public class ErrorDetail {

    private String title;
    private int status;
    private String detail;
    private long timestamp;
    private String developerMessage;
    private String path;
    private Map<String, List<ValidationError>> errors
            = new HashMap<>();

    // getters & setters
}
```

錯誤處理應該是一個橫切關注點 (cross-cutting concern)，屬 AOP 的應用；因為我們預期在一個地方處理系統所有 REST API 的例外狀況，並將個別狀況回應給 API 呼叫者。此時使用 **@ControllerAdvice** 標註在 AOP 的實作類別 RestExceptionHandler 上：

範例：/ch09-easy-poll/src/main/java/lab/easyPoll/handler/RestExceptionHandler.java

```java
@ControllerAdvice
public class RestExceptionHandler extends ResponseEntityExceptionHandler {

    @ExceptionHandler(ResourceNotFoundException.class)
    public ResponseEntity<?> handle404Exception(ResourceNotFoundException ex,
            HttpServletRequest request) {
        ErrorDetail errorDetail = new ErrorDetail();
        errorDetail.setTitle("Resource Not Found");
        errorDetail.setStatus(HttpStatus.NOT_FOUND.value());
        errorDetail.setDetail(ex.getMessage());
        errorDetail.setDeveloperMessage(ex.getClass().getName());
        errorDetail.setZonedDateTime(ZonedDateTime.now());
        errorDetail.setPath(getURL(request));
```

```
14          return new ResponseEntity<>(errorDetail, null, HttpStatus.NOT_FOUND);
15      }
16
17      private static String getURL(HttpServletRequest req) {
18
19          String scheme = req.getScheme(); // http
20          String serverName = req.getServerName(); // hostname.com
21          int serverPort = req.getServerPort(); // 80
22          String contextPath = req.getContextPath(); // /mywebapp
23          String servletPath = req.getServletPath(); // /servlet/MyServlet
24          String pathInfo = req.getPathInfo(); // /a/b;c=123
25          String queryString = req.getQueryString(); // ?d=789
26
27          StringBuilder url = new StringBuilder();
28          url.append(scheme).append("://").append(serverName);
29          if (serverPort != 80 && serverPort != 443) {
30              url.append(":").append(serverPort);
31          }
32          url.append(contextPath).append(servletPath);
33          if (pathInfo != null) {
34              url.append(pathInfo);
35          }
36          if (queryString != null) {
37              url.append("?").append(queryString);
38          }
39          return url.toString();
40      }
41  }
```

範例行 17 的 getURL() 方法可以自 HttpServletRequest 物件中組出基本的請求 URI，也包含查詢參數。完成實作後，藉由範例行 4 標註的 **@ExceptionHandler(ResourceNotFoundException.class)**，只要 Controller 拋出 ResourceNotFoundException，Spring MVC 都會使用本類別的 handleException() 方法予以攔截，組裝 ErrorDetail 物件，完成後放入新建的 ResponseEntity 再回應使用者。此時 HTTP 狀態碼會是 404，如同圖 9-3 顯示內容。

例外的處理在 RESTController 和一般 Controller 沒有太大差別，讀者可參考《Java RWD Web 企業網站開發指南》一書的「25.5.5 Exception 處理」。

9.2 請求參數異常的例外處理

9.2.1 以 JSR-303 與 JSR-349 驗證請求參數

正如一句英文名諺「Garbage in Garbage Out」，輸入參數的驗證應該是每一個應用程式的關注點，否則只會產出沒有意義的結果。考慮用戶端請求新建 poll 資源，但請求中卻忘記包含問題題目的窘境：

```
BODY ⑦
1 {
2     "options":[
3         {"value":"AstraZeneca"},
4         {"value":"Moderna"},
5         {"value":"BioNTech"},
6         {"value":"MVC"}
7     ]
8 }
```

▲ 圖 9-4 新建問卷調查卻忘記問卷題目

這樣的 POST 請求依舊可以建立 poll 資源，但沒有題目的問卷不該建立成功！這時候就需要實作輸入參數的驗證。

Spring MVC 提供了 2 個選項來驗證用戶端輸入資料：

1. 定義一個實作 org.springframework.validation.Validator 介面的 Validator 類別，將此 Validator 關連注入 Controller 並編程呼叫 Validator 的 validate() 方法來執行驗證。範例程式碼可參考《Java RWD Web 企業網站開發指南》一書的「25.5.3 建立商業邏輯類別」的 EmailValidator 與 UserFormValidator 使用方式。

2. 使用 JSR-303 (Bean Validation) 的規格，這是一個旨在簡化應用程式的參數驗證的 API，可參考《Java RWD Web 企業網站開發指南》一書的「22.4.4 伺服器端驗證表單資料」，我們曾經應用來解決 Controller 的參數驗證。考慮標註即可使用的方便性，我們將在本書的 REST Controller 中也使用這類驗證框架。

JSR-349 (Bean Validation 1.1) 則是 JSR-303 (Bean Validation) 的更新版規範，它們藉由一組標準化的驗證約束為 Domain 物件驗證欄位，如以 @NotNull 和 @Email 等標註物件欄位屬性即可在執行時期約束屬性值。在本書中我們使用 Hibernate Validator，這是一個滿足 JSR-303 和 JSR-349 規範且普遍使用的實作。下表列舉 Bean Validation API 常用的一些驗證約束，也可以自定義驗證約束：

↻ 表 9-1 Bean Validation API 常用驗證約束

驗證約束	描述
@NotNull	欄位不能是空值 (null)。
@Null	欄位必須是空值 (null)。
@Max	標註中指定的數字是欄位的最大值。
@Min	標註中指定的數字是欄位的最小值。
@Past	欄位值必須是過去的日期。
@Future	欄位值必須是未來的日期。
@Size	屬性值 min 和 max 定義區間的最小值和最大值。欄位若是**集合物件**則**成員數量**必須介於該區間，欄位若是**字串**則**長度**必須介於該區間。
@Pattern	欄位值必須符合標註的正規表示式。

不過使用前先確認 pom.xml 包含以下關連函式庫：

🎯 範例：/ch09-easy-poll/pom.xml

```
1  <dependency>
2      <groupId>org.springframework.boot</groupId>
3      <artifactId>spring-boot-starter-validation</artifactId>
4  </dependency>
```

重構 Poll 與 PollController 類別

我們首先對 Poll 類別的屬性欄位以 Bean Validation API 進行標註：

1. 為了確保每個問卷調查都有題目，使用 **@NonEmpty** 標註欄位 question，如以下範例行 10。標註類別 **org.hibernate.validator.constraints.NonEmpty**

由套件名稱可以知道不是 JSR-303 與 JSR-349 規範的一部分，而是屬於 Hibernate Validator，可以確保欄位字串值不為空且其長度大於零。

2. 為了讓參與投票的體驗更簡單，系統限制每一個題目的問卷選項不少於 2 個且不超過 6 個，如範例行 16 使用 **@Size** 標註集合物件欄位，且該標註類別 **javax.validation.constraints.Size** 屬於 JSR-303 與 JSR-349 規範。

📍 範例：/easy-poll-ch3/src/main/java/lab/easyPoll/domain/Poll.java

```
1   @Entity
2   public class Poll {
3
4       @Id
5       @GeneratedValue
6       @Column(name="POLL_ID")
7       private Long id;
8
9       @Column(name="QUESTION")
10      @NotEmpty
11      private String question;
12
13      @OneToMany(cascade=CascadeType.ALL)
14      @JoinColumn(name="POLL_ID")
15      @OrderBy
16      @Size(min=2, max = 6)
17      private Set<Option> options;
18
19      // getters & setters
20  }
```

接下來讓這些驗證約束在 PollController 的 createPoll() 方法生效，做法是在方法參數的型別宣告前以 @Valid 標註，如以下範例行 2：

📍 範例：/ch09-easy-poll/src/main/java/lab/easyPoll/controller/PollController.java

```
1   @RequestMapping(value = "/polls", method = RequestMethod.POST)
2   public ResponseEntity<?> createPoll( @Valid @RequestBody Poll poll ) {
3       poll = pollRepository.save(poll);
4
5       // Set the location header for the newly created resource
6       HttpHeaders responseHeaders = new HttpHeaders();
7       URI newPollUri = ServletUriComponentsBuilder
```

```
8                        .fromCurrentRequest()
9                        .path("/{id}").buildAndExpand(poll.getId())
10                       .toUri();
11      responseHeaders.setLocation(newPollUri);
12
13      return new ResponseEntity<>(null, responseHeaders, HttpStatus.CREATED);
14  }
```

標註 @Valid 後將讓該參數在 Spring 綁定使用者提交的資料時進行驗證。Spring 將實際驗證轉交給加入 classpath 的 JSR-303 和 JSR-349 抽象層與負責實作的 Hibernate Validator。

驗證請求參數的限制

完成 Domain 和 Controller 的驗證修改後，使用以下 JSON 建立 poll 資源：

```
{
    "options":[
        {"value":"MVC"}
    ]
}
```

依據我們套用在 Poll 類別上的驗證限制，預期將因為：

1. 缺少問卷問題，即 question 欄位缺值。
2. 問卷選項只有 1 個，即 options 集合物件欄位的成員個數為 1，應該具備 2-6 個。

而建立資源失敗！

在測試之前，先前移除 RestExceptionHandler 類別標註的 @ControllerAdvice，如下，因為要先理解 Spring Boot 對於 Bean Validation 驗證失敗的**預設**顯示方式：

```
//@ControllerAdvice
public class RestExceptionHandler extends ResponseEntityExceptionHandler {
```

▲ 圖 9-5 移除 @ControllerAdvice 進行測試

開啟 Talend API Test，選擇「POST」方法並輸入「http://localhost:8080/polls」
後進行測試，回應 HTTP 狀態碼為 400 (Bad Request)，符合預期：

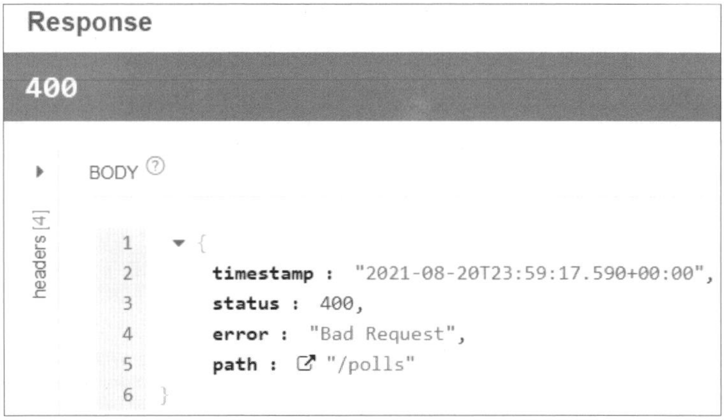

```
Response
400

▸    BODY ⑦

     1    ▾ {
     2          timestamp :  "2021-08-20T23:59:17.590+00:00",
     3          status :  400,
     4          error :  "Bad Request",
     5          path :  ☒ "/polls"
     6    }
```

▲ 圖 9-6　輸入值未通過驗證

雖然符合預期，但卻也未提供足夠的訊息供 API 呼叫者除錯！

後續我們說明如何提供更完整的除錯訊息。也請注意不同版本的 Spring Boot 對
於相依函式庫的認定和處理方式可能會不同！

9.2.2　客製化回應資訊與參數驗證提示

客製化回應資訊

為了提供足夠的除錯資訊給 API 呼叫者 (注意資訊安全的前提)，也和
先前對於 HTTP 404 找不到資源時的顯式資訊一致，我們將繼續擴充
RestExceptionHandler。先前的做法是：

1. 新建 handle404Exception() 方法，並標註攔截 ResourceNotFoundException 例
   外物件。
2. 建立 ErrorDetail 實例以提供 ResponseEntity 清楚的除錯資訊。

本次作法雷同，也是 2 步驟，但略有調整：

1. 覆寫 handleMethodArgumentNotValid() 方法，因為攔截例外物件 Method
   ArgumentNotValidException 是 Spring MVC 預設行為。
2. 除了建立 ErrorDetail 實例並設定一般欄位外，還需要建立另一個 DTO 類別
   ValidationError 以封裝每個欄位驗證失敗的資訊到 ErrorDetail.errors 欄位，讓
   ResponseEntity 能夠清楚回應多少欄位驗證失敗。

類別 ValidationError 設計如下：

1. 行 3 的欄位 code 用來儲存如 NotEmpty 和 Size 等字串，就是標註類別如
   @NotEmpty 和 @Size 的名稱。
2. 行 4 的欄位 message 用來儲存標註類別 @NotEmpty 和 @Size 等驗證失敗訊
   息，可以是預設，也可以是客製。

🎯 範例：/ch09-easy-poll/src/main/java/lab/easyPoll/dto/error/
ValidationError.java

```java
public class ValidationError {

    private String code;
    private String message;

    public ValidationError(String code, String message) {
        super();
        this.code = code;
        this.message = message;
    }

    public String getCode() {
        return code;
    }
    public String getMessage() {
        return message;
    }
}
```

類別 RestExceptionHandler 的方法 handleMethodArgumentNotValid() 覆寫如下：

範例：/ch09-easy-poll/src/main/java/lab/easyPoll/handler/
RestExceptionHandler.java

```java
@Override
public ResponseEntity<Object> handleMethodArgumentNotValid(
        MethodArgumentNotValidException ex,
        HttpHeaders headers, HttpStatus status,
        WebRequest request) {

    // create ErrorDetail
    ErrorDetail errorDetail = new ErrorDetail();
    errorDetail.setTitle("Input Validation Failed");
    errorDetail.setStatus(status.value());
    errorDetail.setDetail(ex.getMessage());
    errorDetail.setDeveloperMessage(ex.getClass().getName());
    errorDetail.setTimestamp(System.currentTimeMillis());

    String path = ((ServletWebRequest) request).getRequest().getRequestURI();
    errorDetail.setPath(path);

    // create ValidationError, and add to ErrorDetail.errors
    Map<String, List<ValidationError>> errorMap = errorDetail.getErrors();

    List<FieldError> fieldErrors = ex.getBindingResult().getFieldErrors();
    for (FieldError fe : fieldErrors) {

        String errorField = fe.getField();  // question, options

        List<ValidationError> validationErrorList = errorMap.get(errorField);
        if (validationErrorList == null) {
            validationErrorList = new ArrayList<ValidationError>();
            errorMap.put(errorField, validationErrorList);
        }

      String errorCode = fe.getCode(); // NotEmpty, Size
      String message = fe.getDefaultMessage();   // default message
      ValidationError validationError = new ValidationError(errorCode, message);
      validationErrorList.add(validationError);
    }

    return handleExceptionInternal(ex, errorDetail, headers, status, request);
}
```

🔊 **說明**

3	方法將攔截 MethodArgumentNotValidException 例外，並傳入作為參數。
5	傳入的請求參數是 org.springframework.web.context.request.WebRequest，非 HttpServletRequest，取得請求 URI 的方式需要改變。
7-13	如同攔截 ResourceNotFoundException 的方法，攔截 MethodArgument NotValidException 後組裝 ErrorDetail 物件實例。
15	由 WebRequest 取得請求 URI，非完整。
19	ErrorDetail 的 errors 欄位型態是 Map<String, List<ValidationError>>，Map 的 key 是進行驗證的欄位名稱字串，Map 的 value 型態為 List<ValidationError> 是驗證結果。因為同一欄位可能套用多個驗證的標註類別，因此可能有多個驗證失敗結果，故以 List 集合物件儲存。
18-36	建立 ValidationError 物件並設定 ErrorDetail 的 errors 欄位以存放各欄位驗證失敗資訊。
21	取出所有驗證失敗的欄位，每一個失敗的欄位都以 org.springframework.validation.**FieldError** 封裝相關資訊。
24	FieldError 的 getField() 方法可以取得驗證失敗的「Poll 欄位名稱」，這裡分別是 question 與 options。
32	FieldError 的 getCode() 方法可以取得驗證失敗的「標註類別名稱」，這裡分別是 NotEmpty 與 Size。
33	FieldError 的 getDefaultMessage() 方法可以取得驗證失敗的「預設訊息」，如對應 NotEmpty 的是「must not be empty」，對應 Size 的是「size must be between 2 and 6」，而且可以有多國語系支援。 該訊息可以客製，將在後續章節介紹。
34	組裝 ValidationError 物件。
38	以組裝完成的 ErrorDetail 作為父類別方法 handleExceptionInternal() 的參數，以建立 ResponseEntity 並回應使用者失敗結果。

測試之前把 @ControllerAdvice 標註回 RestExceptionHandler，以不完整的 JSON 嘗試建立 poll 資源時得到預設的失敗回應訊息如下，注意欄位驗證失敗的資訊以英文顯示：

```
errors : ▼ {
    question : ▼ [
        ▼ {
            code :  "NotEmpty",
            message :  "must not be empty"
        }
    ],
    options : ▼ [
        ▼ {
            code :  "Size",
            message :  "size must be between 2 and 6"
        }
    ]
}
```

▲ 圖 9-7　建立 poll 資源失敗後取得預設的驗證提示 (英文)

使 用 /ch09-easy-poll/src/main/java/lab/easyPoll/config/LocaleConfigurer.java 改 變
專案語系為繁體中文後，得到欄位驗證失敗的預設訊息：

```
errors : ▼ {
    question : ▼ [
        ▼ {
            code :  "NotEmpty",
            message :  "不得是空的"
        }
    ],
    options : ▼ [
        ▼ {
            code :  "Size",
            message :  "大小必須在 2 和 6 之間"
        }
    ]
}
```

▲ 圖 9-8　建立 poll 資源失敗後取得預設驗證提示 (繁體中文)

客製化參數驗證提示

若覺得 Bean Validation 提供的預設欄位驗證失敗訊息不夠清楚也可以進行客製。作法是：

1. 在「src\main\resources」路徑下建立「messages.properties」。若有需要也可以建立其他語系檔案如 messages_zh_TW.properties 與 messages_en.properties：

🎯 範例：/ch09-easy-poll/src/main/resources/messages.properties

```
1  NotEmpty.poll.question=Question is a required field
2  Size.poll.options=Options must be greater than {2} and less than {1}
```

檔案 messages.properties 的 key 的組成都可以分成 3 部分，依序是：

* Bean Validation 提供的標註類別的名稱，如 NotEmpty 與 Size。
* 取進行驗證的自定義 Domain 物件名稱，該物件同時也是 Controller 方法綁定用戶端送出值的參數型別，如 Poll 類別。取類別名稱並以小寫開頭，如 poll。
* 取進行驗證的 Domain 物件的欄位名稱，如 question 與 options。

2. 修改 RestExceptionHandler 類別如下。行 4-5 關連注入 MessageSource，將原本行 15 取得預設訊息的做法，改為行 16 呼叫 MessageSource 的 getMessage() 方法。第一個參數是 Spring 的 FieldError 物件實例，第二個參數是 Locale 值可決定呈現語系。

🎯 範例：/ch09-easy-poll/src/main/java/lab/easyPoll/handler/RestExceptionHandler.java

```
1   @ControllerAdvice
2   public class RestExceptionHandler extends ResponseEntityExceptionHandler {
3
4       @Autowired
5       private MessageSource messageSource;
6
7       @Override
8       public ResponseEntity<Object> handleMethodArgumentNotValid (
9           MethodArgumentNotValidException ex,
10          HttpHeaders headers, HttpStatus status,
11          WebRequest request) {
12
13          for (FieldError fe : fieldErrors) {
```

```
14
15      //  String message =  fe.getDefaultMessage();   // default
16         String message = messageSource.getMessage(fe, Locale.US); // custom
17      }
18    }
19 }
```

以不完整的 JSON 嘗試建立 poll 資源時得到失敗的回應如下，欄位驗證失敗的提示訊息為客製內容，與 messages.properties 一致：

```
errors :  ▼ {
    question :  ▼ [
        ▼ {
            code :  "NotEmpty",
            message :  "Question is a required field"
        }
    ],
    options :  ▼ [
        ▼ {
            code :  "Size",
            message :  "Options must be greater than 2 and less than 6"
        }
    ]
}
```

▲ 圖 9-9 建立 poll 資源失敗後回應客製驗證提示

9.3 請求 JSON 格式異常的例外處理

預設情況下，Spring MVC 藉由拋出預定義的例外物件來處理請求出錯的情境，例如前一章節介紹的 **MethodArgumentNotValidException**，或是請求的 JSON 格式錯誤時將拋出的 **HttpMessageNotReadableException**。一般來說為了提供更多資訊，或是為了讓專案回應錯誤的訊息一致，作法通常有 2 種：

1. 新建自己的例外處理類別，如本專案的 RestExceptionHandler；然後**為每一種例外建立一個新的處理方法**，如我們在 RestExceptionHandler 類別中建立的 handle404Exception() 方法。

2. 新建自己的例外處理類別並繼承 Spring MVC 提供的 ResponseEntity ExceptionHandler，如本專案的 RestExceptionHandler，然後**覆寫父類別原本的處理方式**，如前一章節的 handleMethodArgumentNotValid() 方法。

為了讓 EasyPoll 專案提供的例外回應訊息一致，當請求本體的 JSON 格式錯誤而拋出 HttpMessageNotReadableException 例外時，我們將覆寫原本攔截並處理例外的方法，如下：

🎯 **範例：/ch09-easy-poll/src/main/java/lab/easyPoll/handler/ RestExceptionHandler.java**

```
1   @Override
2   protected ResponseEntity<Object> handleHttpMessageNotReadable(
3           HttpMessageNotReadableException ex,
4           HttpHeaders headers, HttpStatus status,
5           WebRequest request) {
6
7       ErrorDetail errorDetail = new ErrorDetail();
8       errorDetail.setTitle("Message Not Readable");
9       errorDetail.setStatus(status.value());
10      errorDetail.setDetail(ex.getMessage());
11      errorDetail.setDeveloperMessage(ex.getClass().getName());
12      errorDetail.setTimestamp(System.currentTimeMillis());
13
14      String path = ((ServletWebRequest) request).getRequest().getRequestURI();
15      errorDetail.setPath(path);
16
17      return handleExceptionInternal(ex, errorDetail, headers, status, request);
18  }
```

因為程式碼雷同就不再贅述。針對程式碼行 7-15 讀者可以自行抽出共用方法，避免程式碼重複。

接下來我們使用格式錯誤的 JSON 進行測試，注意行 4 結尾缺少「},」：

```
BODY ⑦
 1 {
 2    "question":"What brand of COVID-19 vaccine do you most want to get?  ",
 3    "options":[
 4       {"value":"AstraZeneca"
 5       {"value":"Moderna"},
 6       {"value":"BioNTech"},
 7       {"value":"MVC"}
 8    ]
 9 }
10
```

▲ 圖 9-10 JSON 格式有問題的 POST 請求本體

得到的結果為：

```
Response

400

▶  BODY ⑦
 1   ▼ {
 2       title : "Message Not Readable",
 3       status : 400,
 4       detail : "JSON parse error: Unexpected character ('{' (code 123)): was expecting comma to
 5       timestamp : 1629530698314,
 6       developerMessage : "org.springframework.http.converter.HttpMessageNotReadableException",
 7       path : ☑ "/polls",
 8       errors : ▶ {}
10   }
```

▲ 圖 9-11 請求本體的 JSON 格式錯誤時系統回應資訊

10

建立 REST API 使用文件

本章提要

10.1 簡介 Swagger

10.2 使用 swagger-springmvc 套件整合 Swagger

10.3 簡介 Swagger UI

10.4 客製 Swagger UI 的資源列表文件

10.5 客製 Swagger UI 的 API 宣告文件

10.6 客製 Swagger UI 其他頁面呈現

10.7 使用 springfox-swagger2 與 springfox-swagger-ui 套件整合 Swagger

在本章中，我們將討論：

1. Swagger 的基本介紹
2. 使用 Swagger 編寫 API 文件
3. 客製 Swagger

文件是任何專案的一個重要項目，對於企業和開源 (open source) 專案尤其如此。這些專案有許多人協作構建，因此更需要文件記錄與溝通。在本章中我們將介紹一種簡化 REST API 文件的工具：Swagger。

要為與眾多用戶端互動的 REST API 建立文件不是一件簡單的事，因為沒有真正的既定標準。很多組織單位更是長久以來依賴人工編輯更新 PDF 或 HTML 等文件，以向用戶公開 REST API 使用方式。

對於基於 SOAP 的 Web Service，WSDL (Web Service Description Language) 文件是用戶端操作服務的依據，描述了如何請求與回應該有的負載 (payloads) 內容。WSDL 曾被嘗試用來為基於 REST 的 Web Service 提供文件，但並未獲得大量採用。

近年來，用於描述 REST API 的標準出現不少，如 Swagger、Apiary 和 iODocs 等。它們的出現源於 API 需要有使用文件，出現之後也擴大了 API 的使用與普及。

本書將專注於 Swagger 的說明。

▌ 10.1 簡介 Swagger

Swagger (http://swagger.io) 是建立互動式 REST API 文件的規範和框架。它提供了一組用於生成 API 用戶端程式碼的工具和 SDK 產生器，也使文件能夠和 REST API 所做的任何更動保持同步。Swagger 最初由 Wordnik 在 2010 年初開發，目前由 SmartBear 軟體公司支援。

Swagger 是一種與語言無關的規格，有不同語言的實作，Java 是其中一種。Swagger 的 1.2 版規範可以參見 https://github.com/swagger-api/swagger-spec/blob/master/versions/1.2.md。該規範由兩種文件類型組成：

1. 一份資源列表文件 (resource listing file)，列出所有可用 REST API。
2. 一組 REST API 的宣告文件 (declaration files)，說明個別 API 的可用操作。

10.1.1 REST API 的資源列表文件 (Resource List File)

資源列表文件是描述 REST API 的最根源文件，稱為「api-docs」。它包含 API 的一般資訊，如版本、標題、描述和使用授權等。顧名思義，資源列表文件包含應用程式或專案系統中所有可用的 REST API 資源，以 EasyPoll 專案為例，以下是資源列表文件的範例，它使用 JSON 描述文件內容：

🎯 **範例：資源列表文件 (/api-docs)**

```
1   {
2      "apiVersion":"1.0",
3      "apis":[
4        {
5          "description":"Basic Error Controller",
6          "path":"/default/basic-error-controller",
7          "position":0
8        },
9        {
10         "description":"Compute Result Controller",
11         "path":"/default/compute-result-controller",
12         "position":0
13       },
14       {
15         "description":"Poll Controller",
16         "path":"/default/poll-controller",
17         "position":0
18       },
19       {
20         "description":"Vote Controller",
21         "path":"/default/vote-controller",
22         "position":0
23       }
24     ],
25     "authorizations":{   },
26     "info":{
27        "contact":"Contact Email",
28        "description":"Api Description",
29        "license":"Licence Type",
30        "licenseUrl":"License URL",
31        "termsOfServiceUrl":"Api terms of service",
32        "title":"default Title"
33     },
34     "swaggerVersion":"1.2"
35  }
```

範例行 26-33 的 info 節點的 JSON 物件則包含了 API 維運的連絡資訊和授權許可。

由範例行 3-24 的 apis 節點的 JSON 陣列可以看出，這個資源列表文件宣告了 4 個 API 資源，第一個資源和 Spring MVC 有關，其他自定義的有 poll-controller、 vote-controller 與 compute-result-controller， 分別對應 URI 為「/default/poll-controller」、「/default/vote-controller」 和「/default/compute-result-controller」。這些 URI 允許使用者存取前述資源的「API 宣告文件」，將在後續說明。

Swagger 允許對其資源進行分組 (group)，如同 Java 使用套件 (package)。 在預設的情況，所有資源都分組在「預設群組 (default group)」下，會對應到以「/default」開頭的 URI。要特別注意的是，範例行 11、16、21 的 path 屬性值並非提供服務的 URI，是提供 API 宣告文件的 URI，而且存取該 URI 時需要以「/api-docs」開頭，如下一節範例。

10.1.2 REST API 的宣告文件 (Declaration Files)

API 的宣告文件描述了資源、 API 操作、請求／回應的呈現 (representations) 等。 以下範例為 vote-controller 資源的 API 宣告文件，由「/default/vote-controller」的 URI 提供，實際存取時 URI 前面記得加上「/api-docs」：

🎯 **範例：資源 vote-controller 的 API 宣告文件**
   (/api-docs/default/vote-controller)

```
 1  {
 2      "apiVersion":"1.0",
 3      "apis":[
 4        {
 5            "description":"createVote",
 6            "operations":[
 7               {"method":"POST", "summary":"createVote", "…"}
 8            ],
 9            "path":"/polls/{pollId}/votes"
10        },
11        {
12            "description":"getAllVotes",
13            "operations":[
14               {"method":"GET", "summary":"getAllVotes", "…"}
15            ],
16            "path":"/polls/{pollId}/votes"
17        }
18      ],
19      "basePath":"/",
20      "consumes":["application/json"],
```

```
21    "models":{
22      "Vote":{
23        "description":"",
24        "id":"Vote",
25        "properties":{
26          "id":{"required":false, "format":"int64", "type":"integer"},
27          "option":{"required":false,"type":"Option",}
28        }
29      },
30      "Option":{
31        "description":"",
32        "id":"Option",
33        "properties":{
34          "id":{"required":false, "format":"int64", "type":"integer"},
35          "value":{"required":false, "type":"string}
36        }
37      },
38      "Iterable«Vote»":{
39        "description":"",
40        "id":"Iterable«Vote»",
41        "properties":{}
42      }
43    },
44    "produces":["*/*"],
45    "resourcePath":"/polls/{pollId}/votes",
46    "swaggerVersion":"1.2"
47  }
```

🔊 **說明**

3-18	apis 節點描述 API 的操作方式。這裡分別描述名稱為 createVote 與 getAllVotes 的 API 操作，內容有 description、operations 與 path，包含 HTTP 方法、輸入 / 輸出資訊的媒體類型、及 API 的回應等。
19	basePath 節點值「/」為 API 提供服務的根 URI。
21-43	models 節點描述與本資源相關的 model 物件，這裡列舉了 Vote、Option、Iterable<Vote> 物件。
45	resourcePath 節點指定相對於 basePath 的資源路徑，因此該資源的 REST API 可藉由 http://server:port/polls/{pollId}/votes 存取。

10.2 使用 swagger-springmvc 套件整合 Swagger

要把 Swagger 整合到 EasyPoll 專案中就需要把上一節介紹的 2 種 JSON 文件：

1. 一份資源列表文件 (resource listing file)，列出所有可用 REST API。
2. 一組 REST API 的宣告文件 (declaration files)，說明個別 API 的可用操作。

放入專案，這還包含了日後 API 異動時如何維護文件的問題。幸好這部分在 Swagger 開源社群裡已經有一些解決方案了，只要整合完畢就可以自動生成文件並在 API 變更時自動更新文件。swagger-springmvc 就是這樣一種框架，它簡化了把 Swagger 放到 Spring MVC 的整合工作。

修改 pom.xml

首先在 pom.xml 內加入以下相依函式庫：

🎯 範例：/ch10-easy-poll/pom.xml

```
1  <dependency>
2      <groupId>com.mangofactory</groupId>
3      <artifactId>swagger-springmvc</artifactId>
4      <version>1.0.2</version>
5  </dependency>
```

在 Spring Boot 啟動類別標註 @EnableSwagger

下一步是啟用 swagger-springmvc，可以藉由在 EasyPollApplication 類別上標註 @EnableSwagger 完成，如以下範例行 2：

🎯 範例：/ch10-easy-poll/src/main/java/lab/easyPoll/ EasyPollApplication.java

```
1  @SpringBootApplication
2  @EnableSwagger
3  public class EasyPollApplication {
4
5      public static void main(String[] args) {
```

```
6        SpringApplication.run(EasyPollApplication.class, args);
7    }
8
9 }
```

完成後重啟 EasyPoll 專案，因為文件都以 JSON 描述，建議可以使用 Talend API Tester 觀察結果。

1. 以 GET 方法取得「http://localhost:8080/api-docs」的資源列表文件，與前一章節範例內容一致：

▲ 圖 10-1　GET http://localhost:8080/api-docs

2. 以 GET 方法取得「http://localhost:8080/api-docs/default/vote-controller」的 REST API 的宣告文件，與前一章節範例內容一致：

▲ 圖 10-2　GET http://localhost:8080/api-docs/default/vote-controller

▌ 10.3　簡介 Swagger UI

藉由 Swagger 提供的「資源列表文件」和「API 宣告文件」可以快速理解網站提供的 REST API 及如何操作，但畢竟是以 JSON 呈現，少了一些使用者友善 (user friendly)。「Swagger UI」是 Swagger 的子專案，它接受前述 JSON 文件並自動生成與 API 互動的直觀使用者界面，彌補了只用 JSON 呈現的缺憾。

使用 Swagger UI 時技術人員和非技術人員都可以人工直接建立並提交請求，在測試 REST API 後了解如何回應。Swagger UI 使用 HTML、CSS 和 JavaScript 建構，因此可以直接在瀏覽器上呈現，不需要依賴其他東西。它可以託管在任何伺服器環境中，也包含個人電腦 (localhost)。

要將 Swagger UI 整合到 EasyPoll 專案中，必須先由 GitHub 網站「https://github.com/swagger-api/swagger-ui」中下載 Swagger UI 的穩定版本，步驟是：

1. 進入 Swagger UI 專案「https://github.com/swagger-api/swagger-ui」。
2. 點選「Switch branches or tags」。
3. 點選「Tags」。
4. 選擇「v2.0.24」。

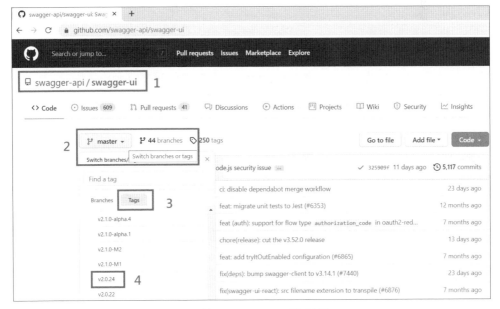

▲ 圖 10-3　下載 Swagger UI 的步驟 1, 2, 3, 4

5. 前述 4 個步驟目的就是要進入「https://github.com/swagger-api/swagger-ui/tree/v2.0.24」，也可以直接輸入網址。
6. 我們的目標是下載目錄「dist」裡面的內容，但只能先把版本 v2.0.24 的 Tag 整包下載後再另行取出。點選右側的「Code」按鍵，點選下拉選單的「Download ZIP」後下載：

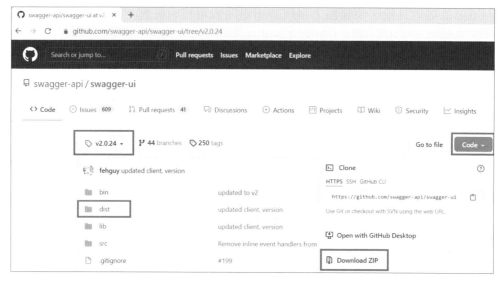

▲ 圖 10-4 下載 Swagger UI 版本 v2.0.24 的 Tag

7. 在 EasyPoll 專案的「src\main\resources\static」目錄下建立資料夾「swagger-ui」。將前述下載的 ZIP 檔案解壓縮後，把 dist 資料夾內的所有檔案複製到資料夾 swagger-ui 內：

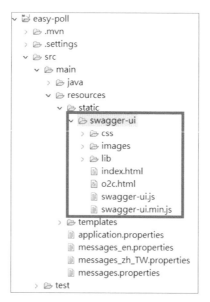

▲ 圖 10-5 複製 dist 資料夾內的所有檔案到資料夾 swagger-ui 內

8. 編輯「/ch10-easy-poll/src/main/resources/static/swagger-ui/index.html」，把下圖的行 28 改為行 29，亦即變數 url 值改為「http://localhost:8080/api-docs」，如此可以讓 Swagger UI 去解析 Swagger 的資源列表文件，將使 JSON 文件檔有 UI 可以呈現：

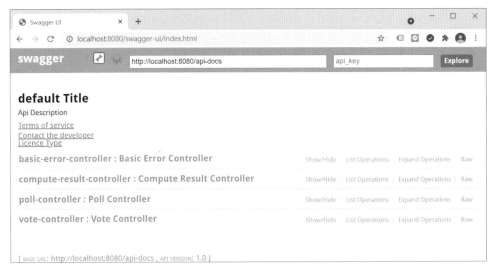

▲ 圖 10-6　Swagger UI 套用 Swagger 資源列表文件

9. 重啟 EasyPoll 專案後在瀏覽器輸入網址「http://localhost:8080/swagger-ui/index.html」，可以看到以下畫面：

▲ 圖 10-7　Swagger UI 畫面

藉由 Swagger UI，使用者可以取代 Talend API Tester 去操作諸如建立調查問卷、投票、取得投票結果等 REST API。

10.4 客製 Swagger UI 的資源列表文件

10.4.1 Swagger UI 需要調整的地方

之前的說明可以讓我們以最短的時間、最少的配置，啟用 Swagger 建立 REST API 的互動式文件；此外當 REST API 有更動時文件也會自動更新。但是細看可以發現幾個地方等著我們去處理，如下圖：

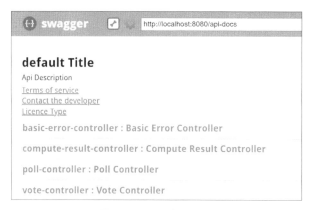

▲ 圖 10-8 UI 待修正問題

列舉如下：

1. 畢竟是作為 REST API 的使用文件與門面，字樣如「default Title」、「Api Description」需要更換成專案相關。
2. 超連結「Terms of service」、「Contact the developer」和「Licence Type」等目前沒有作用。
3. 嘗試使用個別 REST API 時，部分內容如「Response Class」目前尚不可見，因此使用者必須猜測操作的返回類型。
4. 多了一個 REST API：「basic-error-controller : Basic Error Controller」。

10.4.2 客製 Swagger UI 的方式

要在 swagger-springmvc 函式庫中客製 Swagger UI，需要準備一個 Spring 的設定類別，程式碼架構如下：

範例：/ch10-easy-poll/src/main/java/lab/easyPoll/config/
SwaggerConfig.java

```java
1   @Configuration
2   @EnableSwagger
3   public class SwaggerConfig {
4
5       @Autowired
6       private SpringSwaggerConfig springSwaggerConfig;
7
8       @Bean
9       public SwaggerSpringMvcPlugin createSwaggerSpringMvcPlugin() {
10
11          SwaggerSpringMvcPlugin swaggerSpringMvcPlugin
12              = new SwaggerSpringMvcPlugin(this.springSwaggerConfig);
13
14          configureSwagger(swaggerSpringMvcPlugin);
15
16          return swaggerSpringMvcPlugin;
17      }
18
19      private void configureSwagger(SwaggerSpringMvcPlugin plugin) {
20          // code to change SwaggerSpringMvcPlugin states
21      }
22  }
```

需要依循以下思維進行客製：

1. 客製 Swagger UI 需要提供 **SwaggerSpringMvcPlugin** 的 Spring Bean 元件，因此我們建立工廠方法 createSwaggerSpringMvcPlugin() 如範例程式碼行 9-17，並在程式碼行 8 標註 @Bean。

2. 藉由改變 **SwaggerSpringMvcPlugin** 元件的狀態，如程式碼行 14，就可以客製 Swagger UI；該元件同時也提供 Swagger UI 的預設設定。

3. 程式碼行 19-21 的 configureSwagger() 方法實作了客製 Swagger UI 的細節與步驟，我們將在後續段落說明。

4. 要建立 SwaggerSpringMvcPlugin 元件，需要以 **SpringSwaggerConfig** 的物件實例注入 SwaggerSpringMvcPlugin 的建構子，如程式碼行 11-12；取得 SpringSwaggerConfig 的物件實例則需要藉由容器的關連注入，如程式碼行 5-6。

5. 類別 SwaggerConfig 提供 Spring Bean 元件，因此以 **@Configuration** 標註，如程式碼行 1。

6. 為 了 集 中 Swagger UI 的 相 關 設 定， 把 **@EnableSwagger** 標 註 由 EasyPollApplication 類別移到 SwaggerConfig 類別，如程式碼行 2。

方法 configureSwagger() 藉由改變 SwaggerSpringMvcPlugin 元件狀態進行 Swagger UI 客製，其細節與步驟如以下範例：

🎯 **範例**：/ch10-easy-poll/src/main/java/lab/easyPoll/config/
SwaggerConfig.java

```
 1  private void configureSwagger(SwaggerSpringMvcPlugin plugin) {
 2      ApiInfo apiInfo
 3          = new ApiInfoBuilder()
 4              .title("EasyPoll REST API")
 5              .description("EasyPoll Api for creating and managing polls")
 6              .termsOfServiceUrl("http://example.com/terms-of-service")
 7              .contact("info@example.com")
 8              .license("MIT License")
 9              .licenseUrl("http://opensource.org/licenses/MIT")
10              .build();
11
12      plugin
13          .apiInfo(apiInfo)
14          .apiVersion("1.0")
15          .includePatterns("/polls/*.*", "/votes/*.*", "/computeresult/*.*");
16
17      plugin.useDefaultResponseMessages(false);
18  }
```

🔊 **說明**

2-3	使用 ApiInfoBuilder 建立 ApiInfo 物件。使用 ApiInfo 可修改 Swagger UI 的資源列表文件的頁首預設文字描述，如下： **default Title** Api Description Terms of service Contact the developer Licence Type ▲ 圖 10-9 資源列表文件的頁首預設文字敘述

4	使用 **.title()** 將「default Title」的文字改為「EasyPoll REST API」。
5	使用 **.description()** 將「Api Description」的文字改為「EasyPoll Api for creating and managing polls」。
6	使用 **.termsOfServiceUrl()** 將「Terms of service (服務條款)」的超連結改為「http://example.com/terms-of-service」，預設文字敘述未改變。 這部分客製只做示範，該 URL 應配合組織政策定義網站的服務條款。
7	使用 **.contact()** 將「Contact the developer」的超連結郵件信箱改為「info @example.com」，預設文字敘述未改變。
8	使用 **.license()** 將「Licence Type」的預設文字敘述改為「MIT License」。
9	使用 **.licenseUrl()** 將「Licence Type」的超連結改為「http://opensource.org/licenses/MIT」。
13	將行 2 建立並設定的 apiInfo 物件設定為 SwaggerSpringMvcPlugin 的 **apiInfo** 欄位值。
14	設定 SwaggerSpringMvcPlugin 的 **apiVersion** 欄位值。
15	在圖 10-8 顯示的 Swagger UI 畫面除了三個 EasyPoll 專案的 REST API 端點之外，還有一個 Spring 產生的「/basic-error-controller」端點。因為這個端點沒有實質用途，可以使用 **.includePattern()** 方法濾除。 方法 .includePattern() 採用正向表列的方式指定可以顯示的 REST API 端點，只要滿足眾多**正規表示式參數**，如「/polls/*.*」、「/votes/*.*」與「/computeresult/*.*」的其中之一即可顯示在資源列表文件。利用這個方式我們明確列出想要包含的 3 個端點。
17	以 **.useDefaultResponseMessages()** 方法決定是否使用預設的回應訊息 (response messages)。

此外，swagger-springmvc 的架構允許 SwaggerSpringMvcPlugin 元件以不同的方法同時產生不同的版本，好處是每一版 SwaggerSpringMvcPlugin 元件都可以產生單獨的資源列表文件，這對於只有一個 Spring 網站卻需要提供多個 REST API 版本時會有幫助，將在下一章版本控制時說明。

增加新的 SwaggerConfig 設定類別後，重啟 EasyPoll 專案並瀏覽網址「http://localhost:8080/swagger-ui/index.html」可以看到客製 Swagger UI 後的呈現：

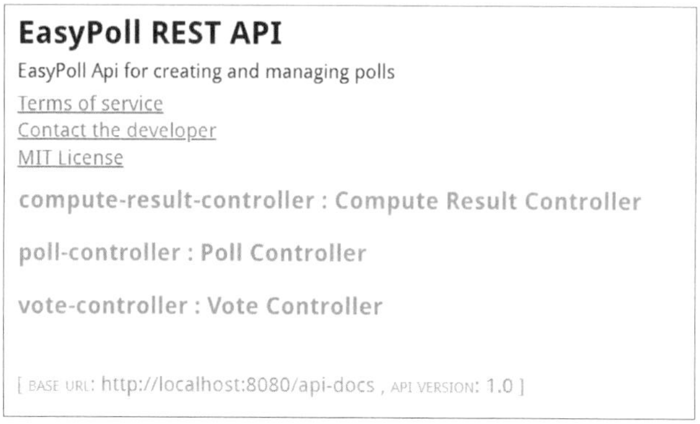

EasyPoll REST API

EasyPoll Api for creating and managing polls
Terms of service
Contact the developer
MIT License

compute-result-controller : Compute Result Controller

poll-controller : Poll Controller

vote-controller : Vote Controller

[BASE URL: http://localhost:8080/api-docs , API VERSION: 1.0]

▲ 圖 10-10 客製 Swagger UI 後呈現的資源列表文件

同時 Spring 產生的「/basic-error-controller」端點也已經消失。

10.5 客製 Swagger UI 的 API 宣告文件

函式庫 swagger-springmvc 提供了一組標註類別，用於設定 REST Controller 以客製個別 API 的宣告文件。在本節中我們將以 PollController 做為示範，但相同的原則也適用於其他 REST Controller。

10.5.1 使用 @Api 客製化群組端點敘述

我們首先使用 @Api 標註 PollContoller，如以下範例行 2：

🎯 範例：/ch10-easy-poll/src/main/java/lab/easyPoll/controller/
PollController.java

```
1  @RestController
2  @Api (value = "polls", description = "Poll API")
3  public class PollController {
4      // implementations
5  }
```

REST Controller 以 **@Api** 標註後將成為 Swagger 資源。Swagger 將掃描並讀取以 @Api 標註的 Controller 的其他標註內容後，再產生 API 宣告文件的元資料

(即 metadata，用於描述資料的資料)。在 PollController 的 API 宣告文件上我們說明端點 URI 為「/polls」，描述文字是「Poll API」。

此外 Swagger UI 預設以 PollController 的類別名稱建立 API 宣告文件的基底 URI，如「http://localhost:8080/swagger-ui/index.html#!/**poll-controller**」，調整前樣式為：

▲ 圖 10-11 PollController 標註 @Api 前

標註 @Api 並設定 value 屬性為「polls」後，其 API 宣告文件的基底 URI 將調整為「http://localhost:8080/swagger-ui/index.html#!/**polls**」，且調整後樣式為：

▲ 圖 10-12 PollController 標註 @Api 後

10.5.2 使用 @ApiOperation 客製化端點操作敘述

現在我們使用 **@ApiOperation** 標註在 REST Controller 的方法上，以客製 Swagger UI 的 API 端點呈現的操作資訊如：

1. 名稱：使用 @ApiOperation 的 **value** 屬性設定較簡要描述。
2. 描述：使用 @ApiOperation 的 **notes** 屬性設定較詳細的描述。
3. 回應：使用 @ApiOperation 的 **response** 屬性設定回應型態。

範例如以下行 2、7、12-14、19、24：

📌 範例：/ch10-easy-poll/src/main/java/lab/easyPoll/controller/
PollController.java

```
1   @RequestMapping(value = "/polls", method = RequestMethod.GET, produces =
    MediaType.APPLICATION_JSON_VALUE)
2   @ApiOperation(value = "Retrieves all the polls", response=Poll.class,
    responseContainer="List")
```

```
3   public ResponseEntity<Iterable<Poll>> getAllPolls() {
4       // ...
5   }
6   @RequestMapping(value = "/polls/{pollId}", method = RequestMethod.GET, produces
    = MediaType.APPLICATION_JSON_VALUE)
7   @ApiOperation(value = "Retrieves given Poll", response=Poll.class)
8   public ResponseEntity<Poll> getPoll(…) {
9       // ...
10  }
11  @RequestMapping(value = "/polls", method = RequestMethod.POST, consumes =
    MediaType.APPLICATION_JSON_VALUE)
12  @ApiOperation(value = "Creates a new Poll",
13      notes = "The newly created poll Id will be sent in the location response
                                                                header",
14      response = Void.class)
15  public ResponseEntity<Void> createPoll(…) {
16      // ...
17  }
18  @RequestMapping(value = "/polls/{pollId}", method = RequestMethod.PUT)
19  @ApiOperation(value = "Updates given Poll", response=Void.class)
20  public ResponseEntity<Void> updatePoll(…) {
21      // ...
22  }
23  @RequestMapping(value = "/polls/{pollId}", method = RequestMethod.DELETE)
24  @ApiOperation(value = "Deletes given Poll", response=Void.class)
25  public ResponseEntity<Void> deletePoll(…) {
26      // ...
27  }
```

其中我們使用 value 屬性來提供端點操作的簡要描述，notes 屬性則為較詳細的描述，如範例行 12-14 的 POST 端點。執行後 Swagger UI 介面如下：

▲ 圖 10-13 客製 value 與 notes 屬性

此外 POST 方法成功後將回應用戶端一個「空本體 (body)」和一個 HTTP 狀態碼 201，但是 createPoll() 方法在本章之前的版本回傳的是 ResponseEntity<?>，

因為泛型內容不明確 (使用 **?**) 導致 Swagger UI 沒有呈現正確的回應類型
(Response Class)，如下：

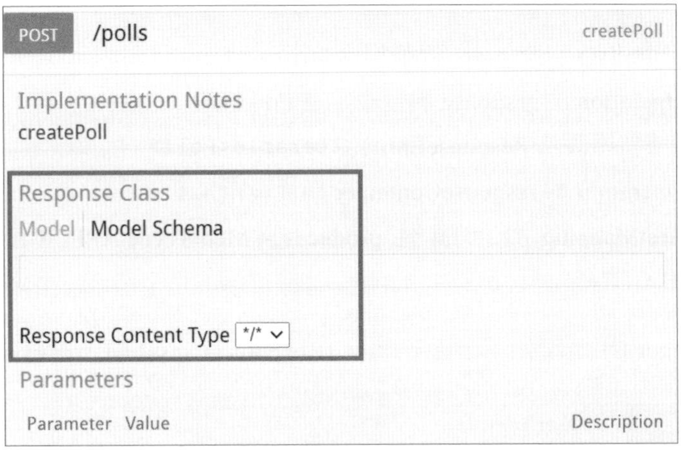

▲ 圖 10-14 回應類型 (Response Class) 未正常顯示

因為實際上不該有回應類型，此時我們將 @ApiOperation 的 response 屬性
設置為 **Void.class** 來修復此問題，同時也將 createPoll() 方法回傳類型從
ResponseEntity<?> 更改為 **ResponseEntity<Void>** 以使我們的意圖更加清晰。
調整後 Swagger UI 呈現如下，原先沒有正確呈現的回應類型 (Response Class)
已經被完整移除：

▲ 圖 10-15 移除回應類型

相似的情況，我們將 getPoll() 與 getAllPolls() 方法做以下調整：

1. 方法 getPoll() 回應單個 poll 資源：

 • @ApiOperation 的 response 屬性設定為 Poll.class。

- 方法回傳型態改為 ResponseEntity<**Poll**>。
- @RequestMapping 加 上 屬 性 produces = MediaType.APPLICATION_JSON_
  VALUE。

2. 方法 getAllPolls() 回應 polls 資源集合：
   - @ApiOperation 的 response 屬性設定為 Poll.class。
   - 方法回傳型態改為 ResponseEntity<**Iterable<Poll>**>。
   - @ApiOperation 的 responseContainer 屬性設定為 List。
   - @RequestMapping 加 上 屬 性 produces = MediaType.APPLICATION_JSON_
     VALUE。

調整後 Swagger UI 呈現如下，回應類型 (Response Class) 顯示正確資訊：

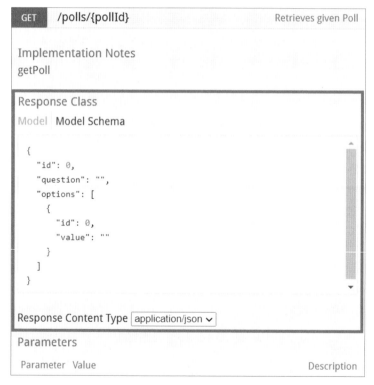

▲ 圖 10-16 回應類型 (Response Class) 顯示 poll 資源的 JSON 字串

10.5.3 使用 @ApiResponse 客製化端點回應描述

我們之前使用 @ApiOperation 指定操作後的預設回應類型，以方法 createPoll() 為例，成功回應 HTTP 狀態碼為 201。但實際上錯誤時也有狀態碼回應，因此一個定義良好的 API 會使用額外的狀態程式碼，而 Swagger UI 提供了 @ApiResponse 標註來設定相關的回應本體 (body)，如以下範例程式碼行 5-9 定義了狀態碼 201 和 500 的回應內容。狀態碼 201 回應應和 @ApiOperation 一致，如程式碼行 7 與行 4；狀態碼 500 回應則為本書在前一章定義的 lab. easyPoll.dto.error.ErrorDetail 物件實例，如程式碼行 9：

🎯 **範例**：/ch10-easy-poll/src/main/java/lab/easyPoll/controller/ PollController.java

```
1   @RequestMapping(value = "/polls", method = RequestMethod.POST)
2   @ApiOperation(value = "Creates a new Poll",
3       notes = "The newly created poll Id will be sent in the location response
                                                                    header",
4       response = Void.class)
5   @ApiResponses(value = {
6       @ApiResponse(code = 201, message = "Poll Created Successfully",
7                   response = Void.class),
8       @ApiResponse(code = 500, message = "Error creating Poll",
9                   response = ErrorDetail.class) })
10  public ResponseEntity<Void> createPoll(@Valid @RequestBody Poll poll) {
11      // ...
12  }
```

修改前回應狀態碼只有 200：

▲ 圖 10-17 修改前狀態碼回應僅 200

修改後回應狀態碼增加 201 與 500，且有文字描述，也顯示 500 的回應本體：

Response Messages

HTTP Status Code	Reason	Response Model
200		
201	Poll Created Successfully	
500	Error creating Poll	Model Model Schema

```
{
  "title": "",
  "status": 0,
  "detail": "",
  "timestamp": 0,
  "developerMessage": "",
  "path": "",
  "errors": [
    {
      "key": [
        {
```

Try it out!

▲ 圖 10-18　修改後 HTTP 狀態碼增加 201 與 500

實際上回應的狀態碼可以更多，Swagger UI 幫我們準備了其他比較常見的可能狀態碼，如 API 呼叫時認證失敗等。此時回到 SwaggerConfig 類別並將以下程式碼行 3 原本 useDefaultResponseMessages() 方法設定值由 false 改為 true，可以呈現 Swagger UI 預設的回應型態：

🎯 **範例**：/ch10-easy-poll/src/main/java/lab/easyPoll/config/ SwaggerConfig.java

```
1  private void configureSwagger(SwaggerSpringMvcPlugin plugin) {
2      // ...
3      plugin.useDefaultResponseMessages(true);
4  }
```

重啟後如下，將新增狀態碼 401、403、404。當然畫面不是愈豐富愈好，還是要看實際情形，因此該值通常設為 false：

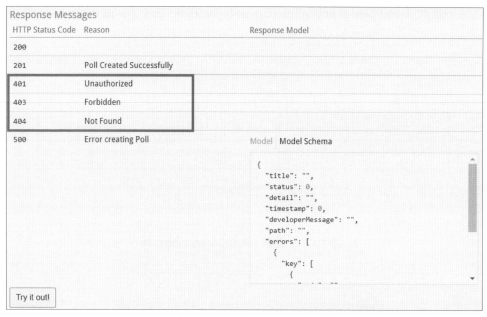

▲ 圖 10-19 顯示 Swagger UI 預設回應狀態碼

10.6 客製 Swagger UI 其他頁面呈現

因為我們是將「https://github.com/swagger-api/swagger-ui/tree/v2.0.24」的整包 HTML、CSS、JavaScript 程式碼下載到 EasyPoll 專案中,這表示有更高的客製彈性。比如說原本頁首呈現為:

▲ 圖 10-20 原本頁首呈現

想要將「swagger」字樣修改為「EasyPoll」,並移除兩個圖標 (icons):

▲ 圖 10-21 修改後頁首呈現

做法是修改「/ch10-easy-poll/src/main/resources/static/swagger-ui/index.html」，如下：

```html
68=<body class="swagger-section">
69=<div id='header'>
70=  <div class="swagger-ui-wrap">
71     <a id="logo" href="http://swagger.wordnik.com">EasyPoll</a>
72=    <form id='api_selector'>
73=<!--
74=      <div class='input icon-btn'>
75         <img id="show-pet-store-icon" src="images/pet_store_api.png" title="Show Swagger Petstore Example Apis">
76       </div>
77=      <div class='input icon-btn'>
78         <img id="show-wordnik-dev-icon" src="images/wordnik_api.png" title="Show Wordnik Developer Apis">
79       </div>
80     -->
81       <div class='input'><input placeholder="http://example.com/api" id="input_baseUrl" name="baseUrl" type="text"/></div>
82       <div class='input'><input placeholder="api_key" id="input_apiKey" name="apiKey" type="text"/></div>
83       <div class='input'><a id="explore" href="#">Explore</a></div>
84     </form>
85   </div>
86 </div>
```

▲ 圖 10-22 客製 swagger-ui/index.html

10.7 使用 springfox-swagger2 與 springfox-swagger-ui 套件整合 Swagger

眼尖的讀者可能已經發現 2 個奇怪的現象。本書出版日期為 2021 年底，在下載「swagger-springmvc」時可以發現最後一版釋出是 2015 年 5 月，已經有點過期的感覺：

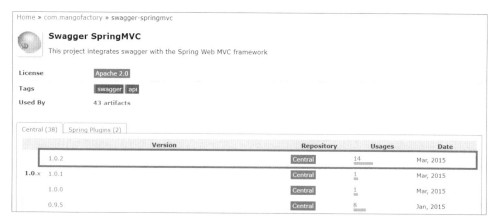

▲ 圖 10-23 swagger-springmvc 最後釋出為 2015 年 5 月

到網址「https://github.com/swagger-api/swagger-ui/tree/v2.0.24」下載版本 v2.0.24 的 Tag 包時，可以發現其實有很多更新的 Tag 可以下載，但嘗試使用較新的 UI，卻發現會有問題，需要更多修改：

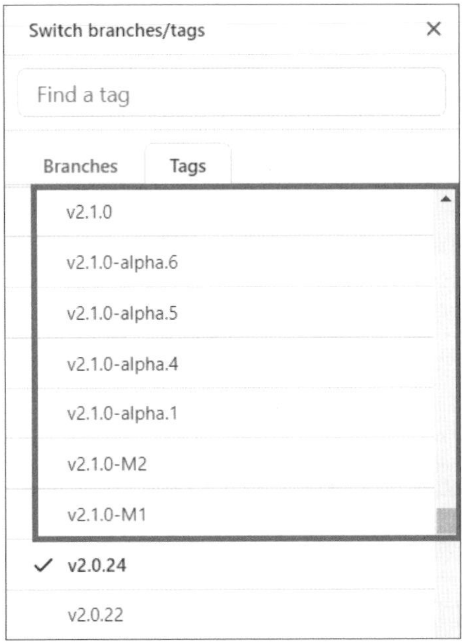

▲ 圖 10-24 其他比 v2.0.24 版本新的 Tag 包

套件「swagger-springmvc」因為容易設定與上手，因此在企業裡還是相當普遍；可惜的是下載即可用的只適用於 Swagger 1.2 之前的版本！ Swagger 1.2 之後的版本是 2.0，建議以「springfox」取代。

本書以專案「ch10-easy-poll」介紹套件「swagger-springmvc」的使用方式，後續改以專案「ch10-easy-poll-**sw2**」介紹套件「**springfox-swagger2**」與「**springfox-swagger-ui**」的使用方式。兩個專案在本書介紹的客製範圍內沒有太多差別，只需要更換 pom.xml 與 SwaggerConfig.java，與匯入 (import) 標註類別的套件來源即可，程式碼無須太多變動！

10.7.1 設定 pom.xml

使用 springfox 相關套件支援 Swagger 2.0 先要匯入相依函式庫：

🎯 範例：/ch10-easy-poll-sw2/pom.xml

```
 1  <dependency>
 2      <groupId>io.springfox</groupId>
 3      <artifactId>springfox-swagger2</artifactId>
 4      <version>2.9.2</version>
 5  </dependency>
 6  <dependency>
 7      <groupId>io.springfox</groupId>
 8      <artifactId>springfox-swagger-ui</artifactId>
 9      <version>2.9.2</version>
10  </dependency>
```

一個負責相容 Swagger 2.0 規格，一個負責 Swagger UI。

過去使用函式庫「swagger-springmvc」只需要匯入一個相容 Swagger 1.0 規格的函式庫即可，因為 Swagger UI 部分是人工下載的：

🎯 範例：/ch10-easy-poll/pom.xml

```
 1  <dependency>
 2      <groupId>com.mangofactory</groupId>
 3      <artifactId>swagger-springmvc</artifactId>
 4      <version>1.0.2</version>
 5  </dependency>
```

也因此，這次不需要由 https://github.com/swagger-api/swagger-ui 下載 Tag 包。這是 springfox 套件聰明的地方。

10.7.2 設定 SwaggerConfig.java

類別 SwaggerConfig.java 需要重新設定：

🎯 範例：/ch10-easy-poll-sw2/src/main/java/lab/easyPoll/config/
SwaggerConfig.java

```
 1  @Configuration
 2  @EnableSwagger2
```

```
3   public class SwaggerConfig {
4
5     @Bean
6     public Docket api() {
7       return new Docket(DocumentationType.SWAGGER_2)
8         .select()
9         .apis(RequestHandlerSelectors.basePackage("lab.easyPoll.controller"))
10        .paths(or(PathSelectors.regex("/polls/*.*"),
11                      PathSelectors.regex("/votes/*.*"),
12                      PathSelectors.regex("/computeresult/*.*")))
13        .build()
14        .useDefaultResponseMessages(false)
15        .apiInfo(apiInfo());
16    }
17
18    private ApiInfo apiInfo() {
19      return new ApiInfoBuilder()
20        .title("EasyPoll REST API")
21        .description("EasyPoll Api for creating and managing polls")
22        .termsOfServiceUrl("http://example.com/terms-of-service")
23        .contact(new Contact("jim", "http://somewhere", "info@example.com"))
24        .license("MIT License")
25        .licenseUrl("http://opensource.org/licenses/MIT")
26        .version("1.0")
27        .build();
28    }
29  }
```

說明幾個主要差別：

🔊 說明

2	使用 **@EnableSwagger2** 啟用 Swagger 2。
6	以 **Docket** 取代 SwaggerSpringMvcPlugin 的角色。
7	建立 Docket 時指定檔案型態為 **DocumentationType.SWAGGER_2**。
9	使用 **.apis()** 指定 API 類別套件路徑。 無限制時使用 .apis(**RequestHandlerSelectors.any()**)。
10	使用 **.paths()** 指定資源列表文件呈現的 API 端點路徑，和 includePatterns() 方法同義；多路徑時使用 **Predicates.or**(…) 列舉。 無限制時使用 **.paths(PathSelectors.any())**。

將 PollController.java 匯入的幾個類別更改套件路徑如下：

🎯 範例：/ch10-easy-poll-sw2/src/main/java/lab/easyPoll/controller/
PollController.java

```
1  //import com.wordnik.swagger.annotations.Api;
2  //import com.wordnik.swagger.annotations.ApiOperation;
3  //import com.wordnik.swagger.annotations.ApiResponse;
4  //import com.wordnik.swagger.annotations.ApiResponses;
5  import io.swagger.annotations.Api;
6  import io.swagger.annotations.ApiOperation;
7  import io.swagger.annotations.ApiResponses;
8  import io.swagger.annotations.ApiResponse;
```

完成後即可重新啟動，網址為「http://localhost:8080/swagger-ui.html」：

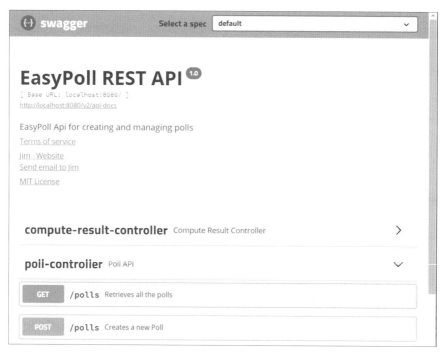

▲ 圖 10-25 啟動 Swagger 2.0 介面

REST API 的版本控制、分頁與排序

在本章中,我們將討論 REST API 的:

1. 版本控制策略
2. 分頁功能
3. 排序功能

有一句名言「生命中唯一不變的就是變化」,API 變化更是如此。在本章中我們將把 API 的版本控制策略作為處理此類修改的一種方式。

此外處理大型資料集合可能會出現伺服器負擔過重和效能瓶頸問題,特別是在手持裝置的用戶端。為了解決這些問題,我們將採用分頁和排序技術,讓資料的發送可以在被管理的情形下發生。

11.1 對 API 執行版本控制 (Versioning)

隨著使用者需求和技術的變化，無論設計之初如何周延，最終都會再改變程式碼。當藉由新增屬性、更新屬性定義、甚至刪除屬性來修改 REST 資源時，儘管 API 的關鍵操作如讀取、新建、更新和刪除一個或多個資源並沒有改變，但可能已經導致資源呈現 (representation) 發生巨大變化，從而影響現有的 API 使用者。

或者當我們的 API 需要導入身份驗證和授權等功能來保護 API 與使用者權益，即便 API 本身程式邏輯並未更動，這也會影響現有 API 的使用者，此類重大變更通常視同 API 版本更新。

在本章中，我們將幫 EasyPoll 專案的 API 新增分頁和排序功能，這也將導致某些 GET 方法回應的資源呈現發生變化。在我們改版支援分頁和排序之前，先介紹常見的一些版本控制方法。

11.1.1 版本控制策略介紹

常見的 REST API 版本控制策略有 4 種：

1. 以 URI 進行版本控制
2. 以 URI 參數進行版本控制
3. 以 HTTP 標頭 (head) 的 Accept 參數進行版本控制
4. 以 HTTP 標頭 (head) 的客製參數進行版本控制

這些策略都有其優點和缺點，後續內容將逐一說明。

1. 以 URI 進行版本控制

在這種策略中版本資訊成為 URI 的一部分。例如

1. http://api.example.org/v1/users
2. http://api.example.org/v2/users

分別代表 API 的 2 個不同版本。這裡使用「v」表示版本控制，v 後面的數字 1
和 2 表示第一個和第二個 API 版本。

這種策略很常見，不少知名平台的 API 都使用它進行版控，如：

● 表 11-1　知名平台 API 版本控制範例

平台	API 範例
LinkedIn	https://api.linkedin.com/**v2**/organizationAcls...
Yahoo	https://social.yahooapis.com/**v1**/user/12345/profile
SalesForce	http://na1.salesforce.com/services/data/**v26.0**
Twitter	https://api.twitter.com/**1.1**/statuses/user_timeline.json
Twilio	https://api.twilio.com/**2010-04-01**/Accounts

LinkedIn、Yahoo 和 SalesForce 使用 v 表示法，Twilio 採用獨特的策略並在 URI
中使用時間戳記來區分其版本。

將版本資訊作為 URI 的一部分相當方便，因為版本資訊就在 URI 中；它也簡化
了 API 開發和測試，使用者可以藉由瀏覽器輕鬆理解並使用不同版本的 REST
API。

不過也因為版本資訊就在 URI 上，一旦更版表示 URI 會改變！因此參照到 URI
的使用者程式、資料庫等等都需要同步更新，某種程度而言也造成了使用上的
困擾。

2. 以 URI 參數進行版本控制

這與前述「以 URI 進行版本控制」的方式類似，只是版本資訊改放在請求參數
中。如 http://api.example.org/users?v=2 中使用版本參數「v」來表示呼叫的 API
為第 2 個版本。代表版本的參數通常非必要，參數未指定時就使用平台指定的
預設版本，通常也是 API 的最新版本。

這個策略的缺點基本上和「以 URI 進行版本控制」相似，只要 API 一更版用戶
端還是得去更新程式或儲存 API 的地方。

3. 以 HTTP 標頭 (head) 的 Accept 參數進行版本控制

這種版本控制策略使用標頭的 Accept 參數來傳達版本資訊，因此允許不同版本的 API 只有一個 URI。

HTTP 標頭的 Accept 參數，或稱為「Accept header」，常用來對伺服器告知用戶端可解讀的媒體內容類型，如 application/json。為了傳遞額外的版本資訊，我們需要一個自定義的媒體類型，如以下格式定義常被使用：

```
vnd.product_name.version+suffix
```

共有 4 段：

1. vnd：供應商 (vendor)
2. .product_name：API 產品名稱，區分此媒體類型與其他自定義產品媒體類型。
3. .version：版本號，常使用如 v1 或 v2 之類的文字表示。
4. +suffix：指定媒體類型的結構。如「+json」表示遵循媒體類型 application/json 建立的準則結構，其他可以是 +xml、+zip 等，完整列表讀者可參閱 RFC 6389 (https://tools.ietf.org/html/rfc6839) 規範。

以下是幾個自定義的媒體類型範例，有微軟、開源社群、亞馬遜等，不過這些應用不涉及 API 和版本控制：

↻ 表 11-2　自定義媒體類型範例

資源副檔名	自定義媒體類型
.xls	vnd.**ms-excel**
.xlsx	vnd.**openxmlformats-officedocument**.spreadsheetml.sheet
.azw	vnd.**amazon**.ebook

使用這種格式為 EasyPoll 專案定義第 2 版的 API 服務：

```
application/vnd.EasyPoll.v2+json
```

以這種方式進行版本控制的做法逐漸普及，因為它允許對單一個資源進行細緻的版本控制，而不會影響整個 API 端點；但這種策略會使 API 測試變得比較麻煩，因為必須考量製作標頭的 Accept 參數。平台 GitHub 提供不少公開的 API，它就使用這種版本控制策略，如：

```
application/vnd.github.v3+json
```

對於不包含任何 Accept 標頭參數的請求，GitHub 使用最新版本的 API 來回應請求，可以參閱 https://docs.github.com/en/rest/overview/resources-in-the-rest-api 的說明。

4. 以 HTTP 標頭 (head) 的客製參數進行版本控制

客製標頭版本控制策略類似於 Accept 標頭版本控制策略，不同之處在於使用客製標頭參數而不是 Accept 標頭參數。Microsoft Azure 採用這種策略並使用自定義標頭參數「x-ms-version」，如下：

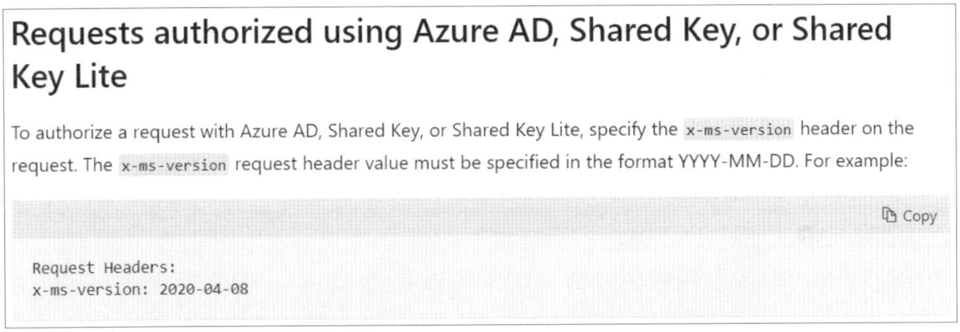
Requests authorized using Azure AD, Shared Key, or Shared Key Lite

To authorize a request with Azure AD, Shared Key, or Shared Key Lite, specify the x-ms-version header on the request. The x-ms-version request header value must be specified in the format YYYY-MM-DD. For example:

Copy

```
Request Headers:
x-ms-version: 2020-04-08
```

▲ 圖 11-1 Microsoft Azure 使用自定義標頭做版本控制

這種策略與 Accept 標頭策略具有相同的優點和缺點。但由於存在藉由 Accept 標頭完成此操作的通用策略，因此自定義標頭策略尚未被廣泛採用。

即將棄用的 (Deprecated) API

當新版本 API 發布時，舊版本何去何從就是個問題。

要維護的版本數量及其壽命取決於 API 用戶群，但一般都至少維護一個舊版本以上。不再維護的 API 版本需要宣告即將棄用並最終停用。這裡的「即將棄用 (deprecated)」和 Java 方法上常見的標註 @Deprecated 意義相近，都表示目前仍可用，但未來將被移除，建議使用官方的替代方案。

11.1.2 為範例專案套用版本控制

在本書中，我們將使用第 1 種「以 URI 進行版本控制」的策略來對 EasyPoll 專案的 REST API 進行版本控制。

實作和維護不同版本的 API 並不容易，因為它通常會使程式碼複雜化，容易產生 bug，我們希望確保某一版本程式碼的修改不會影響其他版本的程式碼。

一般來說為了提高可維護性，我們要盡量避免程式碼重複；但為了保留不同版本程式碼時，常用的作法卻是暫時複製程式碼，考量點是畢竟一段時間後舊版將被刪除。以下是組織程式碼以支援多個 API 版本的常用 2 種方式：

1. 複製全套程式碼

   在這種方式中整套程式碼將被複製並維護每一個版本的並行程式碼路徑，開源 API 構建器函式庫 Apigility 採用這種方式為每一個新版本複製整套程式碼。這種方式可以輕鬆進行且不會影響其他版本的程式碼修改，也可以輕易切換後端資料儲存，此時不同版本的 API 可視為不相干的獨立 API。不過因為是複製程式碼，若 API 並行時間長就會遇到維護時要同時改多支相同程式碼的問題，畢竟還是違反了 DRY 法則。

2. 複製特定程式碼

   在這種方式中我們只相依於特定版本的程式碼。如每一個版本都保留自己的 Controller 和處理請求與回應的 DTO 物件，但將共用大部分後端如服務層。對於較小的應用程式這種方式可以平順的運行，但共用程式碼的修改就會同時影響多個版本，必須注意。

建立 EasyPoll 專案的版本控制策略

本書中我們將使用第 2 種「複製特定程式碼」對 EasyPoll 專案的 REST API 進行版本控制，步驟為：

1. 在先前開發的套件「lab.easyPoll.controller」下新建 2 個套件「lab.easyPoll.controll.**v1**」、「lab.easyPoll.controll.**v2**」。

2. 將原本「lab.easyPoll.controller」內的 Controller 類別都移轉到「lab.easyPoll.controll.v1」，成為舊版；且每一個 Controller 類別都新增類別級別的 @RequestMapping ("/v1/") 標註。

3. 考慮將來在「lab.easyPoll.controll.v2」下也會有相同名稱的類別存在，因為 Spring 框架預設關連類別名稱作為 Bean 名稱，因此以 PollController 為例修改如下：

範例： /ch11-easy-poll/src/main/java/lab/easyPoll/controller/v1/PollController.java

```
1  package lab.easyPoll.controller.v1;
2
3  @RestController("pollControllerV1")
4  @RequestMapping("/v1")
5  @Api(value = "polls", description = "Poll API")
6  public class PollController {
7      // implementation
8  }
```

類別 VoteController 與 ComputeResultController 也做對應的修改。

重新啟動專案後確認端點「http://localhost:8080/**v1**/polls」可正常新增、查詢、刪除、修改 poll 資源，也一併確認「http://localhost:8080/**v1**/polls/{pollId}/votes」、「http://localhost:8080/**v1**/computeresult」端點運作正常。

類似的做法，將 v1 的所有 Controller 類別複製到套件「lab.easyPoll.controll.v2」下，並做相應修改。以 PollController 為例修改如下：

範例： /ch11-easy-poll/src/main/java/lab/easyPoll/controller/v2/PollController.java

```
1  package lab.easyPoll.controller.v2;
2
3  @RestController("pollControllerV2")
4  @RequestMapping("/v2")
5  @Api(value = "polls", description = "Poll API")
6  public class PollController {
7      // implementation
8  }
```

重新啟動專案後確認端點「http://localhost:8080/**v2**/polls」可正常新增、查詢、刪除、修改 poll 資源，也一併確認「http://localhost:8080/**v2**/polls/{pollId}/votes」、「http://localhost:8080/**v2**/computeresult」端點運作正常。

11.1.3 設定 Swagger 提供版本控制說明

對專案程式碼進行版本控制後也需要對 Swagger 設定進行修改，我們在前一章節介紹客製 Swagger UI 的方式時曾經說明每一個 SwaggerSpringMvcPlugin 元件可以產生單獨的資源列表文件，這正是版本控制所需要的！我們將對 v1 與 v2 等兩個版本的 API 產生各自的資源列表文件，因此以下範例會設計 2 個方法各自回傳不同版本的 SwaggerSpringMvcPlugin 元件：

🎯 範例：/ch11-easy-poll/src/main/java/lab/easyPoll/SwaggerConfig.java

```
1   @Configuration
2   @EnableSwagger
3   public class SwaggerConfig {
4
5       @Autowired
6       private SpringSwaggerConfig springSwaggerConfig;
7
8       private ApiInfo getApiInfo() {
9           ApiInfo apiInfo =
10              new ApiInfoBuilder()
11              .title("EasyPoll REST API")
12              .description("EasyPoll Api for creating and managing polls")
13              .termsOfServiceUrl("http://example.com/terms-of-service")
14              .contact("info@example.com")
15              .license("MIT License")
16              .licenseUrl("http://opensource.org/licenses/MIT")
17              .build();
18          return apiInfo;
19      }
20
21      @Bean
22      public SwaggerSpringMvcPlugin v1Config() {
23          SwaggerSpringMvcPlugin swaggerSpringMvcPlugin =
24                  new SwaggerSpringMvcPlugin(this.springSwaggerConfig);
25          swaggerSpringMvcPlugin
26                  .apiInfo(getApiInfo())
```

```
27              .apiVersion("1.0")
28              .includePatterns("/v1/*.*")
29              .swaggerGroup("v1");
30          swaggerSpringMvcPlugin.useDefaultResponseMessages(false);
31          return swaggerSpringMvcPlugin;
32      }
33
34      @Bean
35      public SwaggerSpringMvcPlugin v2Config() {
36          SwaggerSpringMvcPlugin swaggerSpringMvcPlugin =
37                  new SwaggerSpringMvcPlugin(this.springSwaggerConfig);
38          swaggerSpringMvcPlugin
39              .apiInfo(getApiInfo())
40              .apiVersion("2.0")
41              .includePatterns("/v2/*.*")
42              .swaggerGroup("v2");
43          swaggerSpringMvcPlugin.useDefaultResponseMessages(false);
44          return swaggerSpringMvcPlugin;
45      }
46  }
```

🔊 說明

5-6	建立 2 個 SwaggerSpringMvcPlugin 元件可共用 SpringSwaggerConfig 元件。
8-19	元件 ApiInfo 的設定資訊不因版本控制而不同,因此重構後抽成 getApiInfo() 方法供 v1 與 v2 的 SwaggerSpringMvcPlugin 元件使用。
21-32	以方法 **v1Config**() 提供 v1 版本的 SwaggerSpringMvcPlugin 元件。
27	以方法 .apiVersion("1.0") 設定 v1 的版本資訊。
28	以方法 .includePatterns("/v1/*.*") 設定 v1 允許的 URI 端點樣式。
29	以方法 .swaggerGroup("v1") 設定 v1 的 Swagger 群組名稱為「v1」。
34-45	以方法 **v2Config**() 提供 v2 版本的 SwaggerSpringMvcPlugin 元件。
40	以方法 .apiVersion("2.0") 設定 v2 的版本資訊。
41	以方法 .includePatterns("/v2/*.*") 設定 v2 允許的 URI 端點樣式。
42	以方法 .swaggerGroup("v2") 設定 v2 的 Swagger 群組名稱為「v2」。

最後修改 Swagger UI 的首頁「/ch11-easy-poll/src/main/resources/static/swagger-ui/index.html」，將原本行 28 的資源列表文件網址改為行 29，亦即在原本的網址「http://localhost:8080/api-docs」後加上查詢參數「?group=v2」以指定預設顯示的 Swagger 群組為「v2」，即為 EasyPoll 專案的預設版本：

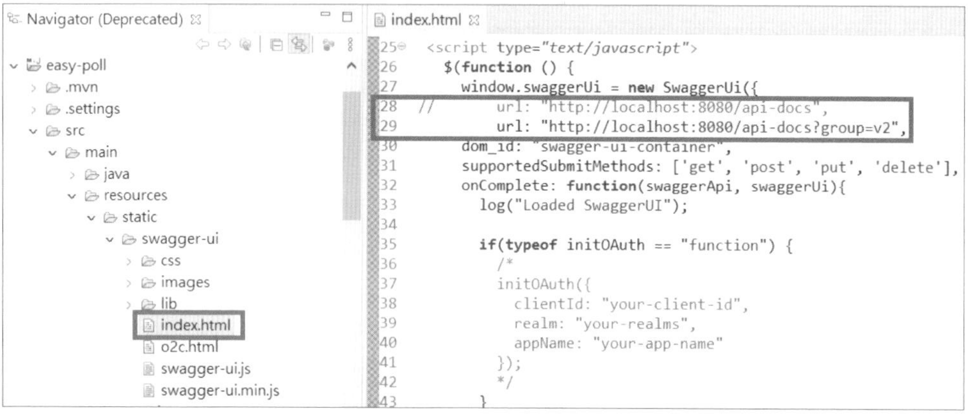

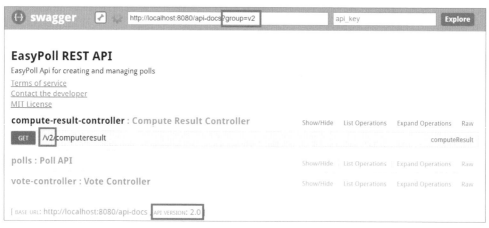

▲ 圖 11-2 設定 Swagger UI 首頁顯示的 API 版本為 v2

完成後重啟專案即可看到 Swagger UI 預設顯示 v2 版本的 API 資源列表：

▲ 圖 11-3 Swagger UI 預設顯示 v2 版本的 API 資源列表

改查詢 v1 版本的 API 資源列表：

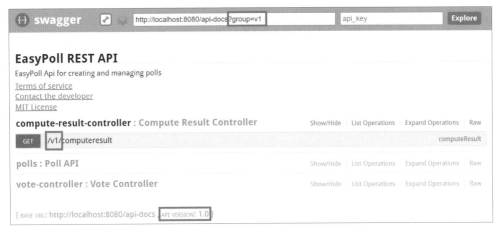

▲ 圖 11-4 改查詢 v1 版本的 API 資源列表

後續我們會把分頁與排序的功能實作在 v2 版本上。

11.2 對 API 的回應內容分頁 (Pagination)

REST API 可以被各種用戶端使用，如桌面應用程式、網站、智慧型手持裝置等。因此在設計能夠回傳大量資料集合的 REST API 時，基於網路頻寬和效能因素而限制回傳的資料量就變得相當重要，特別是使用智慧型手持裝置的用戶端。限制資料回傳量可以有效提高伺服器從資料儲存中擷取資料的速度，以及用戶端處理資料和 UI 呈現的能力。藉由將資料拆分到不同頁面或分頁資料，REST API 允許用戶端以滾動 (scroll) 的方式逐一瀏覽和訪問整個資料集合。

常見有 4 種不同的分頁策略：基於頁碼 (page number) 的分頁、基於限制與位移 (limit offset) 的分頁、基於游標 (cursor) 的分頁和基於時間 (time) 的分頁，分述如後。

11.2.1 分頁策略介紹

1. 基於頁碼 (page number) 的分頁

在這種分頁策略中，用戶端指定一個包含他們需要的資料的頁碼。例如，使用者想要部落格服務的第 3 頁中的所有部落格文章，可以使用 GET 方法搭配參數「page」由以下網址取得資料：

```
http://blog.example.com/posts?page=3
```

此情境中的 REST API 將使用一個資料集合回應。回傳的資料集合長度取決於服務中的預設單頁資料集合長度。用戶端可以藉由傳入「size」參數來覆寫預設單頁資料集合長度：

```
http://blog.example.com/posts?page=3&size=20
```

GitHub 的 REST API 就使用這種分頁策略。預設回傳的頁面資料集合長度為 30，可以使用 per_page 參數覆寫：

```
https://api.github.com/orgs/{org}/repos?page=2&per_page=100
```

GitHub 分頁參數的使用方式可參考「https://docs.github.com/en/rest/reference/repos#list-repositories-for-the-authenticated-user」說明：

per_page	integer	query	Results per page (max 100) Default: 30
page	integer	query	Page number of the results to fetch. Default: 1

▲ 圖 11-5 GitHub 分頁參數使用說明

2. 基於限制與位移 (limit offset) 的分頁

在這種分頁策略中用戶端使用「限制 (limit)」和「位移量 (offset)」等 2 個參數來擷取他們需要的資料：

1. limit 參數表示要回傳的最大資料成員數目。
2. offset 參數表示要擷取的資料起點。

例如，要擷取項目編號由 31 開始的 10 篇部落格文章，用戶端可以使用以下請求：

```
http://blog.example.com/posts?limit=10&offset=30
```

3. 基於游標 (cursor) 的分頁

在這種分頁策略中，用戶端使用「指標 (pointer)」或「游標 (cursor)」來逐一瀏覽資料集合，概念類似於以游標逐一瀏覽資料庫表格資料。游標是伺服器端為了提供服務而生成的隨機字串，用於標記瀏覽中資料集合中的成員。要理解這種風格，可以考慮一個用戶端發出以下請求以獲取部落格文章：

```
http://blog.example.com/posts
```

收到請求後，伺服器將回應類似以下內容的資料：

```
1  {
2      "data":[
3          ... Blog data
4      ],
5      "cursors":{
6          "prev":null,
7          "next":"rJ1AVdGJh4"
8      }
9  }
```

此回應包含一筆部落格文章資料，如行 3，表示整個部落格文章資料集合的一個子集合。行 5-9 的部分就是游標，用來瀏覽上一筆或下一筆部落格文章資料：

1. 欄位「prev」的值是上一筆部落格文章的游標，因為這是初始子集合，沒有上一筆，所以其值為空。
2. 欄位「next」的值是下一筆部落格文章的游標。用戶端可以使用該游標值搭配查詢參數「cursor」請求下一筆部落格文章：

```
http://blog.example.com/posts?cursor=rJ1AVdGJh4
```

收到此請求後，伺服器端點將回應一筆部落格文章，連同 prev 和 next 游標值。爾後作用依此類推。

這種分頁策略可以用於處理資料頻繁變化的即時資料集合，如 Twitter 和 Facebook。生成的游標不會永遠存在，僅限於短期目的，通常範圍內的資料集合有異動就會失效。

4. 基於時間 (time) 的分頁

在這種分頁策略中，用戶端指定一個時間範圍來擷取他們感興趣的資料。Facebook 支援這種分頁策略，只要將時間指定為 Unix 的時間戳記 (timestamp)：

```
1  https://graph.facebook.com/{your-user-id}/feed?limit=25&since=1364849754
2  https://graph.facebook.com/{your-user-id}/feed?limit=25&until=1364587774
```

兩個範例都使用「limit」參數來指定要回傳的最大資料筆數；「until」參數指定時間範圍的結束，而「since」參數指定時間範圍的開始。可參考 Facebook 的說明：https://developers.facebook.com/docs/graph-api/results。

分頁資訊

前述的幾種分頁策略僅回傳資料的一個子集合。除了提供請求的所需要的資料外，分頁的相關資訊也很重要，如：

1. 總頁數 (totalPages)
2. 目前頁數 (currentPageNumber)
3. 每頁資料筆數 (pageSize)
4. 資料總筆數 (totalRecords)

範例如下：

```
1  {
2      "data":[
3          ... Blog Data
4      ],
5      "totalPages":9,
6      "currentPageNumber":2,
7      "pageSize":10,
8      "totalRecords":90
9  }
```

如此可以使用分頁資訊來呈現擷取的資料集合狀態,以及建構 URL 以獲取下一個或上一個資料集合。

另一種提供分頁資訊的地方是 HTTP 標頭的「Link」屬性,或稱為「Link 標頭 (Link header)」。Link 標頭被定義為 RFC 5988 規範 (http://tools.ietf.org/html/rfc5988) 的一部分。假設目前請求第 3 頁的部落格文章,則端點除了回應資料集合外,Link 標頭可以顯示如下資訊:

🎯 範例

```
1  <http://blog.example.com/posts?size&page=1>; rel="first",
2  <http://blog.example.com/posts?size&page=2>; rel="prev",
3  <http://blog.example.com/posts?size&page=4>; rel="next",
4  <http://blog.example.com/posts?size&page=7>; rel="last"
```

🔊 說明

1	擷取第一頁 (first) 資料集合的連結。
2	擷取前一頁 (prev) 資料集合的連結。
3	擷取次一頁 (next) 資料集合的連結。
4	擷取最後一頁 (last) 資料集合的連結。

GitHub API 也是使用這種方式提供分頁資訊:https://docs.github.com/en/rest/guides/traversing-with-pagination。

11.2.2 為範例專案套用分頁機制

使用 import.sql 匯入大量問卷資料

考慮產品的風評,我們將讓 EasyPoll 專案支援大量的問卷資料。我們將實作第 1 種「基於頁碼 (page number) 的分頁」策略,並將在回應本體中包含分頁資訊。

首先我們需要有測試分頁的足夠資料數量。專案範例在「/ch11-easy-poll/src/main/resources/import.sql」中準備了 20 個問卷調查題目 (polls) 和對應的答題選項 (options) 的 insert SQL 敘述:

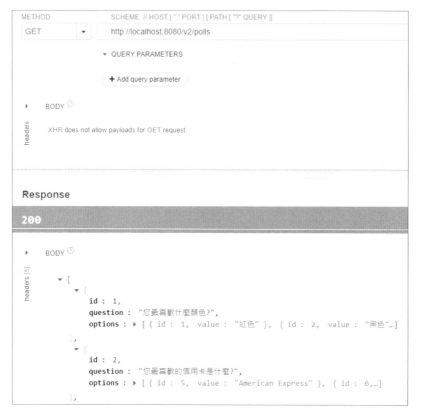

▲ 圖 11-6　import.sql

啟動專案後 Spring Boot 會自動讀取內容並執行 SQL。使用 GET 方法存取端點「http://localhost:8080/v2/polls」會取得所有問卷資料集合：

▲ 圖 11-7　GET http://localhost:8080/v2/polls

修改 PollRepository 介面以繼承 PagingAndSortingRepository 介面

Spring Data JPA 和 Spring MVC 為基於頁碼的分頁策略提供良好的支援。Spring Data JPA 以介面 **PagingAndSortingRepository** 支援分頁和排序功能:

🎯 **範例:org.springframework.data.repository.PagingAndSortingRepository**

```
1   interface PagingAndSortingRepository<T, ID> extends CrudRepository<T, ID> {
2       Iterable<T> findAll(Sort sort);
3       Page<T> findAll(Pageable pageable);
4   }
```

由範例行 1 可以知道是基於介面 CrudRepository 再新增 2 個方法。行 2 的方法用於排序,會在後續章節說明;行 3 的方法用於分頁,是我們現在要使用的。

方法 findAll() 傳入一個實作 Pageable 介面的物件實例來傳送分頁請求資訊,包含:

1. 分頁資料集合長度 (size)。
2. 分頁頁碼 (page)。

此外它也可以設定排序需求,將在後續章節討論。方法 findAll() 回傳一個實作 Page 介面的物件實例,可取出資料子集合和以下主要資訊:

1. totalElements:全部的資料總數。
2. totalPages:全部的分頁總數。
3. size:每個分頁的預期或最多資料筆數,最後一頁取得筆數可能不足本數目。
4. numberOfElements:本次取得的分頁的實際資料筆數,將 ≤ size。
5. number:目前的分頁頁數。
6. last:是否為最後一個分頁。
7. first:是否為第一個分頁。
8. sort:回傳用於排序的參數,若本次請求包含排序。

最後修改 PollRepository 介面以繼承 PagingAndSortingRepository 介面。因為 PagingAndSortingRepository 是 CrudRepository 的子介面,方法只多不少,所以不影響 API 的 v1 版本。

🎯 **範例**：/ch11-easy-poll/src/main/java/lab/easyPoll/repository/
PollRepository.java

```
1  public interface PollRepository extends PagingAndSortingRepository<Poll, Long> {
2  }
```

修改 v2 版本的 PollController 以使用 PollRepository 支援分頁的方法

接下來重構 v2 版本的 PollController 的 getAllPolls() 方法，改用 PollRepository 新增的分頁查詢方法：

```
Page<T> findAll(Pageable pageable);
```

其中方法需要的 Pageable 物件參數，將由 Spring MVC 自動封裝用戶端請求的分頁參數後，由負責實作的端點方法傳入，如以下範例行 5；同時註解行 6 的舊程式碼，改以行 7 取代：

🎯 **範例**：/ch11-easy-poll/src/main/java/lab/easyPoll/controller/v2/
PollController.java

```
1  @RequestMapping(value = "/polls", method = RequestMethod.GET,
2              produces = MediaType.APPLICATION_JSON_VALUE)
3  @ApiOperation(value = "Retrieves all the polls", response=Poll.class,
4              responseContainer="List")
5  public ResponseEntity<Page<Poll>> getAllPolls(Pageable pageable) {
6  // Iterable<Poll> allPolls = pollRepository.findAll();
7      Page<Poll> allPolls = pollRepository.findAll(pageable);
8      return new ResponseEntity<>(allPolls, HttpStatus.OK);
9  }
```

分頁實作到此結束。

重啟專案後以 GET 方法請求 URI「http://localhost:8080/v2/polls**?page=0&size=2**」，因為 Spring Data JPA 使用的分頁策略的第 1 個分頁頁數是 0，因此將得到 JSON 回應如下：

🔄 **結果**

```
1  {
2      "content": [
```

```
3            {
4                "id": 1,
5                "question": " 您最喜歡什麼顏色 ?",
6                "options": [
7                    {"id": 1, "value": " 紅色 "},
8                    {"id": 2, "value": " 黑色 "},
9                    {"id": 3, "value": " 藍色 "},
10                   {"id": 4, "value": " 白色 "}
11               ]
12           },
13           {
14               "id": 2,
15               "question": " 您最喜歡的信用卡是什麼 ?",
16               "options": [
17                   {"id": 5, "value": "American Express"},
18                   {"id": 6, "value": "Visa"},
19                   {"id": 7, "value": "Master Card"},
20                   {"id": 8, "value": "Discover"}
21               ]
22           }
23       ],
24       "pageable": {
25           "sort": {
26               "sorted": false,
27               "unsorted": true,
28               "empty": true
29           },
30           "offset": 0,
31           "pageSize": 2,
32           "pageNumber": 0,
33           "unpaged": false,
34           "paged": true
35       },
36       "last": false,
37       "totalPages": 10,
38       "totalElements": 20,
39       "size": 2,
40       "number": 0,
41       "first": true,
42       "sort": {
43           "sorted": false,
44           "unsorted": true,
45           "empty": true
46       },
47       "numberOfElements": 2,
```

```
48      "empty": false
49  }
```

🔊 說明

2-23	屬性 content 儲存回應的資料子集合內容，本例為 2 筆問卷資料。
24-35	屬性 pageable 儲存使用者請求的分頁與排序資訊。
25-29	本例未請求排序。
31	本例請求的 pageSize 值為 2，即每 1 個分頁包含 2 筆資料。
32	本例請求的 pageNumber 值為 0，即第 1 頁。
36	屬性 "last": false 表示回應的分頁非最後一個分頁。
37	屬性 totalPages 表示全部的分頁總數為 10 頁。
38	屬性 totalElements 表示全部的資料總數為 20 筆。
39	屬性 size 表示每一個分頁的預期或最多資料筆數為 2，最後一頁將 ≤ 2。
40	屬性 number 表示目前的分頁頁數為 0，表示第 1 頁。
41	屬性 first 為 true 表示回應的分頁是第 1 個分頁。
47	屬性 numberOfElements 表示目前分頁筆數為 2。

11.2.3 修改分頁預設資料筆數

Spring MVC 使用 **PageableHandlerMethodArgumentResolver** 類別從使用者請求參數中提取分頁資訊並封裝為 Pageable 實例後注入 Controller 的端點方法中。若使用者未特別請求，此時預設分頁資料筆數為 20；因此端點 http://localhost:8080/v2/polls 執行 GET 請求後，回應將包含 20 個問卷調查。

若要改變預設值，就需要設定和註冊 PageableHandlerMethodArgumentResolver 的新實例，如以下範例行 6；並設定新預設值，如本例在行 8 將預設值改為 5：

🎯 範例：/ch11-easy-poll/src/main/java/lab/easyPoll/config/
MvcConfigAdapter.java

```
1  @Configuration
2  public class MvcConfigAdapter implements WebMvcConfigurer {
3      @Override
```

```
4    public void addArgumentResolvers(List<HandlerMethodArgumentResolver>
                                                         argumentResolvers) {
5        PageableHandlerMethodArgumentResolver resolver
6               = new PageableHandlerMethodArgumentResolver();
7        // Set the default size from 20 to 5
8        resolver.setFallbackPageable(PageRequest.of(0, 5));
9        argumentResolvers.add(resolver);
10       WebMvcConfigurer.super.addArgumentResolvers(argumentResolvers);
11   }
12 }
```

重新啟動 EasyPoll 專案並使用 GET 方法請求端點 http://localhost:8080/v2/polls，
回應將只包含 5 個問卷調查：

```
BODY ⑦

1    ▼ {
2        content : ▼ [
3            ▶ { id : 1, question : "您最喜歡什麼顏色?", options : [ { id : 1,…},
25           ▶ { id : 2, question : "您最喜歡的信用卡是什麼?", options : [ { id : 5,…},
47           ▶ { id : 3, question : "您最喜歡的運動是什麼?", options : [ { id : 9,…},
69           ▶ { id : 4, question : "您使用Spring框架多久時間?", options : [ { id : 13,…},
91           ▶ { id : 5, question : "您對目前薪資評價?", options : [ { id : 17,…}
117      ],
118      pageable : ▶ { sort : { sorted : false, unsorted : true, empty : true }, offset : 0,…},
130      last : false,
131      totalElements : 20,
132      totalPages : 4,
133      size : 5,
134      number : 0,
135      first : true,
136      numberOfElements : 5,
137      sort : ▶ { sorted : false, unsorted : true, empty : true},
142      empty : false
143  }
```

▲ 圖 11-8 修改分頁預設資料筆數結果

11.3 對 API 的回應內容排序 (Sorting)

排序允許 REST 用戶端提交帶有排序屬性的「sort」參數，以改變資料集合成員的排列順序。

例如使用者可以提交以下請求，將根據 createdDate 和 title 對部落格文章進行排序：

```
http://blog.example.com/posts?sort=createdDate,title
```

11.3.1 升冪排序或降冪排序

REST API 允許用戶端指定「升冪」或「降冪」的排序方向。由於沒有固定標準，以下示範幾種常見方式，都先按照 createdDate 的降冪排序部落格文章，具有相同 createdDate 的文章再根據 title 進行升冪排序：

```
1  http://blog.example.com/posts?sortByDesc=createdDate&sortByAsc=title
2  http://blog.example.com/posts?sort=createdDate,desc&sort=title,asc
3  http://blog.example.com/posts?sort=-createdDate,title
```

🔊 說明

1	查詢參數使用 **sortByAsc** 指定升冪排序欄位，使用 **sortByDesc** 指定降冪排序欄位。
2	查詢參數都使用 **sort**，但在參數值指定排序方向。以「**,desc**」結尾表示降冪，以「**,asc**」表示升冪。
3	查詢參數都使用 **sort**，但在參數值指定排序方向。以「**-**」開頭表示降冪，未以「**-**」開頭表示升冪。

11.3.2 為範例專案套用排序機制

考慮到排序通常與分頁結合使用，Spring Data JPA 的 PagingAndSortingRepository 與 Pageable 介面除了分頁也已經包含排序，因此不用修改程式碼，只需要在請求時指定排序參數與值。

要測試排序功能，使用 GET 方法請求 http://localhost:8080/v2/polls?**sort=**
question 端點，將依照 poll 資源的 question 欄位值依升冪由小到大排序。注意
下圖回應的 JSON 字串被框選的地方皆與請求時未指定排序結果不同：

```
1     ▼ {
2         content : ▼ [
3             ▶ { id : 10, question : "Entomology是研究甚麼的科學?", options : [ { id : 32,…},
25            ▶ { id : 19, question : "Philology學科研究內容?", options : [ { id : 67,…},
47            ▶ { id : 11, question : "一隻狗有多少個腳趾?", options : [ { id : 36,…},
69            ▶ { id : 16, question : "哪個國家給了美國自由女神像?", options : [ { id : 55,…},
91            ▶ { id : 12, question : "哪個是世界上最小的海洋?", options : [ { id : 40,…},
113        ],
114        pageable : ▼ {
115            sort : ▼ {
116                sorted : true,
117                unsorted : false,
118                empty : false
119            },
120            offset : 0,
121            pageNumber : 0,
122            pageSize : 5,
123            unpaged : false,
124            paged : true
125        },
126        last : false,
127        totalElements : 20,
128        totalPages : 4,
129        size : 5,
130        number : 0,
131        first : true,
132        numberOfElements : 5,
133        sort : ▼ {
134            sorted : true,
135            unsorted : false,
136            empty : false
137        },
138        empty : false
139    }
```

▲ 圖 11-9 請求排序結果

若要對資源的不同欄位進行不同方向排序，Spring MVC 的請求方式如下，亦即
前述 3 種常用排序方式的第 2 種：

```
http://localhost:8080/v2/polls?sort=question,asc&sort=id,desc
```

套用 HATEOAS

12.1 簡介 HATEOAS 與 HAL

考慮與電子商務網站 (例如 amazon.com) 的所有操作行為。使用者通常藉由訪問該網站的首頁來開始後續互動。首頁可能包含不同產品促銷的活動文案、圖像和視頻,該頁面還包含讓使用者從一個頁面導向到另一個頁面的超連結,允許使用者閱讀產品詳細資訊、評論並將產品新增到購物車。這些超連結以及其他 HTML 頁面元件如按鈕和輸入方框還可以引導使用者完成諸如訂單結帳之類的工作流程。

工作流程中的每一個網頁都為使用者提供了下一步、回復上一步、甚至退出流程的選項;這是網站意義重大的功能!作為消費者,使用者可以使用連結來瀏覽資源以找到使用者需要的內容,而無須記住所有相應的 URI,相反的只需要知道網站入口 URI 如 http://www.amazon.com 即可。如果 Amazon 要進行品牌重塑活動並改變產品的 URI 或在結帳工作流程中新增步驟,使用者仍能發現並順利完成所有操作。

在本章中我們將回顧 HATEOAS;它將引導我們建構彈性的 REST API 服務以完備網站功能。

12.1.1 簡介 HATEOAS

「Hypermedia As The Engine Of Application State, HATEOAS」，或譯為「以超媒體作為應用程式狀態的引擎」，是 REST 架構的關鍵約束。「超媒體 (hypermedia)」是指具備連結 (links) 至其他媒體形式 (例如圖像、電影和文件) 的任何媒體內容，網站就是我們經常接觸的一個超媒體範例。

以 HATEOAS 的概念建構 REST API 就是要讓每一個 API 除了回應使用者請求的資源外，還要包含指向其他資源的連結；用戶端將使用這些連結與伺服器互動，而這些互動可能導致資源狀態的改變。

類似於使用者與網站互動時先存取首頁，REST 用戶端藉由入門 URI 提供的其他連結來動態發現可以操作的資源，不需要事先了解服務或作業流程中的每一個步驟；而且理想的情況可以讓用戶端程式碼不需要寫死不同資源的 URI 結構，因此伺服器可以在不中斷對用戶端提供的服務的情況下改變 URI。

為了更好地理解 HATEOAS，後續以部落格應用程式為例說明。當我們發送請求要擷取識別編號為 1 的部落格文章資源時，可能得到以下的 JSON 回應本體：

```
1  {
2      "id":1,
3      "body":"My first blog post",
4      "postdate":"2021-05-30T21:41:12.123Z"
5  }
```

當 REST 服務套用 HATEOAS 後，會得到包含「連結 (links)」的回應，如以下範例行 5-12：

```
1  {
2      "id":1,
3      "body":"My first blog post",
4      "postdate":"2021-05-30T21:41:12.123Z"
5      "links":[
6          {
7              "rel":"self",
8              "href":"http://blog.example.com/posts/1",
9              "method":"GET"
```

```
10              }
11      ]
12  }
```

在這樣的回應中，links 陣列中的每一個 link 都包含 3 個部分：

1. 屬性 rel：描述屬性 href 的 URI 與目前資源的關係，「self」表示自己。
2. 屬性 href：包含可用於讀取資源或改變資源狀態的 URI。
3. 屬性 method：表示與 URI 互動所需的 HTTP 方法。

承前說明，當 rel 屬性值為 self 時可以稱該連結為「自連結 (self-link)」，用於再次取得相同資源；或目前資源只是部分 (如分頁結果)，需要繼續呼叫自連結 URI 以取得完整結果。

我們可以擴充部落格文章的回應以包含其他關係。例如每篇部落格文章都有一個作者 (author)，也可以有一組相關的評論 (comments) 和標籤 (tags)。以下回應除了部落格文章的資源呈現外，也包含了具有這些附加連結：

```
1  {
2      "id":1,
3      "body":"My first blog post",
4      "postdate":"2021-05-30T21:41:12.123Z"
5      "self":"http://blog.example.com/posts/1",
6      "author":"http://blog.example.com/profile/12345",
7      "comments":"http://blog.example.com/posts/1/comments",
8      "tags":"http://blog.example.com/posts/1/tags"
9  }
```

前述範例的資源呈現採用了不同的方式而且未包含 links 陣列，而是將原本 links 陣列中的連結改以 JSON 屬性的方式呈現，如範例行 5-8。

無論是否包含 links 陣列，前述兩個範例都使用了 HATEOAS 概念，但這也表示 HATEOAS 目前沒有一個標準化作法，不過基本上都可以引導到其他資源。這讓開發人員可以輕鬆地瀏覽 API 而不需要依賴大量文件說明。

12.1.2 簡介 HAL

JSON 超媒體類型

超媒體類型是一種媒體類型，它包含了**明確定義**的**連結資源**的語義。HTML 文件就是超媒體類型的良好範例，因為 HTML 本身對於連結外部資源的方式有明確定義；然而 JSON 媒體類型本身並沒有明確的連結資源的語義，因此不被視為超媒體類型。這導致只能在 JSON 字串中以各種自定義方式嵌入代表資源連結的語義，如同我們在上一節中介紹的 2 種方式。其他比較常見的做法有：

1. **HAL**：https://stateless.group/hal_specification.html
2. JSON-LD：http://json-ld.org
3. Collection+JSON：http://amundsen.com/media-types/collection/
4. JSON API：http://jsonapi.org/
5. Siren：https://github.com/kevinswiber/siren

其中項次 1 的「HAL」是最流行的超媒體類型之一，Spring 框架也支援，後續將有介紹。

HAL (Hypertext Application Language)

「超文件應用語言 (Hypertext Application Language, HAL) 是 Mike Kelly 在 2011 年提倡的一種精簡型超媒體類型。該規範有以下兩種常見類型的支援：

1. XML：application/hal+xml
2. JSON：application/hal+json

HAL 將資源定義為 3 個部分：

1. 資源狀態 (resource state)
2. 連結集合 (links)
3. 嵌入資源 (embedded resources)

HAL 的資源結構如下圖所示：

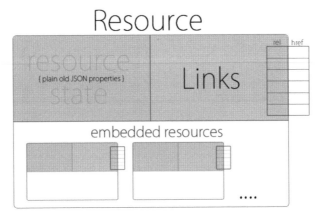

▲ 圖 12-1 HAL 資源結構 (https://stateless.group/hal_specification.html)

以下將繼續使用部落格文章的 REST API 回應內容來說明 HAL 的各部分組成。

1. HAL 的資源狀態

第一部分的資源狀態使用 JSON 的屬性 (property) 與值 (value) 對表示，這和之前我們的習慣沒什麼不同：

```
1  {
2      "id":1,
3      "body":"My first blog post",
4      "postdate":"2021-05-30T21:41:12.123Z"
5  }
```

2. HAL 的連結集合

第二部分的連結集合使用 JSON 屬性「_links」來提供所有關連資源的連結，如以下範例行 5-16。每一個不同性質的連結以各自關連主題作為 JSON 屬性，如行 6、9、13 的 self、comments 與 tags；每一個連結除了必要的 URI 之外還可以有自定義的特性描述，如行 11 針對每篇文章的評論總數統計 (totalcount)：

```
1  {
2      "id":1,
```

```
3      "body":"My first blog post",
4      "postdate":"2021-05-30T21:41:12.123Z"
5      "_links":{
6          "self":{
7              "href":"http://blog.example.com/posts/1"
8          },
9          "comments":{
10             "href":"http://blog.example.com/posts/1/comments",
11             "totalcount":20
12         },
13         "tags":{
14             "href":"http://blog.example.com/posts/1/tags"
15         }
16     }
17 }
```

3. HAL 的嵌入資源

第三部分的嵌入資源讓 REST 服務可以一次取回所有關連資源而不需要用戶端進行多餘的往返，因此在某些情況下「嵌入資源」會比「連結資源」更方便。HAL 使用「_embedded」屬性來嵌入資源，如以下範例行 17-28 嵌入了關連部落格文章資源的作者資源 (author)，同時「_links」屬性中也就不會看到作者資源的連結：

```
1  {
2      "id":1,
3      "body":"My first blog post",
4      "postdate":"2021-09-30T21:41:12.123Z"
5      "_links":{
6          "self":{
7              "href":"http://blog.example.com/posts/1"
8          },
9          "comments":{
10             "href":"http://blog.example.com/posts/1/comments",
11             "totalcount":20
12         },
13         "tags":{
14             "href":"http://blog.example.com/posts/1/tags"
15         }
16     },
17     "_embedded":{
18             "author":{
```

```
19              "_links":{
20                      "self":{
21                              "href":"http://blog.example.com/profile/12345"
22                      }
23              },
24              "id":12345,
25              "name":"Jim T",
26              "displayName":"Jim"
27          }
28      }
29 }
```

12.2 使用 spring-hateoas 套件

12.2.1 簡介 spring-hateoas 套件

Spring 框架提供了 spring-hateoas 函式庫讓 Spring 的 REST 服務在套用 HATEOAS 限制時能更有效率。它供了一組 API 來建立與關連資源的連結，後續內容將使用 spring-hateoas 讓 poll 資源可以關連以下 3 個連結來豐富資源呈現：

1. 自 (self) 連結
2. 與 votes 資源集合的連結
3. 與 computeresult 資源的連結

首先在專案的 pom.xml 文件加入 spring-hateoas 的啟動器依賴項目：

📌 範例：/ch12-easy-poll/pom.xml

```
1 <dependency>
2     <groupId>org.springframework.boot</groupId>
3     <artifactId>spring-boot-starter-hateoas</artifactId>
4 </dependency>
```

若非 Spring Boot 專案：

🎯 範例：pom.xml

```
1   <dependency>
2       <groupId>org.springframework.hateoas</groupId>
3       <artifactId>spring-hateoas</artifactId>
4   </dependency>
```

接下來會針對以下情境分別與 spring-hateoas 整合：

1. 未使用分頁 (paging) 的範例，亦即套件 lab.easyPoll.controller.v1。
2. 使用分頁 (paging) 的範例，亦即套件 lab.easyPoll.controller.v2。

未整合 spring-hateoas 時

過去我們在類別 PollController 的端點實作中，若是使用 GET 方法取得單數資源就回應 Poll 物件型態，若使用 GET 方法取得複數資源就回應 Iterable<Poll> 集合物件型態，如以下範例行 1 與行 4：

🎯 範例：/ch11-easy-poll/src/main/java/lab/easyPoll/controller/v1/
PollController.java

```
1   public ResponseEntity<Poll> getPoll(@PathVariable Long pollId) {
2       // implementation
3   }
4   public ResponseEntity<Iterable<Poll>> getAllPolls() {
5       // implementation
6   }
```

若使用 GET 方法取得複數資源且分頁就回應 Page<Poll> 物件型態，如以下範例行 1：

🎯 範例：/ch11-easy-poll/src/main/java/lab/easyPoll/controller/v2/
PollController.java

```
1   public ResponseEntity<Page<Poll>> getAllPolls(Pageable pageable) {
2       // implementation
3   }
```

以上範例的核心類別 Poll 是 Entity 物件，屬於「持久層 (persistence layer)」的「資料模型 (data model)」。

整合 spring-hateoas

要套用 HATEOAS 規則，Spring 框架要求必須在「呈現層 (presentation layer)」有對應的模型物件，代表用戶要存取的資源，稱為「**呈現模型** (presentation model)」。比較方便的是 Spring 框架並未要求設計獨立的類別，可以採用類似裝飾者設計模式 (decorator design pattern) 結合泛型 (generic) 的方式，經由裝飾「資料模型」而產生「呈現模型」，也是一種包裹 (wrapper) 型別的呈現：

1. 若資源是單數，則如 EntityModel<Poll>，採用 EntityModel 類別裝飾資料模型 Poll。

2. 若資源是複數，則如 CollectionModel<EntityModel<Poll>>，採用 CollectionModel 類別裝飾單數呈現模型 EntityModel<Poll>。

如以下範例行 1 與行 4，實作細節將在後續內容說明：

🎯 **範例**：/ch12-easy-poll/src/main/java/lab/easyPoll/controller/v1/ PollController.java

```
1  public ResponseEntity<EntityModel<Poll>> getPoll(@PathVariable Long pollId) {
2      // implementation
3  }
4  public ResponseEntity<CollectionModel<EntityModel<Poll>>> getAllPolls() {
5      // implementation
6  }
```

3. 若資源是複數且要求分頁，則採用 **PagedModel** 類別裝飾單數呈現模型，如 PagedModel<EntityModel<Poll>>。

如以下範例行 1，實作細節將在後續內容說明：

🎯 **範例**：/ch12-easy-poll/src/main/java/lab/easyPoll/controller/v2/ PollController.java

```
1  public ResponseEntity<PagedModel<EntityModel<Poll>>> getAllPolls(Pageable p) {
2      // implementation
3  }
```

12.2.2 整合 HATEOAS 與未分頁回應

本節先討論回應的集合物件「未」分頁的情況，因此以下範例程式屬於套件 lab.easyPoll.controller.v1。事實上分頁與否在實作上並沒有很大的差別，將在下一小節說明。

spring-hateoas 藉 由 介 面 **Representation ModelAssembler** 的 實 作 並 配 合泛型，可以在輸入資料模型個別物件 Poll 後產出 **EntityModel<Poll>**，如以下範例方法行 5-14；或是輸入資料模型集合物件 Iterable<Poll> 而後產出 **CollectionModel<EntityModel<Poll>>**，如以下範例方法行 17-24：

🎯 **範例：**/ch12-easy-poll/src/main/java/lab/easyPoll/controller/v1/
PollModelAssembler.java

```
1   @Component("pollModelAssemblerV1")
2   public class PollModelAssembler
3           implements RepresentationModelAssembler<Poll, EntityModel<Poll>> {
4       @Override
5       public EntityModel<Poll> toModel (Poll poll) {
6           Link l1 = linkTo( methodOn(PollController.class).getPoll(poll.getId()) )
7                       .withSelfRel();
8           Link l2 = linkTo( methodOn(VoteController.class).getAllVotes(poll.
                                                                    getId()) )
9                       .withRel("votes");
10          Link l3 = linkTo( methodOn(ComputeResultController.class)
11                          .computeResult(poll.getId()) )
12                      .withRel("compute-result");
13          return EntityModel.of(poll, l1, l2, l3);
14      }
15
16      @Override
17      public CollectionModel<EntityModel<Poll>> toCollectionModel
18                                  (Iterable<? extends Poll> entities) {
19          CollectionModel<EntityModel<Poll>> cep
20             = RepresentationModelAssembler.super.toCollectionModel(entities);
21          cep.add( linkTo(methodOn(PollController.class).getAllPolls()).
                                                        withSelfRel() );
22
23          return cep;
24      }
25  }
```

🔊 **說明**

1	套件 lab.easyPoll.controller.v1 與 lab.easyPoll.controller.v2 都會建立 Spring Bean 元件 RepresentationModelAssembler 的實作類別，因此需要不同命名。
3	泛型需註記資料模型類別 Poll 與呈現模型類別 EntityModel<Poll>。

4-14	覆寫 toModel() 方法以輸入個別資料模型物件 Poll 而後產出呈現模型物件 EntityModel<Poll>，裝飾後的呈現模型物件必須具備 HATEOAS 需要的相關連結，主要是：
	
	◆ 自 (self) 連結
	◆ 與 votes 資源集合的連結
	◆ 與 computeresult 資源的連結
	
	如下：
	
	<pre>{
	  id : 1,
	  question : "您最喜歡什麼顏色?",
	  options : ▶ [{ id : 1, value : "紅色" }, { id : 2, value : "黑色"…],
	  _links : ▼ {
	      self : ▶ { href : ☞ "http://localhost:8080/v1/polls/1"},
	      votes : ▶ { href : ☞ "http://localhost:8080/v1/polls/1/votes"},
	      compute-result : ▶ { href : ☞ "http://localhost:8080/v1/computeresult?pollId=1"}
	}</pre>
	▲ 圖 12-2 HATEOAS 對單一 poll 資源的關係連結

6-7	以 Link 類別建立自連結物件。做法是告訴 spring-hateoas 該連結將由類別 PollController.class 的端點方法 getPoll() 提供，參數為傳入 Poll 的物件 id；最後呼叫 withSelfRel() 決定連結名稱為 self。
8-9	以 Link 類別建立與 votes 資源集合的連結。做法是告訴 spring-hateoas 該連結將由類別 VoteController.class 的端點方法 getAllVotes() 提供，參數為傳入的 Poll 物件 id；最後呼叫 withRel("votes") 決定連結名稱為 votes。
10-12	以 Link 類別建立與 computeresult 資源集合的連結。做法是告訴 spring-hateoas 該連結將由類別 ComputeResultController.class 的端點方法 computeResult() 提供，參數為傳入的 Poll 物件 id；最後呼叫 withRel("compute-result") 決定連結名稱為 compute-result。
13	使用 EntityModel.of() 建立呈現模型物件並回傳，內容包含資料模型物件與新建的 3 個連結物件。

覆寫 toCollectionModel() 方法以輸入資料模型集合物件 Iterable<Poll> 而後產出呈現模型集合物件 CollectionModel<EntityModel<Poll>>。裝飾後的呈現模型集合物件必須具備 HATEOAS 需要的相關連結，主要是自 (self) 連結，如下：

16-24

```
  1    ▼ {
  2        _embedded : ▼ {
  3            pollList : ▼ [
  4                ▶ { id : 1, question : "您最喜歡什麼顏色?", options : [ { id : 1,…},
 37                ▶ { id : 2, question : "您最喜歡的信用卡是什麼?", options : [ { id : 5,…},
 70                ▶ { id : 3, question : "您最喜歡的運動是什麼?", options : [ { id : 9,…},
103                ▶ { id : 4, question : "您使用Spring框架多久時間?", options : [ { id : 13,…},
136                ▶ { id : 5, question : "您對目前薪資評價?", options : [ { id : 17,…},
173                ▶ { id : 6, question : "您最喜愛的迪士尼電影?", options : [ { id : 22,…},
198                ▶ { id : 7, question : "誰將得2016年美國大選?", options : [ { id : 24,…},
223                ▶ { id : 8, question : "誰將舉辦下一屆奧運會?", options : [ { id : 26,…},
252                ▶ { id : 9, question : "犀牛角是由什麼製成的?", options : [ { id : 29,…},
281                ▶ { id : 10, question : "Entomology是研究甚麼的科學?", options : [ { id : 32,…},
314                ▶ { id : 11, question : "一隻狗有多少個腳趾?", options : [ { id : 36,…},
347                ▶ { id : 12, question : "哪個是世界上最小的海洋?", options : [ { id : 40,…},
380                ▶ { id : 13, question : "美國最大的州是什麼?", options : [ { id : 44,…},
413                ▶ { id : 14, question : "您最喜歡的線上購物網站?", options : [ { id : 48,…},
442                ▶ { id : 15, question : "標準鋼琴上有多少鍵?", options : [ { id : 51,…},
475                ▶ { id : 16, question : "哪個國家給了美國自由女神像?", options : [ { id : 55,…},
508                ▶ { id : 17, question : "您認為最好的耶誕禮物?", options : [ { id : 59,…},
541                ▶ { id : 18, question : "您最想去的度假勝地?", options : [ { id : 63,…},
574                ▶ { id : 19, question : "Philology學科研究內容?", options : [ { id : 67,…},
607                ▶ { id : 20, question : "奧林匹克旗幟上有多少個環?", options : [ { id : 71,…},
640            ]
641        },
642        _links : ▼ {
643            self : ▼ {
644                href : 🔗 "http://localhost:8080/v1/polls"
645            }
646        }
647    }
```

▲ 圖 12-3 HATEOAS 對 poll 集合資源的自連結

19-20

介面 RepresentationModel Assembler 具備 **default** 方法 toCollectionModel() 可產出未帶任何連結的呈現模型集合物件。

呼叫方式：interfaceName.**super**.methodName()。

21

加入自連結到呈現模型集合物件。做法是告訴 spring-hateoas 該連結將由類別 PollController.class 的端點方法 getAllPolls() 提供，呼叫 withSelfRel() 決定連結名稱為 self。

如此可以完成介面 RepresentationModelAssembler 的實作 PollModelAssembler。該介面顧名思義就是在組裝 (assemble) 呈現模型 (representation model)。

接下來就是把 PollModelAssembler 運用於 PollController，可以把資料模型包裹為呈現模型。以下程式碼省略類別與端點方法的標註，只呈現與先前章節不同的關鍵實作內容：

📌 **範例**：/ch12-easy-poll/src/main/java/lab/easyPoll/controller/v1/
PollController.java

```
1   public class PollController {
2       @Autowired
3       @Qualifier("pollModelAssemblerV1")
4       private PollModelAssembler pollModelAssembler;
5
6       public ResponseEntity<EntityModel<Poll>> getPoll(@PathVariable Long pollId) {
7           verifyPoll(pollId);
8           Poll p = pollRepository.findById(pollId).get();
9           EntityModel<Poll> ep = pollModelAssembler.toModel(p);
10          return new ResponseEntity<>(ep, HttpStatus.OK);
11      }
12
13      public ResponseEntity<CollectionModel<EntityModel<Poll>>> getAllPolls() {
14          Iterable<Poll> allPolls = pollRepository.findAll();
15          CollectionModel<EntityModel<Poll>> cep
16                      = pollModelAssembler.toCollectionModel(allPolls);
17          return new ResponseEntity<>(cep, HttpStatus.OK);
18      }
```

📢 **說明**

2-4	自動注入名稱為 pollModelAssemblerV1 的 PollModelAssembler 元件。
6	方法 getPoll() 回應的內容改為 EntityModel<Poll>。
9	藉由 PollModelAssembler 的 toModel() 方法把 Poll 裝飾為 EntityModel<Poll>。
13	方法 getAllPolls() 回應的內容改為 CollectionModel<EntityModel<Poll>>。
15	藉由 PollModelAssembler 的 toCollectionModel() 方法把 Iterable<Poll> 裝飾為 CollectionModel<EntityModel<Poll>>。

使用 GET 方法存取端點 http://localhost:8080/v1/polls/1 的資源後，得到以下 JSON 回應。注意因為整合 spring-hateoas 後得到的屬性「_links」，其值包含關連的 3 個連結：

```
1    ▼ {
2        id : 1,
3        question : "您最喜歡什麼顏色?",
4        options : ▼ [
5            ▶ { id : 1, value : "紅色"},
9            ▶ { id : 2, value : "黑色"},
13           ▶ { id : 3, value : "藍色"},
17           ▶ { id : 4, value : "白色"}
21       ],
22       _links : ▼ {
23           self : ▼ {
24               href : ☑ "http://localhost:8080/v1/polls/1"
25           },
26           votes : ▼ {
27               href : ☑ "http://localhost:8080/v1/polls/1/votes"
28           },
29           compute-result : ▼ {
30               href : ☑ "http://localhost:8080/v1/computeresult?pollId=1"
31           }
32       }
33   }
```

▲ 圖 12-4 整合 spring-hateoas 後的 poll 資源回應

使用 GET 方法存取端點 http://localhost:8080/v1/polls 的集合資源後，得到以下 JSON 回應。注意除了每個獨立的 poll 資源均有整合 spring-hateoas 得到的屬性「_links」，以 id=20 的 poll 資源為例；集合資源也有屬於自己的屬性「_links」，內容為自連結：

```
1    ▼ {
2      _embedded : ▼ {
3        pollList : ▼ [
4          ▶ { id : 1,  question : "您最喜歡什麼顏色?",  options : [ { id : 1,…},
37         ▶ { id : 2,  question : "您最喜歡的信用卡是什麼?",  options : [ { id : 5,…},
70         ▶ { id : 3,  question : "您最喜歡的運動是什麼?",  options : [ { id : 9,…},
103        ▶ { id : 4,  question : "您使用Spring框架多久時間?",  options : [ { id : 13,…},
136        ▶ { id : 5,  question : "您對目前薪資評價?",  options : [ { id : 17,…},
173        ▶ { id : 6,  question : "您最喜愛的迪士尼電影?",  options : [ { id : 22,…},
198        ▶ { id : 7,  question : "誰贏得2016年美國大選?",  options : [ { id : 24,…},
223        ▶ { id : 8,  question : "誰將舉辦下一屆奧運會?",  options : [ { id : 26,…},
252        ▶ { id : 9,  question : "犀牛角是由什麼製成的?",  options : [ { id : 29,…},
281        ▶ { id : 10, question : "Entomology是研究甚麼的科學?", options : [ { id : 32,…},
314        ▶ { id : 11, question : "一隻狗有多少個腳趾?",  options : [ { id : 36,…},
347        ▶ { id : 12, question : "哪個是世界上最小的海洋?",  options : [ { id : 40,…},
380        ▶ { id : 13, question : "美國最大的州是什麼?",  options : [ { id : 44,…},
413        ▶ { id : 14, question : "您最喜歡的線上購物網站?",  options : [ { id : 48,…},
442        ▶ { id : 15, question : "標準鋼琴上有多少鍵?",  options : [ { id : 51,…},
475        ▶ { id : 16, question : "哪個國家給了美國自由女神像?",  options : [ { id : 55,…},
508        ▶ { id : 17, question : "您認為最好的耶誕禮物?",  options : [ { id : 59,…},
541        ▶ { id : 18, question : "您最想去的度假勝地?",  options : [ { id : 63,…},
574        ▶ { id : 19, question : "Philology學科研究內容?",  options : [ { id : 67,…},
607        ▼ {
608            id : 20,
609            question : "奧林匹克旗幟上有多少個環?",
610            options : ▶ [ { id : 71, value : "6" }, { id : 72, value : "8"…],
628            _links : ▼ {
629              self : ▶ { href : ☑ "http://localhost:8080/v1/polls/20"},
632              votes : ▶ { href : ☑ "http://localhost:8080/v1/polls/20/votes"},
635              compute-result : ▶ { href : ☑ "http://localhost:8080/v1/computeresult?pollId=20"}
638            }
639          }
640        ]
641      },
642      _links : ▼ {
643        self : ▼ {
644          href : ☑ "http://localhost:8080/v1/polls"
645        }
646      }
647  }
```

▲ 圖 12-5 整合 spring-hateoas 後的 poll 集合資源回應

12.2.3 整合 HATEOAS 與分頁回應

本節使用套件 lab.easyPoll.controller.v2 的範例程式說明回應的集合物件有
分頁的情境。首先一樣實作介面 RepresentationModelAssembler 的子類別
PollModelAssembler，與未分頁的 v1 版唯一差別為以下範例的行 21，因為類別
PollController.class 的端點方法 getAllPolls() 有 Pageable 參數；又因為該參數值
不影響套用 HATEOAS 後的連結呈現，因此傳入 null。

🎯 範例：/ch12-easy-poll/src/main/java/lab/easyPoll/controller/v2/
PollModelAssembler.java

```
1   @Component("pollModelAssemblerV1")
2   public class PollModelAssembler
3              implements RepresentationModelAssembler<Poll, EntityModel<Poll>> {
4       @Override
5       public EntityModel<Poll> toModel (Poll poll) {
6           Link l1 = linkTo(methodOn(PollController.class).getPoll(poll.getId()))
7                       .withSelfRel();
8           Link l2 = linkTo(methodOn(VoteController.class).getAllVotes(poll.
                                                                       getId()))
9                       .withRel("votes");
10          Link l3 = linkTo(methodOn(ComputeResultController.class)
11                          .computeResult(poll.getId()))
12                      .withRel("compute-result");
13          return EntityModel.of(poll, l1, l2, l3);
14      }
15
16      @Override
17      public CollectionModel<EntityModel<Poll>> toCollectionModel
18                                  (Iterable<? extends Poll> entities) {
19          CollectionModel<EntityModel<Poll>> cep
20             = RepresentationModelAssembler.super.toCollectionModel(entities);
21          cep.add(linkTo(methodOn(PollController.class).getAllPolls(null))
22                      .withSelfRel());
23          return cep;
24      }
25  }
```

接下來除了一樣將 PollModelAssembler 運用於 PollController 外，還需要注入另一個 spring-hateoas 的內建元件 **PagedResourcesAssembler**，如以下範例行 3，該元件也支援泛型：

範例：/ch12-easy-poll/src/main/java/lab/easyPoll/controller/v2/
PollController.java

```
1   public class PollController {
2       @Autowired
3       private PagedResourcesAssembler<Poll> pagedResourcesAssembler;
4
5       @Autowired
6       @Qualifier("pollModelAssemblerV2")
7       private PollModelAssembler pollModelAssembler;
8
9       public ResponseEntity<PagedModel<EntityModel<Poll>>>
10      getAllPolls(Pageable pageable) {
11          Page<Poll> allPolls = pollRepository.findAll(pageable);
12          PagedModel<EntityModel<Poll>> pep
13          = pagedResourcesAssembler.toModel(allPolls, pollModelAssembler);
14          return new ResponseEntity<>(pep, HttpStatus.OK);
15      }
16  }
```

元件 PagedResourcesAssembler 的 toModel() 方法除了接受 Page<Poll> 的參數外，還需要提供注入的 PollModelAssembler 元件，將產出支援分頁的呈現模型 PagedModel<EntityModel<Poll>>，如前述範例行 12-13。

使用 GET 方法存取端點 http://localhost:8080/v1/polls 的集合資源後，得到以下分頁的 JSON 回應。注意除了每個獨立的 poll 資源均有整合 spring-hateoas 得到的屬性「_links」外，整體集合資源也有屬於自己的屬性「_links」，內容為以分頁處理後的自連結，可以引導使用者存取不同的分頁如：

1. 第一頁：first。
2. 最後一頁：last。
3. 目前分頁：self。
4. 下一頁：next。
5. 前一頁：prev。

因為目前是第一頁，因此看不到前一頁 (prev) 的屬性與連結。

```
▼ {
    _embedded : ▼ {
        pollList : ▼ [
            ▶ { id : 1, question : "您最喜歡什麼顏色?", options : [ { id : 1,…},
            ▶ { id : 2, question : "您最喜歡的信用卡是什麼?", options : [ { id : 5,…},
            ▶ { id : 3, question : "您最喜歡的運動是什麼?", options : [ { id : 9,…},
            ▶ { id : 4, question : "您使用Spring框架多久時間?", options : [ { id : 13,…},
            ▼ {
                id : 5,
                question : "您對目前薪資評價?",
                options : ▶ [ { id : 17, value : "非常滿意" }, { id : 18, value : "有點滿意"…],
                _links : ▼ {
                    self : ▶ { href : ☞ "http://localhost:8080/v2/polls/5"},
                    votes : ▶ { href : ☞ "http://localhost:8080/v2/polls/5/votes"},
                    compute-result : ▶ { href : ☞ "http://localhost:8080/v2/computeresult?pollId=5"}
                }
            }
        ]
    },
    _links : ▼ {
        first : ▶ { href : ☞ "http://localhost:8080/v2/polls?page=0&size=5"},
        self : ▶ { href : ☞ "http://localhost:8080/v2/polls?page=0&size=5"},
        next : ▶ { href : ☞ "http://localhost:8080/v2/polls?page=1&size=5"},
        last : ▶ { href : ☞ "http://localhost:8080/v2/polls?page=3&size=5"}
    },
    page : ▼ {
        size : 5,
        totalElements : 20,
        totalPages : 4,
        number : 0
    }
}
```

▲ 圖 12-6 整合 spring-hateoas 後的 poll 集合資源分頁回應

PART 3

建立 REST API 的單元測試、整合測試、端對端測試

13

存取與測試 REST API

13.1 軟體的測試層級策略

近年來軟體行業的發展迅速，傳統的手工測試習慣已經不能滿足軟體專案的需求。尤其對資訊安全的重視經常需要軟體工程師升級 JDK 或其他重要模組，若每次升級或補釘都需要完整測試，投入的人力與時間資源消耗是相當驚人的。

為了追求軟體品質，各式軟體測試於焉而生。

事實上軟體測試已經是一個相當成熟的領域，有多樣的理論、方法論、各式各樣的測試手法與目的等等。本書主體在介紹 REST API 的開發，相關測試自然也圍繞著 REST API。我們採用的測試層級策略為：

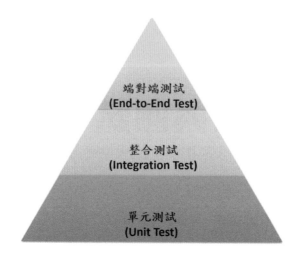

▲ 圖 13-1 測試層級策略示意

其中的單元測試我們已經花了很多篇幅說明，於此就不再贅述。其他需要介紹的是：

13.1.1 整合測試 (Integration Test)

在「單元測試」時，我們必須要保持被測試物件 (SUT) 的獨立性。因此有關連的物件 (DOC)，或是有關連的外部資源如網路、資料庫、檔案等等，都必須予以偽冒。亦即對一個工作單元進行測試時，我們對被測試的單元具有完全的控制。

然而事實和理想間總是有差距。為了讓這樣的差距不會影響軟體正確性，「整合測試」就是要對一個工作單元進行測試，而這個測試對被測試的單元並沒有完全的控制。簡單的說，就是與外部資源有相關連的測試，我們稱作整合測試。外部資源常見有以下幾種：

1. 資料庫。
2. 網路。
3. 檔案存取 (I/O)。
4. 有準備動作。如需要先編輯設定檔，才能進行測試。
5. 其他。

整合測試會跨越單元測試的範圍，對不同模組之間的交互作用進行測試；這也意味著必須準備更完整的模擬環境，來幫助測試工作的完成。

這樣的需求無須擔心。因為本書使用全 Spring 框架，而 Spring 也提供了 spring-test 模組協助開發者進行系統整合測試，將在後續章節說明。

13.1.2 端對端測試 (End-to-End Test)

「端對端測試」是指從使用者的角度出發 (一端)，對真實系統 (另一端) 進行測試。這種類型的測試對許多公司來說，已經是「人工測試」的範圍，因為是透過人工對已經完整部署的網站進行測試，所以有時也有人稱為「功能測試」或「系統測試」，只是測試範圍的不同。

對於本書而言，這一階段的測試就是驗證系統是否符合客戶的實際需求，因此使用工具「Talend API Tester」也是這樣的目的。不過為了自動化需求，本書使用 Spring 的 RestTemplate 來存取部署並啟用的 REST API，可以增加測試效率。

此外端對端測試是從使用者的角度對系統進行測試，因此事先必要有完整的系統部署；此時如果能透過 Docker 等容器技術進行部署，又可以再增加測試效率，不過這就不是本書的討論範圍了。

後續內容介紹

在本章中，我們將討論：

1. 使用 RestTemplate 建構用戶端
2. spring-test 框架基礎
3. 單元測試 REST Controller
4. 整合測試 REST Controller

本書之前介紹了如何使用 Spring 框架建構 REST API，接下來將介紹如何建構使用這些 API 的用戶端以進行端對端測試。我們也將介紹可用於 REST API 單元測試和整合測試的 spring-test 框架。

13.2 使用 RestTemplate 進行 REST API 的端對端測試

13.2.1 使用 JDK 函式庫與 RestTemplate 存取資源端點

呼叫 REST API 需要：

1. 建構 JSON 或 XML 格式的請求負載 (request payload)。
2. 透過 HTTP/HTTPS 協定傳輸負載。
3. 處理返回的 JSON 或 XML 回應 (response)。

要達成這樣的目的，我們可以藉由原生 JDK 函式庫或 Spring 框架的 RestTemplate 完成。

使用原生 JDK 函式庫

存取 REST API 最直接的方式就是使用 JDK 函式庫，如以下範例。執行前必須先啟動 EasyPoll 專案：

🎯 範例：/ch13-easy-poll/src/test/java/lab/easyPoll/client/ TestJdkV1Client.java

```java
public class TestJdkV1Client {
  @Test
  public void Should_get_response_When_use_jdk() throws IOException {
    HttpURLConnection connection = null;
    BufferedReader reader = null;
    try {
      URL restAPIUrl = new URL("http://localhost:8080/v1/polls");
      connection = (HttpURLConnection) restAPIUrl.openConnection();
      connection.setRequestMethod("GET");
      // Read the response
      reader = new BufferedReader(
                        new InputStreamReader(connection.getInputStream()));
      StringBuilder jsonData = new StringBuilder();
      String line;
      while ((line = reader.readLine()) != null) {
          jsonData.append(line);
      }
```

```
17      assertEquals(
         "{\"_links\":{\"self\":{\"href\":\"http://localhost:8080/v1/polls\"}}}",
                                                 jsonData.toString());
18    } finally {
19      if (reader != null)
20          reader.close();
21      if (connection != null)
22          connection.disconnect();
23    }
24  }
25 }
```

🔊 說明

7	建立 REST API 端點 "http://localhost:8080/v1/polls" 的 URL 物件。
8	由 URL 物件建立連線得到 URLConnection 物件後再轉型為 HttpURLConnection 物件。
9	設定使用 GET 方法。
11	◆ 由 HttpURLConnection 開啟串流取得 InputStream 物件。 ◆ 使用 InputStreamReader 將 InputStream 裝飾為 Reader 物件。 ◆ 使用 BufferedReader 裝飾 Reader 物件，取得逐行讀取回應內容的能力。
12-16	Java 基礎 I/O 處理。
17	斷言 REST API 回應的 JSON 字串。
18-23	資源回收。

儘管使用 JDK 的核心函式庫沒有任何問題，但需要編寫大量枯燥雷同的程式碼來執行簡單的 REST 操作，如：

1. 前述範例行 11-16 的 Java 基礎 I/O 處理。
2. 前述範例行 18-23 的資源回收。
3. 如果再包含解析 JSON 回應的程式碼並轉換為 Domain 物件，則程式碼更加龐大。

Spring 將這些雷同的程式碼以「樣板方法設計模式 (Template Method Design Pattern)」重構為 RestTemplate 元件後，讓存取 REST API 變得容易，後續介紹如何使用。

使用 RestTemplate

Spring 建構 REST 用戶端的主元件是 org.springframework.web.client.**RestTemplate** 類別。RestTemplate 負責與 REST API 溝通時所需的必要管道，並自動編組 (marshal) 與解組 (unmarshals) HTTP 請求和回應本體。RestTemplate 與 Spring 的其他常用輔助類別如 JdbcTemplate 和 JmsTemplate 一樣，都是基於樣板方法設計模式，可參考前書「Java RWD Web 企業網站開發指南 | 使用 Spring MVC 與 Bootstrap」的「18.4 Spring 開發手法 Template 介紹」。

使用 RestTemplate 必須包含 spring-web.jar 函式庫。若需要建構獨立的 REST 用戶端專案就必須在 pom.xml 中加入以下依賴項目：

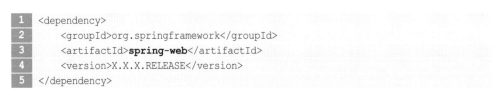

```
1  <dependency>
2      <groupId>org.springframework</groupId>
3      <artifactId>spring-web</artifactId>
4      <version>X.X.X.RELEASE</version>
5  </dependency>
```

RestTemplate 提供了常用 HTTP 方法的 API 請求支援，我們將在後續的測試類別 TestRestTemplateV1Client 與 TestRestTemplateV2Client 裡逐一介紹，並用來作為存取 EasyPoll 專案 REST API 的用戶端。此外 EasyPoll 專案的 REST API 的 v1 與 v2 版本差別在分頁功能的具備與否，兩者均已經套用 HATEOAS 規則。

類別 TestRestTemplateV1Client 的端對端測試設計是依照對 poll 資源的新增、查詢、更新、刪除的步驟進行，因此：

1. 在測試類別的類別層級上標註 **@TestMethodOrder(OrderAnnotation. class)**，指示每個測試方法必須依照 **@Order()** 的 value 屬性 (數字) 順序進行。
2. 在每一個測試方法上依次標註 **@Order(1)**、**@Order(2)** 等，數字代表執行順序。

且每次重新執行端對端測試都必須重新啟動 EasyPoll 專案。

13.2.2 使用 RestTemplate 的 POST 相關方法新增資源

RestTemplate 有常用的 3 種 postForXXX() 方法對資源執行 POST 操作：

1. 方法 **postForLocation**()，回傳 URI 物件，代表新建資源的存取端點。使用
   Overloading 後常用參數有 3 組，說明如下表：
   * 參數 1 是端點位址，可用 String 或 URI 型態。
   * 參數 2 是傳送內容，如 Poll 物件。
   * 參數 3 是 URI 的參數，可用 Map 或 Object 型態的可變動個數參數。

↻ 表 13-1 方法 postForLocation() 的參數組合

方法	參數 1	參數 2（非必要）	參數 3（非必要）
1	String url	Object request	Object... uriVariables
2	String url	Object request	Map<String, ?> uriVariables
3	URI url	Object request	

2. 方法 **postForObject**() 回傳泛型 T 的物件，方法參數中定義 T 的真實型別。
   使用 Overloading 後常用參數有 3 組，說明如下表：
   * 參數 1 是端點位址，可用 String 或 URI 型態。
   * 參數 2 是傳送內容，如 Poll 物件。
   * 參數 3 指定泛型 T 的型態。
   * 參數 4 是 URI 的參數，可用 Map 或 Object 型態的可變動個數參數。

↻ 表 13-2 方法 postForObject() 的參數組合

方法	參數 1	參數 2（非必要）	參數 3	參數 4（非必要）
1	String url	Object request	Class<T> responseType	Object... uriVariables
2	String url	Object request	Class<T> responseType	Map<String, ?> uriVariables
3	URI url	Object request	Class<T> responseType	

3. 方法 **postForEntity**() 回傳泛型 T 的 ResponseEntity<T> 物件，方法參數中定
   義 T 的真實型別。使用 Overloading 後常用參數有 3 組，說明如下表：
   * 參數 1 是端點位址，可用 String 或 URI 型態。

- 參數 2 是傳送內容，如 Poll 物件。
- 參數 3 指定回傳的 ResponseEntity 包裹的泛型 T 型態。
- 參數 4 是 URI 的參數，可用 Map 或 Object 型態的可變動個數參數。

↻ 表 13-3　方法 postForEntity() 的參數組合

方法	參數 1	參數 2 (非必要)	參數 3	參數 4 (非必要)
1	String url	Object request	Class<T> responseType	Object... uriVariables
2	String url	Object request	Class<T> responseType	Map<String, ?> uriVariables
3	URI url	Object request	Class<T> responseType	

使用 RestTemplate 存取 EasyPoll 專案的 REST API 的範例如下，行 13、16、20 分別示範了方法 postForLocation()、postForObject()、postForEntity() 的用法。

行 1、5、27 的標註可以讓測試依據事先定義的順序進行。

之前設計 REST API 時使用 POST 方法得到的回應本體是沒有資料的，只有 Location 標頭有值，因此行 17、21 可以通過驗證。

🎯 範例：/ch13-easy-poll/src/test/java/lab/easyPoll/client/TestRestTemplateV1Client.java

```
1   @TestMethodOrder(OrderAnnotation.class)
2   public class TestRestTemplateV1Client {
3     private static final String EASY_POLL_URI = "http://localhost:8080/v1/polls";
4     @Test
5     @Order(1)
6     public void testPostForXXX() {
7       Poll p1 = Poll.of("您最喜歡什麼顏色 ?", " 紅色 ", " 黑色 ", " 藍色 ", " 白色 ");
8       Poll p2 = Poll.of("您最喜歡的運動是什麼 ?", " 足球 ", " 籃球 ", " 板球 ", " 棒球 ");
9       Poll p3 = Poll.of("您使用 Spring 框架多久 ?", "1 年 ", "2 年 ", "3 年 ", "4 年 ");
10
11      RestTemplate restTemplate = new RestTemplate();
12      // postForLocation
13      URI location = restTemplate.postForLocation(EASY_POLL_URI, p1);
14      assertTrue(location.toString().startsWith("http://localhost:8080/v1/polls/"));
15      // postForObject
16      Poll object = restTemplate.postForObject(EASY_POLL_URI, p2, Poll.class);
17      assertNull(object);
```

```
18    // postForEntity
19    ResponseEntity<String> entity =
20                    restTemplate.postForEntity(EASY_POLL_URI, p3, String.class);
21    assertNull(entity.getBody());
22    assertEquals(HttpStatus.CREATED, entity.getStatusCode());
23    assertTrue(entity.getHeaders().getLocation().toString()
24                    .startsWith("http://localhost:8080/v1/polls/"));
25    }
26    @Test
27    @Order(2)
28    public void testExchange4Post() {
29      RestTemplate template = new RestTemplate();
30      Poll p = Poll.of(" 奧林匹克旗幟上有多少個環 ?", "6", "8", "5", "4");
31      HttpEntity<Poll> request = new HttpEntity<>(p);
32      ResponseEntity<Poll> entity =
33         template.exchange(EASY_POLL_URI, HttpMethod.POST, request, Poll.class);
34      assertNull(entity.getBody());
35      assertEquals(HttpStatus.CREATED, entity.getStatusCode());
36      assertTrue(entity.getHeaders().getLocation().toString()
37                    .startsWith("http://localhost:8080/v1/polls/"));
38    }
39  }
```

除了 postForLocation()、postForObject()、postForEntity() 方法外，RestTemplate
還可以使用方法 exchange() 執行 POST，如前述範例行 28-38 的單元測試方法
testExchange4Post()。特色是：

1. 請求時攜帶的 Poll 物件改以 **HttpEntity<Poll>** 的形式，如範例行 31。
2. 使用參數 HttpMethod.POST 指定 HTTP 方法，因此 exchange() 可以支援多種
   HTTP 方法，如範例行 33，後續將有使用其他 HTTP 方法的範例。
3. 回傳型態為 ResponseEntity<T>，如範例行 32，與方法 postForEntity() 相同。

13.2.3 使用 RestTemplate 的 GET 相關方法查詢資源

使用 GET 方法取得單一 poll 資源

與支援 HTTP 的 POST 方法類似，RestTemplate 常以 2 種 getForXXX() 方法對資
源執行 GET 操作：

1. 方法 **getForObject()** 回傳泛型 T 的物件，方法參數中定義 T 的真實型別。使用 Overloading 後常用參數有 3 組，說明如下表：
   * 參數 1 是端點位址，可用 String 或 URI 型態。
   * 參數 2 指定泛型 T 的型態。
   * 參數 3 是 URI 的參數，可用 Map 或 Object 型態的可變動個數參數。

↻ 表 13-4　方法 getForObject() 的參數組合

方法	參數 1	參數 2	參數 3 (非必要)
1	String url	Class<T> responseType	Object... uriVariables
2	String url	Class<T> responseType	Map<String, ?> uriVariables
3	URI url	Class<T> responseType	

2. 方法 **getForEntity()** 回傳泛型 T 的 ResponseEntity<T> 物件，方法參數中定義 T 的真實型別。使用 Overloading 後常用參數有 3 組，說明如下表：
   * 參數 1 是端點位址，可用 String 或 URI 型態。
   * 參數 2 指定回傳的 ResponseEntity 包裹的泛型 T 型態。
   * 參數 3 是 URI 的參數，可用 Map 或 Object 型態的可變動個數參數。

↻ 表 13-5　方法 getForEntity() 的參數組合

方法	參數 1	參數 2	參數 3 (非必要)
1	String url	Class<T> responseType	Object... uriVariables
2	String url	Class<T> responseType	Map<String, ?> uriVariables
3	URI url	Class<T> responseType	

使用 RestTemplate 存取 EasyPoll 專案的 REST API 的範例如下，分別示範了方法 getForObject()、getForEntity() 的用法：

1. 行 6 的 getForObject() 方法可以直接回傳 Poll 物件。
2. 行 9 的 getForEntity() 方法回傳 ResponseEntity<Poll> 物件；該物件具備方法取得 HTTP 協定相關資訊如行 11 的狀態碼；行 10 呼叫 **getBody()** 取得包裹的 Poll 物件。

📌 範例：/ch13-easy-poll/src/test/java/lab/easyPoll/client/
TestRestTemplateV1Client.java

```
1   @Test
2   @Order(3)
3   public void testGetForXXX() {
4       RestTemplate restTemplate = new RestTemplate();
5       // getForObject()
6       Poll p1 = restTemplate.getForObject(EASY_POLL_URI + "/{pollId}", Poll.
                                                                     class, 1l);
7       assertEquals(Poll.of("您最喜歡什麼顏色？", "紅色", "黑色", "藍色", "白色"),
                                                                           p1);
8       // getForEntity()
9       ResponseEntity<Poll> resp =
            restTemplate.getForEntity(EASY_POLL_URI + "/{pollId}", Poll.class, 6l);
10      Poll p6 = resp.getBody();
11      assertEquals(HttpStatus.OK, resp.getStatusCode());
12      assertEquals("6, 您最喜歡的運動是什麼？, [7, 籃球, 8, 棒球, 9, 足球, 10, 板球 ]",
                                                                  p6.toString());
13  }
```

因為專案 EasyPoll 已經套用 HATEOAS 規則，實際回應的 JSON 字串是相當複雜的。使用 getForObject()、getForEntity() 方法有機會取得完整資訊，但內含的部分資訊已經超出 Poll 物件欄位所能儲存的範圍。

使用 exchange() 方法並指定回應型態是 ResponseEntity<String> 的好處在於可以取回完整 JSON 字串後再加以解析，如以下範例行 14-27 的 **extractLinks**() 方法由 JSON 字串萃取「_links」屬性值後，再組裝出包含所有連結的 Map 物件，行 28-33 的 **extractPoll**() 則解析 JSON 字串後組裝出 Poll 物件：

📌 範例：/ch13-easy-poll/src/test/java/lab/easyPoll/client/
TestRestTemplateV1Client.java

```
1   @Test
2   @Order(4)
3   public void testExchange4Get() throws JsonProcessingException {
4       RestTemplate restTemplate = new RestTemplate();
5       // exchange()
6       ResponseEntity<String> response = restTemplate.exchange(
            EASY_POLL_URI + "/{pollId}", HttpMethod.GET, null, String.class, 1l);
7       String body = response.getBody();
8       Map<String, String> links = extractLinks(body);
9       Poll poll = extractPoll(body);
```

```
10    // verify
11    verifyLinks(links);
12    assertEquals(Poll.of("您使用 Spring 框架多久 ?", "3 年 ", "2 年 ", "1 年 ", "4 年
                                                                 "), poll);
13 }
14 private static Map<String, String> extractLinks(String body)
                                              throws JsonProcessingException {
15    ObjectMapper om = new ObjectMapper();
16    om.configure(DeserializationFeature.FAIL_ON_UNKNOWN_PROPERTIES, false);
17    JsonNode jnBody = om.readTree(body);
18    Map<String, String> linkMaps = new HashMap<String, String>() {
19        private static final long serialVersionUID = 1L;
20        {
21            put("self", jnBody.at("/_links/self/href").textValue());
22            put("votes", jnBody.at("/_links/votes/href").textValue());
23            put("compute-result",
                        jnBody.at("/_links/compute-result/href").textValue());
24        }
25    };
26    return linkMaps;
27 }
28 private static Poll extractPoll(String body) throws JsonProcessingException {
29    ObjectMapper om = new ObjectMapper();
30    om.configure(DeserializationFeature.FAIL_ON_UNKNOWN_PROPERTIES, false);
31    Poll poll = om.readValue(body, new TypeReference<Poll>() { });
32    return poll;
33 }
34 private void verifyLinks(Map<String, String> links) {
35    assertEquals(new HashMap<String, String>() {
36        private static final long serialVersionUID = 1L;
37        {
38            put("self", "http://localhost:8080/v1/polls/11");
39            put("votes", "http://localhost:8080/v1/polls/11/votes");
40            put("compute-result",
                        "http://localhost:8080/v1/computeresult?pollId=11");
41        }
42    }, links);
43 }
```

🔊 **說明**

6	方法 exchange() 回應 ResponseEntity<String> 物件，本體 (body) 為 JSON 字串。

由 ResponseEntity 中取出 JSON 字串，如：

```
1   ▼ {
2       id : 1,
3       question : "您最喜歡什麼顏色?",
4       options : ▼ [
5           ▶ { id : 2,  value : "紅色"},
9           ▶ { id : 3,  value : "黑色"},
13          ▶ { id : 4,  value : "藍色"},
17          ▶ { id : 5,  value : "白色"}
21       ],
22       _links : ▼ {
23           self : ▼ {
24               href : � "http://localhost:8080/v1/polls/1"
25           },
26           votes : ▼ {
27               href : � "http://localhost:8080/v1/polls/1/votes"
28           },
29           compute-result : ▼ {
30               href : � "http://localhost:8080/v1/computeresult?pollId=1"
31           }
32       }
33   }
```

▲ 圖 13-2 poll 資源的 JSON 字串

8	解析 JSON 字串後建立連結 (links) 的 Map<String, String> 物件。
9	解析 JSON 字串後建立 Poll 物件。
11	驗證連結 (links) 的 Map<String, String> 物件是否符合預期。
12	驗證 Poll 物件是否符合預期。
15-17	使用 ObjectMapper 將 JSON 字串轉換為 JsonNode 物件。
16	解析 JSON 轉換為物件時，遇到有不預期或不相關的欄位節點，將予忽略。 本方法因為是指定欄位節點取值，不會遇到前述情況，因此設定與否不影響結果。
21-23	使用 JsonNode 的 at() 方法指定完整路徑，使用 textValue() 取出欄位節點值。
29-31	使用 ObjectMapper 將 JSON 字串轉換為指定型態的物件，這裡使用 TypeReference<Poll> 指定回傳 Poll 物件。
30	解析 JSON 轉換為物件時，遇到有不預期或不相關的欄位節點，將予忽略。 因為本 JSON 字串的欄位相較於 Poll 欄位多了一個「_links」，若不忽略將在產出 Poll 物件時出錯。

使用 GET 方法取得 polls 集合資源

相似的情況，套用 HATEOAS 規則後讓 GET 方法取得的 poll 集合資源 JSON 字串變得複雜，使用 **exchange()** 方法存取並搭配 JSON 字串解析可以讓我們只取回指定的部分，如 JSON 節點「_embedded.pollList」的內容；並忽略不需要的部分，如節點「_links」的內容：

```
1   ▼ {
2      _embedded : ▼ {
3         pollList : ▼ [
4            ▼ {
5               id : 1,
6               question : "您最喜歡什麼顏色?",
7               options : ▶ [ { id : 2, value : "紅色" }, { id : 3, value : "黑色"…],
25              _links : ▶ { self : { href : ☑ "http://localhost:8080/v1/polls/1" }, votes : { href : ☑ "http://
36           },
37           ▼ {
38              id : 6,
39              question : "您最喜歡的運動是什麼?",
40              options : ▶ [ { id : 7, value : "籃球" }, { id : 8, value : "棒球"…],
58              _links : ▶ { self : { href : ☑ "http://localhost:8080/v1/polls/6" }, votes : { href : ☑ "http://
69           },
70           ▼ {
71              id : 11,
72              question : "您使用Spring框架多久?",
73              options : ▶ [ { id : 12, value : "3年" }, { id : 13, value : "2年"…],
91              _links : ▶ { self : { href : ☑ "http://localhost:8080/v1/polls/11" }, votes : { href : ☑ "http:
102          },
103          ▼ {
104             id : 16,
105             question : "奧林匹克旗幟上有多少個環?",
106             options : ▶ [ { id : 17, value : "4" }, { id : 18, value : "5"…],
124             _links : ▶ { self : { href : ☑ "http://localhost:8080/v1/polls/16" }, votes : { href : ☑ "http:
135          }
136       ]
137    },
138    _links : ▶ { self : { href : ☑ "http://localhost:8080/v1/polls" }}
143 }
```

▲ 圖 13-3 由回應的 poll 集合資源 JSON 中取出 List<Poll>

作法如下：

◎ 範例：/ch13-easy-poll/src/test/java/lab/easyPoll/client/
TestRestTemplateV1Client.java

```
1   @Test
2   @Order(5)
3   public void testExchange4GetAll() throws Exception {
4       RestTemplate restTemplate = new RestTemplate();
5       ResponseEntity<String> response = restTemplate.exchange(
                    EASY_POLL_URI, HttpMethod.GET, null, String.class);
```

```
6      String body = response.getBody();
7      List<Poll> polls = extractPolls(body);
8      System.out.println(polls);
9      verifyPolls(polls);
10  }
11  private static List<Poll> extractPolls(String body) throws
                                          JsonProcessingException {
12      ObjectMapper om = new ObjectMapper();
13      om.configure(DeserializationFeature.FAIL_ON_UNKNOWN_PROPERTIES, false);
14      JsonNode jsNode = om.readTree(body);
15      String pollList = jsNode.at("/_embedded/pollList").toString();
16      List<Poll> polls = om.readValue(pollList, new TypeReference<List<Poll>>() {
                                                              });
17      return polls;
18  }
19  private static void verifyPolls(List<Poll> polls) {
20      assertEquals(4, polls.size());
21      List<Poll> expected = Arrays.asList(
22              Poll.of("奧林匹克旗幟上有多少個環?", "2", "5", "6", "8"),
23              Poll.of("您最喜歡什麼顏色?", "紅色", "黑色", "藍色", "白色"),
24              Poll.of("您最喜歡的運動是什麼?", "籃球", "棒球", "足球", "板球"),
25              Poll.of("您使用 Spring 框架多久?", "3 年", "2 年", "1 年", "4 年"));
26      assertTrue(expected.size() == polls.size());
27      assertTrue(polls.containsAll(expected));
28      assertTrue(expected.containsAll(polls));
29  }
```

🔊 說明

13	解析 JSON 字串以組裝 List<Poll> 物件時,自動排除不需要的欄位節點如 _links。
15	使用 JsonNode 的 at() 方法指定取得「/_embedded/pollList」節點下的 JSON 子字串。 使用 .textValue() 方法只是取出節點文字內容,使用 toString() 則是取得完整 JSON 子字串,包含 { } 符號。
16	取出 JSON 子字串後,因為基本上只包含 List<Poll> 和 _links 屬性內容,因此再以 ObjectMapper 重新解析一次,並以 TypeReference<List<Poll>> 指定將內容組裝為 List<Poll> 物件,過程中和組裝標的物件不相關的 JSON 節點將自動忽略。

13.2.4 使用 RestTemplate 的 PUT 與 PATCH 相關方法 更新資源

使用 PUT 方法更新 poll 資源

對於使用 PUT 方法更新資源的端點，RestTemplate 支援以 **put()** 方法和 **exchange()** 方法存取該端點，後續的範例介紹以方法 put() 為主。

方法 put() 更新資源後沒有回傳，使用 Overloading 後常用參數有 3 組，說明如下表：

1. 參數 1 是端點位址，可用 String 或 URI 型態。
2. 參數 2 是要更新的資料內容，被封裝成物件。
3. 參數 3 是 URI 的參數，可用 Map 或 Object 型態的可變動個數參數。

↻ 表 13-6 方法 put() 的參數組合

方法	參數 1	參數 2	參數 3 (非必要)
1	String url	Object request	Object... uriVariables
2	String url	Object request	Map<String, ?> uriVariables
3	URI url	Object request	

使用 RestTemplate 更新 EasyPoll 專案的 poll 資源的範例如下：

範例：/ch13-easy-poll/src/test/java/lab/easyPoll/client/
TestRestTemplateV1Client.java

```java
@Test
@Order(6)
public void testPut() throws Exception {
    RestTemplate restTemplate = new RestTemplate();
    // replace
    Poll newPoll = Poll.of(" 您最喜歡的線上購物網站 ?", "Yahoo", "momo", "Pchome");
    restTemplate.put(EASY_POLL_URI + "/{pollId}", newPoll, 1l);
    // verify
    Poll p1 = restTemplate.getForObject(EASY_POLL_URI + "/{pollId}",
                                        Poll.class, 1l);
    assertEquals(newPoll, p1);
}
```

使用 PATCH 方法更新 poll 資源

對於使用 PATCH 方法更新資源的端點，RestTemplate 支援以 **patchForObject()** 方法和 **exchange()** 方法存取該端點，後續的範例介紹以方法 patchForObject() 為主。

方法 patchForObject() 更新資源後可以回傳泛型 T 的物件，方法參數中定義 T 的真實型別。使用 Overloading 後常用參數有 3 組，說明如下表：

1. 參數 1 是端點位址，可用 String 或 URI 型態。
2. 參數 2 是要更新的資料內容，被封裝成物件。
3. 參數 3 指定回傳物件的型態。
4. 參數 4 是 URI 的參數，可用 Map 或 Object 型態的可變動個數參數。

↻ 表 13-7 方法 patchForObject() 的參數組合

方法	參數 1	參數 2	參數 3	參數 4 (非必要)
1	String url	Object request	Class\<T\> responseType	Object... uriVariables
2	String url	Object request	Class\<T\> responseType	Map\<String, ?\> uriVariables
3	URI url	Object request	Class\<T\> responseType	

使用 RestTemplate 更新 EasyPoll 專案的 poll 資源的範例如下：

◎ 範例：/ch13-easy-poll/src/test/java/lab/easyPoll/client/ TestRestTemplateV1Client.java

```
1   @Test
2   @Order(7)
3   public void testPatch() throws Exception {
4       RestTemplate restTemplate = new RestTemplate();
5       restTemplate.setRequestFactory(new HttpComponentsClientHttpRequestFactory());
6       // add new option
7       Poll newPoll = Poll.of("(v2) 您最喜歡的線上購物網站 ?", "Yahoo", "momo",
                                                    "Pchome", " 東森 ");
8       restTemplate.patchForObject(EASY_POLL_URI + "/{pollId}", newPoll,
                                                    Poll.class, 1l);
9       // verify
10      Poll p1 = restTemplate.getForObject(EASY_POLL_URI + "/{pollId}",
                                                    Poll.class, 1l);
11      assertEquals(newPoll, p1);
12  }
```

其中行 5 需要特別注意。依實測結果，這個版本的 Spring Boot 若沒有設定 **RequestFactory**，執行時期會拋出以下例外：

```
org.springframework.web.client.ResourceAccessException:
I/O error on PATCH request for "http://localhost:8080/v1/polls/1": Invalid HTTP
method: PATCH;
nested exception is java.net.ProtocolException: Invalid HTTP method: PATCH
```

設定 RequestFactory 時也要新增依賴項目到 pom.xml：

範例：/ch13-easy-poll/pom.xml

```
1  <dependency>
2      <groupId>org.apache.httpcomponents</groupId>
3      <artifactId>httpclient</artifactId>
4  </dependency>
```

13.2.5 使用 RestTemplate 的 DELETE 相關方法刪除資源

對於使用 DELETE 方法更新資源的端點，RestTemplate 支援以 **delete()** 方法和 **exchange()** 方法存取該端點，後續的範例介紹以方法 delete() 為主。

方法 delete() 刪除資源後沒有回傳，使用 Overloading 後參數有 3 組，說明如下表：

1. 參數 1 是端點位址，可用 String 或 URI 型態。
2. 參數 2 是 URI 的參數，可用 Map 或 Object 型態的可變動個數參數。

❶ 表 13-8 方法 delete() 的參數組合

方法	參數 1	參數 2 (非必要)
1	String url	Object... uriVariables
2	String url	Map<String, ?> uriVariables
3	URI url	

使用 RestTemplate 刪除 EasyPoll 專案的 poll 資源的範例如下：

🎯 範例：/ch13-easy-poll/src/test/java/lab/easyPoll/client/
TestRestTemplateV1Client.java

```
1   @Test
2   @Order(8)
3   public void testDelete() throws Exception {
4       RestTemplate restTemplate = new RestTemplate();
5       long id = 1;
6       restTemplate.delete(EASY_POLL_URI + "/{pollId}",id);
7       try {
8           ResponseEntity<String> response = restTemplate.exchange(
              EASY_POLL_URI + "/{pollId}", HttpMethod.GET, null, String.class, id);
9           fail();
10      } catch (HttpClientErrorException e) {
11          assertEquals(HttpStatus.NOT_FOUND, e.getStatusCode());
12      }
13  }
```

13.2.6 使用 RestTemplate 的 GET 相關方法查詢分頁資源

在 EasyPoll 專案中 v1 版本的 REST API 未使用分頁，版本 v2 則套用分頁，因此 v2 服務回應的 JSON 內容相對 v1 多了分頁資訊，又更複雜些；且兩者均套用 HATEOAS 規則。

對於 HATEOAS 規則的套用，Spring Boot 提供加強版的 RestTemplate 供開發者使用，關鍵元件是 HypermediaRestTemplateConfigurer、RestTemplateCustomizer 等，美中不足的是只要 spring-hateoas 或 Spring Boot 改版，原本的設定可能就會面臨要修改的風險。

因此，本書對於套用 HATEOAS 限制與分頁的 v2 版 REST API 的呼叫方式和 v1 版本相同，畢竟都是取出相同資訊以組裝 List<Poll> 物件；分頁與關連的連結資訊若有需要一併使用 ObjectMapper、JsonNode 等物件解析取出便是。

端對端測試驗證如下。我們在行 5 準備分頁的 URL，參數為 page 和 size；行 6-8 使用 Map 準備參數值，最終用於行 10 的 exchange() 方法的最後一個參數。

其餘內容和 v1 版的處理方式一致，就不再贅述：

⊙ 範例：/ch13-easy-poll/src/test/java/lab/easyPoll/client/
TestRestTemplateV2Client.java

```java
1   @Test
2   @Order(3)
3   public void testExchange4GetPaging() throws Exception {
4       RestTemplate restTemplate = new RestTemplate();
5       String url = EASY_POLL_URI + "?page={page}&size={size}";
6       Map<String, Object> params = new HashMap<>();
7       params.put("page", 0);
8       params.put("size", 2);
9       ResponseEntity<String> response = restTemplate.exchange(
10              url, HttpMethod.GET, null, String.class, params);
11      String body = response.getBody();
12      List<Poll> polls = extractPolls(body);
13      System.out.println(polls);
14      verifyPagingPolls(polls);
15  }
16  private static List<Poll> extractPolls(String body) throws
                                                JsonProcessingException {
17      ObjectMapper om = new ObjectMapper();
18      om.configure(DeserializationFeature.FAIL_ON_UNKNOWN_PROPERTIES, false);
19      JsonNode jsNode = om.readTree(body);
20      String pollList = jsNode.at("/_embedded/pollList").toString();
21      List<Poll> polls = om.readValue(pollList, new TypeReference<List<Poll>>() {
22      });
23      return polls;
24  }
25  private static void verifyPagingPolls(List<Poll> polls) {
26      assertEquals(2, polls.size());
27      List<Poll> expected = Arrays.asList(
28              Poll.of("您最喜歡什麼顏色?", "紅色", "黑色", "藍色", "白色"),
29              Poll.of("您最喜歡的運動是什麼?", "籃球", "棒球", "足球", "板球"));
30      assertEquals(expected.size(), polls.size());
31      assertTrue(polls.containsAll(expected));
32      assertTrue(expected.containsAll(polls));
33  }
```

測試前記得要重新啟動 EasyPoll 專案。

13.3 使用 Spring Test 進行 REST API 的單元測試

測試是每一個優質軟體開發過程的一個重要步驟。測試有多種形式，先前章節我們使用 RestTemplate 直接存取資源端點，由驗證新建資源開始，接著進行查詢資源、更新資源、刪除資源等步驟，就算是一種「端對端測試 (End to End Test)」。在後續內容中，我們將著重在 Spring 元件的「單元測試 (Unit Test)」和「整合測試 (Integration Test)」。單元測試驗證各個獨立的程式碼單元是否如預期作用，這是開發人員執行的最常見測試類型；整合測試通常基於單元測試，並著重程式碼單元之間的交互作用。

Java 悠久的開源生態讓開發者有多種單元和整合測試框架可以挑選，而 JUnit 和 TestNG 幾乎成為標準的測試框架，並可以整合大多數的其他測試框架。Spring 支援這兩種框架，而本書將承襲之前的內容繼續使用 JUnit。

專案導入 Spring 測試模組

Spring 框架提供了 spring-test 模組對 Spring 元件進行測試。該模組為測試 JNDI、Controller、API 等提供一系列的標註類別、工具類別和測試替身。因為每一次的單元測試都需要 Spring 運行環境 (context)，因此該模組也提供了快取 (cache) 運行環境的功能以提升測試效能。

使用 spring-test 模組可以很輕鬆地將需要的 Spring Bean 元件和關連測試替身注入到測試環境中。若非 Spring Boot 專案，只需要在 pom.xml 中設定依賴項目：

```
1   <dependency>
2       <groupId>org.springframework</groupId>
3       <artifactId>spring-test</artifactId>
4       <version>4.1.6.RELEASE</version>
5       <scope>test</scope>
6   </dependency>
```

若是 Spring Boot 專案，預設就會提供 spring-boot-starter-test 的啟動器：

📎 範例：/ch13-easy-poll/pom.xml

```
1   <dependency>
```

```
2      <groupId>org.springframework.boot</groupId>
3      <artifactId>spring-boot-starter-test</artifactId>
4      <scope>test</scope>
5   </dependency>
```

該啟動器會自動引入 spring-test 模組到 Spring Boot 專案中，除此之外，Junit、Mockito 和 Hamcrest 等和測試有關的函式庫也會同時被引入，而本書將承襲之前的內容繼續使用 Mockito。

13.3.1 測試 Rest Controller 的 POJO 功能性

Spring 框架使用的「依賴注入 (dependency injection)」使撰寫單元測試變得更加容易，這在之前介紹可測試性 (testability) 與測試友善 (test friendly) 時就已經論述說明。因為物件之間有清楚的隔離，我們可以為注入的關連物件建立 Mock Object 並定義它的預期行為。

以 v1.PollController 的單元測試類別 PollControllerV1UnitTestPojo 為例，大致架構為：

1. 依循先前使用 Mockito 框架作法，類別以 **@ExtendWith(MockitoExtension.class)** 標註，DOC 物件以 **@Mock** 標註。
2. PollController 是這次的 SUT，關連注入到 PollController 的 PollRepository 和 PollModelAssembler 是 DOC，需要建立 Mock Object，如行 3-6。
3. 在以 @BeforeEach 標註的方法中建立 PollController 的物件實例，表示每次測試前都會被執行；並使用 Spring 的 org.springframework.test.util. **ReflectionTestUtils** 元件指定欄位名稱後將 Mock Object 注入到 PollController 中，如行 12、13。關於 ReflectionTestUtils.setField() 的參數說明：
   - 第 1 個參數是 SUT 元件。
   - 第 2 個參數指定被關連注入到 SUT 的欄位名稱。
   - 第 3 個參數指定被關連注入到 SUT 的 Mock Object。

🎯 **範例**：/ch13-easy-poll/src/test/java/lab/easyPoll/controller/v1/ PollControllerV1UnitTestPojo.java

```
1   @ExtendWith(MockitoExtension.class)
2   public class PollControllerV1UnitTestPojo {
```

```
3    @Mock
4    private PollRepository pollRepository;
5    @Mock
6    private PollModelAssembler pollModelAssembler;
7    // SUT
8    private PollController pollController;
9    @BeforeEach
10   public void setup() {
11       pollController = new PollController();
12       ReflectionTestUtils.setField(pollController,
                                    "pollRepository", pollRepository);
13       ReflectionTestUtils.setField(pollController,
                                    "pollModelAssembler", pollModelAssembler);
14   }
15   @Test
16   public void some_test() {
17   }
18 }
```

接下來開始撰寫個別的單元測試。

在本節的單元測試裡，我們把 PollController 視為一般的 POJO 類別，除了使用 Spring 框架的 ReflectionTestUtils 元件注入 Mock Object 到 SUT，之後就和框架毫無關係，因此單元測試的撰寫方式和本書第一部分相同，亦即不測試它作為一個 Controller 在 Spring MVC 框架中關乎請求與回應間的一系列操作。

根據 lab.easyPoll.controller.v1.PollController 建立的方法，我們擬定較具代表性的測試快樂路徑 (happy path) 如下：

◐ 表 13-9 測試 POJO 功能性的快樂路徑

編號	測試快樂路徑 (happy path)
1	should get ResponseEntity with http 200 when query poll successfully
2	should get ResponseEntity with http 200 when query all polls successfully
3	should get location with http 201 when create poll successfully
4	should get http 200 when replace poll successfully
5	should get http 200 when update poll successfully
6	should get http 200 when delete poll successfully

各單元測試如下：

1. should get ResponseEntity with http 200 when query poll successfully

◎ 範例：/ch13-easy-poll/src/test/java/lab/easyPoll/controller/v1/
PollControllerV1UnitTestPojo.java

```java
@Test
public void Should_get_200_When_query_poll_successfully() {
    // Given
    long id = 9l;
    Poll poll = Poll.of("您最喜歡什麼顏色?", "紅色", "黑色", "藍色", "白色");
    poll.setId(id);
    when( pollRepository.findById(id) ).thenReturn( Optional.of(poll) );
    when( pollModelAssembler.toModel(poll) ).thenReturn( EntityModel.of(poll) );
    // When
    ResponseEntity<EntityModel<Poll>> resp = pollController.getPoll(id);
    // Then
    verify(pollRepository, times(2)).findById(id);
    verify(pollModelAssembler, times(1)).toModel(poll);
    assertEquals(HttpStatus.OK, resp.getStatusCode());
    assertEquals(poll, resp.getBody().getContent());
}
```

2. should get ResponseEntity with http 200 when query all polls successfully

◎ 範例：/ch13-easy-poll/src/test/java/lab/easyPoll/controller/v1/
PollControllerV1UnitTestPojo.java

```java
@Test
public void Should_get_200_When_query_all_polls_successfully() {
    // Given
    List<Poll> polls = Arrays.asList(
            Poll.of("您最喜歡什麼顏色?", "紅色", "黑色", "藍色", "白色"),
            Poll.of("您最喜歡的運動是什麼?", "足球", "籃球", "板球", "棒球"));
    when( pollRepository.findAll() ).thenReturn( polls );
    when( pollModelAssembler.toCollectionModel(polls) )
                    .thenReturn( TestUtility.createCollectionModel(polls) );
    // When
    ResponseEntity<CollectionModel<EntityModel<Poll>>> allPollsEntity
                                        = pollController.getAllPolls();
    // Then
```

```
12    verify(pollRepository, times(1)).findAll();
13    verify(pollModelAssembler, times(1)).toCollectionModel(polls);
14    assertEquals(HttpStatus.OK, allPollsEntity.getStatusCode());
15    assertEquals(2, Lists.newArrayList(allPollsEntity.getBody()).size());
16 }
```

🎯 範例：/ch13-easy-poll/src/test/java/lab/easyPoll/TestUtility.java

```
1    public static CollectionModel<EntityModel<Poll>>
                                    createCollectionModel(Iterable<Poll> polls) {
2        List<EntityModel<Poll>> ems = new ArrayList<>();
3        for (Poll p : polls) {
4            EntityModel<Poll> em = EntityModel.of(p);
5            ems.add(em);
6        }
7        CollectionModel<EntityModel<Poll>> cem = CollectionModel.of(ems);
8        return cem;
9    }
```

3. should get location with http 201 when create poll successfully

🎯 範例：/ch13-easy-poll/src/test/java/lab/easyPoll/controller/v1/
PollControllerV1UnitTestPojo.java

```
1    @Test
2    public void Should_get_201_When_create_poll_successfully() {
3        // Given
4        Poll unsaved = Poll.of("您最喜歡什麼顏色 ?", "紅色 ", "黑色 ", "藍色 ", "白色 ");
5        Poll saved = Poll.of(91, "您最喜歡什麼顏色 ?", "紅色 ", "黑色 ", "藍色 ", "白色 ");
6        when(pollRepository.save(unsaved)).thenReturn(saved);
7
8        MockHttpServletRequest request = new MockHttpServletRequest();
9        RequestContextHolder.setRequestAttributes(
                                    new ServletRequestAttributes(request));
10       URI location = ServletUriComponentsBuilder
11                                       .fromCurrentRequest()
12                                       .path("/{id}")
13                                       .buildAndExpand(saved.getId())
14                                       .toUri();
15       ResponseEntity<Object> expected = ResponseEntity.created(location).build();
16
17       // When
18       ResponseEntity<Void> actual = pollController.createPoll(unsaved);
19       // Then
20       verify(pollRepository, times(1)).save(unsaved);
```

```
21    assertEquals(HttpStatus.CREATED, actual.getStatusCode());
22    assertEquals(expected, actual);
23  }
24
```

🔊 **說明**

8-11	呼叫 ServletUriComponentsBuilder.fromCurrentRequest() 前需要先建立 ServletRequestAttributes，否則會拋出 java.lang.IllegalStateException。 使用 RequestContextHolder.setRequestAttributes() 設定 ServletRequestAttributes。

4. should get http 200 when replace poll successfully

🎯 範例：/ch13-easy-poll/src/test/java/lab/easyPoll/controller/v1/
PollControllerV1UnitTestPojo.java

```
1   @Test
2   public void Should_get_200_When_replace_poll_successfully() {
3       // Given
4       long id = 91;
5       Poll asis = Poll.of(id, "asis question", "asis option");
6       when(pollRepository.findById(id)).thenReturn(Optional.of(asis));
7
8       // When
9       Poll tobe = Poll.of("tobe question", "tobe option");
10      ResponseEntity<Void> actual = pollController.replacePoll(tobe, id);
11
12      // Then
13      verify(pollRepository, times(2)).findById(isA(Long.class));
14      verify(pollRepository, times(1)).save(isA(Poll.class));
15      assertEquals(HttpStatus.OK, actual.getStatusCode());
16      // Then - 以 ArgumentCaptor 確認最後傳入 save() 的是全部更新的 Poll
17      ArgumentCaptor<Poll> captor = ArgumentCaptor.forClass(Poll.class);
18      verify(pollRepository).save(captor.capture());
19      assertEquals(91, captor.getValue().getId());
20      Poll toSave = Poll.of("tobe question", "tobe option");
21      assertEquals(toSave, captor.getValue());
22  }
```

PollController 的 replacePoll() 方法的實作關鍵是以傳入的 Poll 物件 (稱 tobe) 內容「取代」系統中相同 ID 的 Poll 物件 (稱 asis) 內容，完成後成為擁有新狀態的 Poll 物件 (稱 toSave)，最終傳入 pollRepository.save() 方法儲存至資料庫。這裡「取代」實作邏輯是：

1. 以 tobe 的 question 屬性值取代 asis 的 question 屬性值。
2. 以 tobe 的 options 屬性值取代 asis 的 options 屬性值。

因此我們在單元測試中建立 Poll 型態的 asis、tobe 變數，並以 ArgumentCaptor 驗證最終傳入 pollRepository.save() 的 Poll 物件狀態是否如預期和 toSave 變數一致。

此外，行 14 可以發現 pollRepository.findById() 前後被執行了 2 次！撰寫單元測試的另一個好處是可以發現程式碼不合理的地方，類似 code review 的效果；此時為了效能考量，的確可以修正程式碼讓該方法僅一次呼叫，但在這裡就不予修正。

單元測試一個重要功能在確保撰寫單元測試當下的程式碼狀態。後續若正式的程式碼被異動，連帶影響其他程式碼邏輯，導致不預期的單元測試失敗，就要重新檢視修改方式，會是重構程式碼以切斷關連性，讓單元測試能全部通過。

5. should get http 200 when update poll successfully

🎯 範例：/ch13-easy-poll/src/test/java/lab/easyPoll/controller/v1/PollControllerV1UnitTestPojo.java

```
1   @Test
2   public void Should_get_200_When_update_poll_successfully() {
3       // Given
4       long id = 91;
5       Poll asis = Poll.of(id, "asis question", "asis option");
6       when(pollRepository.findById(id)).thenReturn(Optional.of(asis));
7
8       // When
9       Poll tobe = Poll.of("tobe question", "tobe option");
10      ResponseEntity<Void> actual = pollController.updatePoll(tobe, id);
11
12      // Then
13      verify(pollRepository, times(2)).findById(isA(Long.class));
14      verify(pollRepository, times(1)).save(isA(Poll.class));
15      assertEquals(HttpStatus.OK, actual.getStatusCode());
16      // Then - 以 ArgumentCaptor 確認最後傳入 save() 的是局部更新的 Poll
```

```
17    ArgumentCaptor<Poll> captor = ArgumentCaptor.forClass(Poll.class);
18    verify(pollRepository).save(captor.capture());
19    assertEquals(9l, captor.getValue().getId());
20    Poll toSave = Poll.of(id, "tobe question", "asis option", "tobe option");
21    assertEquals(toSave, captor.getValue());
22  }
```

PollController 的 updatePoll() 方法的實作關鍵是以傳入的 Poll 物件 (稱 tobe) 內容「局部更新」系統中相同 ID 的 Poll 物件 (稱 asis) 內容，完成後成為擁有新狀態的 Poll 物件 (稱 toSave)，最終傳入 pollRepository.save() 方法儲存至資料庫。這裡「局部更新」實作邏輯是：

1. 以 tobe 的 question 屬性值取代 asis 的 question 屬性值。
2. tobe 的 options 集合物件中若有成員是 asis 的 options 集合物件所沒有的，則新增至 asis 的 options 集合物件中。

因此我們在單元測試中建立 Poll 型態的 asis、tobe 變數，並以 ArgumentCaptor 驗證最終傳入 pollRepository.save() 的 Poll 物件狀態是否如預期和 toSave 變數一致。

正式程式碼的實作是依據使用者需求，測試程式碼的實作可以確認這樣的結果持續有效。讀者可以比較 updatePoll() 與 replacePoll() 方法的測試案例差別。

6. should get http 200 when delete poll successfully

範例：/ch13-easy-poll/src/test/java/lab/easyPoll/controller/v1/
PollControllerV1UnitTestPojo.java

```
1   @Test
2   public void Should_get_200_When_delete_poll_successfully() {
3       // Given
4       long id = 9l;
5       Poll asis = new Poll();
6       asis.setId(id);
7       when(pollRepository.findById(id)).thenReturn(Optional.of(asis));
8       // When
9       ResponseEntity<Void> actual = pollController.deletePoll(id);
10      // Then
11      verify(pollRepository, times(1)).deleteById(9l);
12      assertEquals(HttpStatus.OK, actual.getStatusCode());
```

```
13    ArgumentCaptor<Long> captor = ArgumentCaptor.forClass(Long.class);
14    verify(pollRepository).deleteById(captor.capture());
15    assertEquals(9l, captor.getValue());
16  }
```

擬定的測試悲傷路徑 (unhappy path) 如下：

↻ 表 13-10　測試 POJO 功能性的悲傷路徑

編號	測試悲傷路徑 (unhappy path)
7	should throws ResourceNotFoundException when query poll not found
8	should throws RestControllerException when create poll failed
9	should throws ResourceNotFoundException when replace poll not found
10	should throws RestControllerException when replace poll failed
11	should throws ResourceNotFoundException when update poll not found
12	should throws RestControllerException when update poll failed
13	should throws ResourceNotFoundException when delete poll not found

悲傷路徑的特徵有 2：

1. 找不到特定資源時，拋出自定義的例外類別 lab.easyPoll.exception.
   ResourceNotFoundException，將對應 HTTP 的 404 狀態碼。
2. 儲存特定資源時異常，如資料庫相關錯誤。因為這類型的錯誤屬於伺服器內
   部錯誤 (internal server error)，因此我們仿效定義 ResourceNotFoundException
   的方式再定義 **RestControllerException**，當 PollRepository.save() 失敗時將
   捕捉原例外後轉拋 RestControllerException，並以原例外作為客製例外的建構
   子參數，如以下範例行 4：

🎯 **範例**：/ch13-easy-poll/src/main/java/lab/easyPoll/controller/v1/
PollController.java

```
1  try {
2      pollRepository.save(asis);
3  } catch (Exception e) {
4      throw new RestControllerException(e);
5  }
```

因為原因相似，因此僅節錄編號 7 與 8 的悲傷路徑單元測試，其餘請參閱範例程式碼。

7. should throws ResourceNotFoundException when query poll not found

範例：/ch13-easy-poll/src/test/java/lab/easyPoll/controller/v1/PollControllerV1UnitTestPojo.java

```java
@Test
public void Should_throws_exception_When_query_poll_not_found() {
    // Given
    long id = 9l;
    when( pollRepository.findById(id) )
                .thenThrow( new ResourceNotFoundException("id not found~") );
    // When & Then
    ResourceNotFoundException ex = assertThrows(
     ResourceNotFoundException.class, () -> { pollController.getPoll(id); } );
    assertEquals("id not found~", ex.getMessage());
}
```

8. should throws RestControllerException when create poll failed

範例：/ch13-easy-poll/src/test/java/lab/easyPoll/controller/v1/PollControllerV1UnitTestPojo.java

```java
@Test
public void Should_throws_exception_When_create_poll_failed() {
    // Given
    Poll unsaved = new Poll();
    Poll saved = new Poll();
    saved.setId(9l);
    when( pollRepository.save(unsaved) ).thenThrow( new RuntimeException() );
    // When & Then
    assertThrows(RestControllerException.class, () -> {
        pollController.createPoll(unsaved);
    });
}
```

對於 lab.easyPoll.controller.v2.PollController 設計的方法，因為和 v1 版本差別主要在查詢 polls 集合資源時予以分頁，因此擬定的測試快樂路徑如下：

⤵ 表 13-11 測試 POJO 分頁功能性的快樂路徑

編號	測試快樂路徑 (happy path)
14	should get ResponseEntity with http 200 when query poll with paging successfully

🎯 範例：/ch13-easy-poll/src/test/java/lab/easyPoll/controller/v2/
PollControllerV1UnitTestPojo.java

```java
@ExtendWith(MockitoExtension.class)
public class PollControllerV2UnitTestPojo {
  @Mock
  private PollRepository pollRepository;
  @Mock
  private PollModelAssembler pollModelAssembler;
  @Mock
  PagedResourcesAssembler<Poll> pagedResourcesAssembler;
  // SUT
  private PollController pollController;
  @BeforeEach
  public void setup() {
    pollController = new PollController();
    ReflectionTestUtils.setField(pollController,
                                 "pollRepository", pollRepository);
    ReflectionTestUtils.setField(pollController,
                                 "pollModelAssembler", pollModelAssembler);
    ReflectionTestUtils.setField(pollController,
                        "pagedResourcesAssembler", pagedResourcesAssembler);
  }
  @Test
  public void Should_get_200_When_query_all_polls_with_paging_successfully() {
    // Given
    long size = 2l;
    long number = 0;
    long totalElements = 3l;
    long totalPages = 2l;
    PageMetadata pm = new PageMetadata(size, number, totalElements, totalPages);
    List<Poll> polls = Arrays.asList(
            Poll.of("question-1", "option-1"),
            Poll.of("question-2", "option-2"));
    Page<Poll> pagedPolls = new PageImpl<>(polls);
    when(pollRepository.findAll(isA(Pageable.class))).thenReturn(pagedPolls);
    when(pagedResourcesAssembler.toModel(pagedPolls, pollModelAssembler))
            .thenReturn(TestUtility.createPagedModel(pagedPolls, pm));
    // When
```

```
34   Pageable page1stWith2Elements = PageRequest.of(0, 2);
35   ResponseEntity<PagedModel<EntityModel<Poll>>> allPollsEntity =
                          pollController.getAllPolls(page1stWith2Elements);
36   // Then
37   verify(pollRepository, times(1)).findAll(isA(Pageable.class));
38   verify(pagedResourcesAssembler, times(1)).
                          toModel(pagedPolls, pollModelAssembler);
39   assertEquals(HttpStatus.OK, allPollsEntity.getStatusCode());
40   assertEquals(2, allPollsEntity.getBody().getContent().size());
41   assertEquals(0, allPollsEntity.getBody().getMetadata().getNumber());
42   assertEquals(21, allPollsEntity.getBody().getMetadata().getSize());
43   assertEquals(31, allPollsEntity.getBody().getMetadata().getTotalElements());
44   assertEquals(21, allPollsEntity.getBody().getMetadata().getTotalPages());
45   }
46 }
```

🎯 範例：/ch13-easy-poll/src/test/java/lab/easyPoll/TestUtility.java

```
1   public static PagedModel<EntityModel<Poll>>
                          createPagedModel(Iterable<Poll> polls, PageMetadata pm) {
2       List<EntityModel<Poll>> ems = new ArrayList<>();
3       for (Poll p : polls) {
4           EntityModel<Poll> em = EntityModel.of(p);
5           ems.add(em);
6       }
7       PagedModel<EntityModel<Poll>> pem = PagedModel.of(ems, pm);
8       return pem;
9   }
```

13.3.2 測試 Rest Controller 的 Controller 功能性

在前述的測試策略中，我們把 PollController 視為一般的 POJO 類別，因此不測試它作為一個 Controller 在 Spring MVC 框架中關乎請求與回應間的一系列操作，如請求映射 (request mapping)、參數驗證 (validation)、資料綁定 (data binding) 和異常處理程序 (exception handler) 等，畢竟這些能力是與框架互動，並非個別 POJO 類別本身能力。

從 3.2 版開始，spring-test 模組包含一個 Spring MVC 的測試框架，允許我們將 PollController 作為一個真正的 Controller 進行測試，亦即測試剛剛提及的請求映射、參數驗證、資料綁定和異常處理程序等，此時嚴格說來已經超出單純只對個別類別的單元測試。

該測試框架會將 DispatcherServlet 和 Spring MVC 相關元件如 View Resolver 等
載入到測試環境中，然後使用 DispatcherServlet 處理所有請求並產生回應，就像
一般的 Spring MVC 環境一樣，但無須實際啟動 Spring MVC，這讓我們可以做
更多的測試以保障軟體品質。

以 v1.PollController 的單元測試類別 PollControllerV1UnitTestController 為例，大
致架構為：

1. 類別標註 **@SpringBootTest** 與 **@AutoConfigureMockMvc**，代表與 Spring
   Boot 相關且將自動化設定測試框架。
2. DOC 物件仍以 **@Mock** 標註。
3. 相較於 PollControllerV1UnitTestPojo，本次 SUT 以 **@InjectMocks** 標註，和
   DOC 的關連就無須使用 ReflectionTestUtils.setField() 設定。
4. 以下範例行 11 的 org.springframework.test.web.servlet.MockMvc.**MockMvc** 元
   件為 spring-test 框架的核心元件，將在每個單元測試方法中使用，因此宣告
   為實例變數，建立方式如範例行 14：將本次的 SUT 物件 PollController 作為
   參數傳入 MockMvcBuilders.**standaloneSetup**() 方法後，再呼叫 **build**() 方
   法。
5. 開始撰寫單元測試方法。

   範例：/ch13-easy-poll/src/test/java/lab/easyPoll/controller/v1/
   PollControllerV1UnitTestController.java

```
1   @SpringBootTest
2   @AutoConfigureMockMvc
3   public class PollControllerV1UnitTestController {
4       @Mock
5       private PollRepository pollRepository;
6       @Mock
7       private PollModelAssembler pollModelAssembler;
8       @InjectMocks
9       PollController pollController;
10      // spring component
11      private MockMvc mockMvc;
12      @BeforeEach
13      public void setUp() throws Exception {
14          mockMvc = standaloneSetup(pollController).build();
15      }
16      @Test
```

```
17      public void Should_When_ {}
18  }
```

測試 Rest Controller 功能性的快樂路徑基本上和測試 POJO 功能性是一致的。只是關注的測試結果不是方法的回傳內容，而是 HTTP 的回應。擬定的測試快樂路徑如下：

↻ 表 13-12　測試 Controller 功能性的快樂路徑

編號	測試快樂路徑 (happy path)
1	should get http 200 when query poll successfully
2	should get http 200 when query all polls successfully
3	should get location with http 201 when create poll successfully
4	should get http 200 when replace poll successfully
5	should get http 200 when update poll successfully
6	should get http 200 when delete poll successfully

各單元測試如下：

1. should get http 200 when query poll successfully

⊙ 範例：/ch13-easy-poll/src/test/java/lab/easyPoll/controller/v1/
PollControllerV1UnitTestController.java

```
1   @Test
2   public void Should_get_200_When_query_poll_successfully() throws Exception {
3       // Given
4       Long id = 91;
5       Poll poll = Poll.of("您最喜歡什麼顏色？", "紅色", "黑色", "藍色", "白色");
6       poll.setId(id);
7       when(pollRepository.findById(id)).thenReturn(Optional.of(poll));
8       when(pollModelAssembler.toModel(poll)).thenReturn(EntityModel.of(poll));
9       // When & Then
10      RequestBuilder requestBuilder = MockMvcRequestBuilders
11              .get("/v1/polls/9")
12              .contentType(MediaType.APPLICATION_JSON)
13              .accept(MediaType.APPLICATION_JSON);
14      ResultHandler resultHandler = r -> System.out.println(
15              r.getResponse().getContentAsString(StandardCharsets.UTF_8));
16      ResultMatcher resultMatcher = MockMvcResultMatchers.status().isOk();
```

```
17  ResultActions resultActions = mockMvc.perform(requestBuilder);
18  resultActions
19      .andDo(resultHandler)
20      .andExpect(resultMatcher)
21      .andExpect(MockMvcResultMatchers.jsonPath("$.id").value("9"))
22      .andExpect(jsonPath("$.question").value(" 您最喜歡什麼顏色 ?"))
23      .andExpect(jsonPath("$.options[0].value").value(" 紅色 "))
24      .andExpect(jsonPath("$.options[1].value").value(" 黑色 "))
25      .andExpect(jsonPath("$.options[2].value").value(" 藍色 "))
26      .andExpect(jsonPath("$.options[3].value").value(" 白色 "));
27  }
```

🔊 說明

3-8	測試 Controller 功能性的前置條件與測試 POJO 時相同。
10-11	使用 **MockMvcRequestBuilders** 建立請求，該類別方法均宣告為 static，如下：  ▲ 圖 13-4 MockMvcRequestBuilders 的 static 方法 呼叫 **get()** 方法表示使用 HTTP 的 GET 方法請求資源，其他如 post()、patch()、put()、delete() 等方法均可類推。

大部分方法都回傳 **MockHttpServletRequestBuilder** 實體類別，該型別為介面 **RequestBuilder** 的實作：

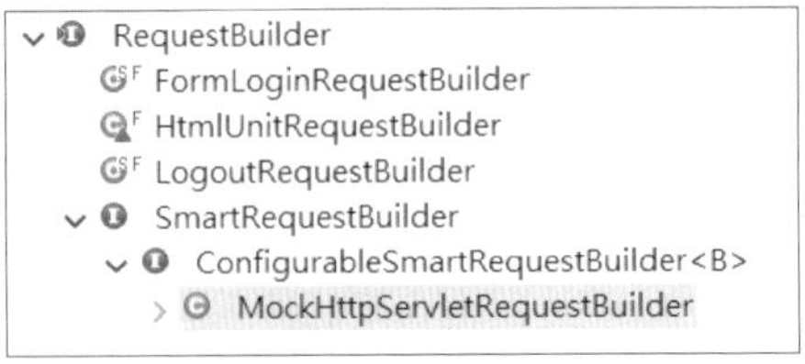

▲ 圖 13-5 型別 MockHttpServletRequestBuilder 的繼承結構

12-13	實體類別 **MockHttpServletRequestBuilder** 採用 Builder 設計模式，所有方法都回傳自己。使用 **contentType()** 方法設定 HTTP 的 Content-Type 標頭屬性，使用 **accept()** 方法設定 HTTP 的 Accept 標頭屬性。
14-15	建立 **ResultHandler** 可以對請求的回應結果進行操作，用法類似 Java 串流 (Stream)API 中的 peek()。範例中用於輸出回應內容，並以 UTF-8 編碼輸出，避免內容是繁體中文時輸出亂碼。
16	使用 **MockMvcResultMatchers** 建立各種測試結果的描述，該類別的所有方法均宣告為 static：

▲ 圖 13-6 MockMvcResultMatchers 的 static 方法

	呼叫 **status()** 方法建立 StatusResultMatchers，表示 HTTP 狀態碼的比對器；再呼叫 **isOk()** 方法預期結果為 HTTP 200，回傳為 **ResultMatcher** 型態。
17	**MockMvc**.**perform**() 方 法 接 受 **RequestBuilder** 型態的參數，預期回傳 **ResultActions** 實例，可用於斷言 (assert) 回應的內容。
19	**ResultActions**.**andDo**() 方法接受 **ResultHandler** 型態的參數，配合行 14-15，可以輸出回應內容，有助於撰寫回應的斷言。 因為是 Builder 設計模式的應用，也回傳 **ResultActions**，因此可以持續類似的操作。
20	**ResultActions**.**andExpect**() 方法接受 **ResultMatcher** 型態的參數，再回傳自己的實例物件，用於斷言回應的內容。 這裡配合行 16，斷言回應的 HTTP 狀態碼為 200。
21	**MockMvcResultMatchers**.**jsonPath**() 方法接受字串參數，需傳入 JSON 的屬性節點，回傳 JsonPathResultMatchers 物件。 以 JsonPathResultMatchers.**value**() 方法斷言 JSON 節點的內容。這裡斷言 JSON 屬性 id 的值為「9」。
22	MockMvcResultMatchers 的方法均為 static，使用 static import 後可以精簡程式碼，以 jsonPath() 取代 MockMvcResultMatchers.jsonPath()。 這裡斷言 JSON 屬性 question 的值為「您最喜歡什麼顏色？」。

在後續的單元測試裡，我們將以 static import 的方式配合 Builder 設計模式的呈現來簡化程式碼。

2. should get http 200 when query all polls successfully

🎯 範例：/ch13-easy-poll/src/test/java/lab/easyPoll/controller/v1/
PollControllerV1UnitTestController.java

```
1  @Test
2  public void Should_get_200_When_query_all_polls_successfully() throws Exception
   {
3    // Given
4    List<Poll> polls = Arrays.asList(
5          Poll.of("您最喜歡什麼顏色？", "紅色", "黑色", "藍色", "白色"),
6          Poll.of("您最喜歡的運動是什麼？", "足球", "籃球", "板球", "棒球"));
7    when(pollRepository.findAll()).thenReturn(polls);
8    when(pollModelAssembler.toCollectionModel(polls))
```

```
9                     .thenReturn(TestUtility.createCollectionModel(polls));
10   // When & Then
11   mockMvc
12     .perform(get("/v1/polls")
13                     .contentType(MediaType.APPLICATION_JSON)
14                     .accept(MediaType.APPLICATION_JSON))
15     .andExpect(status().isOk())
16     .andExpect(jsonPath("$.content[2]").doesNotExist())
17     .andExpect(jsonPath("$.content[0].question").value("您最喜歡什麼顏色？"))
18     .andExpect(jsonPath("$.content[0].options[0].value").value("紅色"))
19     .andExpect(jsonPath("$.content[0].options[5]").doesNotExist());
20   }
```

🔊 說明

16	不存在第 3 個 poll 資源，表示長度為 2。
19	第 1 個 poll 資源不存在第 5 個問卷選項 (Option)，表示共有 4 個問卷選項。

3. should get location with http 201 when create poll successfully

🎯 範例：/ch13-easy-poll/src/test/java/lab/easyPoll/controller/v1/
PollControllerV1UnitTestController.java

```
1    @Test
2    public void Should_get_201_When_create_poll_successfully() throws Exception {
3        // Given
4        Poll unsaved = Poll.of("您最喜歡什麼顏色？", "紅色", "黑色", "藍色", "白色");
5        Poll saved = Poll.of(9l, "您最喜歡什麼顏色？", "紅色", "黑色", "藍色", "白色");
6        when(pollRepository.save(unsaved)).thenReturn(saved);
7        // When & Then
8        mockMvc
9        .perform(post("/v1/polls")
10                     .content(asJsonString(unsaved))
11                     .contentType(MediaType.APPLICATION_JSON)
12                     .accept(MediaType.APPLICATION_JSON))
13        .andExpect(status().isCreated())
14        .andExpect(header().string(HttpHeaders.LOCATION,
                                       "http://localhost/v1/polls/9"));
15   }
```

📌 範例：/ch13-easy-poll/src/test/java/lab/easyPoll/TestUtility.java

```java
public static String asJsonString(final Object obj) {
    try {
        ObjectMapper mapper = new ObjectMapper();
        mapper.enable(SerializationFeature.INDENT_OUTPUT);
        return mapper.writeValueAsString(obj);
    } catch (Exception e) {
        throw new RuntimeException(e);
    }
}
```

4. should get http 200 when replace poll successfully

📌 範例：/ch13-easy-poll/src/test/java/lab/easyPoll/controller/v1/
PollControllerV1UnitTestController.java

```java
@Test
public void Should_get_200_When_replace_poll_successfully() throws Exception {
    // Given
    long id = 91;
    Poll asis = Poll.of(id, "asis question", "asis option");
    when(pollRepository.findById(id)).thenReturn(Optional.of(asis));

    // When & Then
    Poll tobe = Poll.of("tobe question", "tobe option");
    mockMvc
        .perform(put("/v1/polls/9")
                .content(asJsonString(tobe))
                .contentType(MediaType.APPLICATION_JSON)
                .accept(MediaType.APPLICATION_JSON))
        .andExpect(status().isOk());
}
```

5. should get http 200 when update poll successfully

📌 範例：/ch13-easy-poll/src/test/java/lab/easyPoll/controller/v1/
PollControllerV1UnitTestController.java

```java
@Test
public void Should_get_200_When_update_poll_successfully() throws Exception {
    // Given
    long id = 91;
    Poll asis = Poll.of(id, "asis question", "asis option");
```

```
6      when(pollRepository.findById(id)).thenReturn(Optional.of(asis));
7
8      // When & Then
9      Poll tobe = Poll.of("tobe question", "tobe option");
10     mockMvc
11         .perform(patch("/v1/polls/9")
12                 .content(asJsonString(tobe))
13                 .contentType(MediaType.APPLICATION_JSON)
14                 .accept(MediaType.APPLICATION_JSON))
15         .andExpect(status().isOk());
16  }
```

6. should get http 200 when delete poll successfully

範例：/ch13-easy-poll/src/test/java/lab/easyPoll/controller/v1/
PollControllerV1UnitTestController.java

```
1   @Test
2   public void Should_get_200_When_delete_poll_successfully() throws Exception {
3       // Given
4       long id = 9l;
5       Poll asis = new Poll();
6       asis.setId(id);
7       when(pollRepository.findById(id)).thenReturn(Optional.of(asis));
8       // When & Then
9       mockMvc
10          .perform(delete("/v1/polls/9"))
11          .andExpect(status().isOk());
12  }
```

擬定的測試悲傷路徑 (unhappy path) 如下：

❶ 表 13-13 測試 Controller 功能性的悲傷路徑

編號	測試悲傷路徑 (unhappy path)
7	should get http 404 when query poll not found
8	should get http 400 when create poll with empty input
9	should get http 500 when create poll failed
10	should get http 404 when replace poll not found
11	should get http 500 when replace poll validation failed
12	should get http 404 when update poll not found

編號	測試悲傷路徑 (unhappy path)
13	should get http 500 when update poll failed
14	should get http 404 when delete poll not found

本專案範例設計的悲傷路徑特徵有 3：

1. 查詢特定資源找不到時拋出 **ResourceNotFoundException**，得到的回應為 HTTP 的 404 狀態碼，訊息為「Not Found」。
2. 請求參數在綁定為 Domain 物件時未通過 JSR 303 的 Bean Validation 驗證，拋出 org.springframework.web.bind.**MethodArgumentNotValidException**，此時得到的回應為 HTTP 的 400 狀態碼，訊息為「Bad Request」。本專案範例在 PollController 的 createPoll (@**Valid** Poll poll) 方法有可能拋出該例外，因為參數使用 @Valid 標註會進行 JSR 303 的 Bean Validation 驗證。
3. 儲存特定資源時異常，如資料庫錯誤。在 PollRepository.save() 方法失敗時捕抓原例外物件再轉拋 **RestControllerException**，對應的 HTTP 狀態碼為 500，訊息為「Internal Server Error」。

因此僅節錄編號 7、8、9 的悲傷路徑單元測試，其餘請參閱範例程式碼。

7. should get http 404 when query poll not found

範例：/ch13-easy-poll/src/test/java/lab/easyPoll/controller/v1/ PollControllerV1UnitTestController.java

```
1  @Test
2  public void Should_get_404_When_query_poll_not_found() throws Exception {
3    // Given
4    long id = 91;
5    when(pollRepository.findById(id)).
                    thenThrow(new ResourceNotFoundException("id not found~"));
6    // When & Then
7    mockMvc
8      .perform(get("/v1/polls/9")
9                    .contentType(MediaType.APPLICATION_JSON)
10                   .accept(MediaType.APPLICATION_JSON))
11     .andExpect(status().isNotFound())
12     .andExpect(r ->
        assertTrue(r.getResolvedException() instanceof ResourceNotFoundException))
```

```
13      .andExpect(r ->
            assertEquals("id not found~", r.getResolvedException().getMessage()));
14  }
```

🔊 說明

方法 .andExpect() 接受介面 ResultMatcher 的參數，該介面唯一的方法為 void match(**MvcResult r**) throws Exception，因此變數 r 型別為 **MvcResult**，方法 getResolvedException() 可以取得拋出的 Exception 物件，用來配合斷言結果。

介面 MvcResult 其他方法列舉如下：

▲ 圖 13-7 介面 MvcResult 可用方法

8. should get http 400 when create poll with empty input

🎯 範例：/ch13-easy-poll/src/test/java/lab/easyPoll/controller/v1/ PollControllerV1UnitTestController.java

```
1   @Test
2   public void Should_get_400_When_create_poll_with_empty_input() throws Exception
    {
3     // Given
4     Poll unsaved = new Poll();
5     // When & Then
6     mockMvc
7       .perform(post("/v1/polls")
8                       .content(asJsonString(unsaved))
9                       .contentType(MediaType.APPLICATION_JSON)
10                      .accept(MediaType.APPLICATION_JSON))
11      .andExpect(status().isBadRequest())
12      .andExpect(r -> assertTrue(
           r.getResolvedException() instanceof MethodArgumentNotValidException));
13  }
```

9. should get http 500 when create poll failed

範例：/ch13-easy-poll/src/test/java/lab/easyPoll/controller/v1/
PollControllerV1UnitTestController.java

```
1  @Test
2  public void Should_get_500_When_create_poll_failed() throws Exception {
3    // Given
4    Poll unsaved = Poll.of("您最喜歡什麼顏色 ?", " 紅色 ", " 黑色 ", " 藍色 ", " 白色 ");
5    when(pollRepository.save(unsaved)).thenThrow(new RuntimeException());
6    // When & Then
7    mockMvc
8      .perform(post("/v1/polls")
9                         .content(asJsonString(unsaved))
10                        .contentType(MediaType.APPLICATION_JSON)
11                        .accept(MediaType.APPLICATION_JSON))
12    .andExpect(status().is5xxServerError())
13    .andExpect(r ->
         assertTrue(r.getResolvedException() instanceof RestControllerException))
14    .andExpect(r ->
     assertTrue(r.getResolvedException().getCause() instanceof RuntimeException));
15  }
```

對於 lab.easyPoll.controller.v2.PollController 設計的方法，因為和 v1 版本差別主
要在查詢 polls 集合資源時予以分頁，因此擬定的測試快樂路徑如下：

↻ 表 13-14 測試 Controller 分頁功能性的快樂路徑

編號	測試快樂路徑 (happy path)
15	should get ResponseEntity with http 200 when query poll with paging successfully

範例：/ch13-easy-poll/src/test/java/lab/easyPoll/controller/v2/
PollControllerV2UnitTestController.java

```
1  @SpringBootTest
2  @AutoConfigureMockMvc
3  public class PollControllerV2UnitTestController {
4    @Mock
5    private PollRepository pollRepository;
6    @Mock
7    private PollModelAssembler pollModelAssembler;
8    @Mock
```

```
9    private PagedResourcesAssembler<Poll> pagedResourcesAssembler;
10   @InjectMocks
11   PollController pollController;
12   // core
13   private MockMvc mockMvc;
14   @BeforeEach
15   public void setUp() throws Exception {
16     mockMvc =
17     standaloneSetup(pollController)
18       .setCustomArgumentResolvers(new PageableHandlerMethodArgumentResolver())
19       .build();
20   }
21   @Test
22   public void Should_get_200_When_query_all_polls_with_paging_successfully()
                                                            throws Exception {
23     // Given
24     long size = 2l;
25     long number = 1l;
26     long totalElements = 3l;
27     long totalPages = 2l;
28     PageMetadata pm = new PageMetadata(size, number, totalElements, totalPages);
29
30     List<Poll> polls = Arrays.asList(Poll.of("question-3", "option-3"));
31     Page<Poll> pagedPolls = new PageImpl<>(polls);
32
33     when(pollRepository.findAll(isA(Pageable.class))).thenReturn(pagedPolls);
34     when(pagedResourcesAssembler.toModel(pagedPolls, pollModelAssembler))
35           .thenReturn(TestUtility.createPagedModel(pagedPolls, pm));
36     // When & Then
37     mockMvc
38         .perform(get("/v2/polls?page=1&size=2")
39                             .contentType(MediaType.APPLICATION_JSON)
40                             .accept(MediaType.APPLICATION_JSON))
41       .andExpect(status().isOk()).andExpect(jsonPath("$.content[1]").
                                                            doesNotExist())
42       .andExpect(jsonPath("$.content[0].question").value("question-3"))
43       .andExpect(jsonPath("$.content[0].options[0].value").value("option-3"))
44       .andExpect(jsonPath("$.page.size").value("2"))
45       .andExpect(jsonPath("$.page.totalElements").value("3"))
46       .andExpect(jsonPath("$.page.totalPages").value("2"))
47       .andExpect(jsonPath("$.page.number").value("1"));
48   }
49 }
```

🔊 **說明**

	測試分頁功能在本版 Spring Boot 必須設定 CustomArgumentResolvers，否則將拋出例外訊息：
18	java.lang.IllegalStateException: No primary or single public constructor found for interface org.springframework.data.domain.Pageable - and no default constructor found either

13.4 使用 Spring Test 進行 REST API 的整合測試

在上一節中我們介紹了對 Controller 的單元測試，包含 POJO 與 Controller 功能性的測試。但是這樣的測試僅限於 Web 層，若考慮往系統內測試其他功能，如資料存取，就需要如一開始介紹的使用 RestTemplate 進行端對端測試，而且需要依賴 Tomcat 等容器啟動專案，通常會影響測試效率。

spring-test 框架為整合測試 Spring MVC 應用程式提供了一個輕量級的容器替代方案。在這種方案中，Spring 應用程式的 Context 以及 DispatcherServlet 和相關的 MVC 元件都將被載入並啟用，此時偽冒的 Spring MVC 容器可用於接收和執行 HTTP 請求。這些請求將與真實的 Controller 互動，和 Controller 關連的相依物件如 Service 或 Repository/DAO 也都是真實元件。有時為了加速整合測試，就會以 Mock Object 取代。

因為是真實的 Repository/DAO 元件，因此會使用內嵌於記憶體的資料庫，生命週期與整合測試一致。

開發整合測試類別和單元測試相似，除了幾個主要區別：

1. 整合測試進行時將載入 Spring 完整的 Context，也包含 Bean 元件。單元測試則為空的 Context。

2. MockMvc 將 改 由 Spring 關 連 注 入，而 非 指 定 Controller 後 藉 由 MockMvcBuilders.standaloneSetup() 建立，因此可用於所有 REST 端點。

3. 元件 Repository/DAO 直接存取嵌於記憶體的資料庫，因此無須偽冒。

4. 因為我們將在後續的整合測試類別 PollControllerIntegrationTest 驗證資源的各項操作，類似使用 RestTemplate 的端對端測試，測試時將依循對資源的新增、查詢、修改、刪除的順序進行。因此類別標註 **@TestMethodOrder(OrderAnnotation.class)**，方法標註 **@Order(N)**，變數 N 代表順序。

整合測試類別架構如下：

🎯 範例：/ch13-easy-poll/src/test/java/lab/easyPoll/controller/PollControllerIntegrationTest.java

```
1   @SpringBootTest
2   @AutoConfigureMockMvc
3   @TestMethodOrder(OrderAnnotation.class)
4   public class PollControllerIntegrationTest {
5       @Autowired
6       private MockMvc mockMvc;
7       @Test
8       @Order(1)
9       public void some_test_1() throws Exception {
10          // implement
11      }
12      @Test
13      @Order(2)
14          public void some_test_2() throws Exception {
15          // implement
16      }
17  }
```

📢 說明

1-2	類別標註 **@SpringBootTest** 與 **@AutoConfigureMockMvc**，代表測試對象為 Spring Boot 專案且將自動設定測試框架。
5-6	MockMvc 以 **@Autowired** 關連注入，不由 MockMvcBuilders.standaloneSetup() 指定 Controller 建立，將可用於所有 REST 端點。

擬定的測試路徑如下：

↻ 表 13-15 整合測試路徑

編號	測試路徑
1	should get http 201 when create poll successfully
2	should get http 200 when query poll successfully
3	should get http 200 when query all polls successfully
4	should get http 200 when query all polls with paging successfully
5	should get http 200 when replace poll successfully
6	should get http 200 when update poll successfully
7	should get http 200 when delete poll successfully
8	should get http 404 when query poll not found
9	should get http 400 when create poll with empty input
10	should get http 404 when replace poll not found
11	should get http 500 when replace poll validation failed
12	should get http 404 when update poll not found
13	should get http 500 when update poll failed
14	should get http 404 when delete poll not found

因為測試內容與測試 Controller 功能性相似，因此僅節錄編號 4、8、13 的測試路徑內容，其餘請參閱範例程式碼。

4. should get http 200 when query all polls with paging successfully

範例：/ch13-easy-poll/src/test/java/lab/easyPoll/controller/
PollControllerIntegrationTest.java

```
1   @Test
2   @Order(4)
3   public void Should_get_200_When_query_all_polls_with_paging_successfully()
                                                throws Exception {
4     Poll p3 = Poll.of("您使用 Spring 框架多久 ?", "1 年 ", "2 年 ", "3 年 ", "4 年 ");
5     mockMvc
```

```
6       .perform( post("/v1/polls")
7                           .content(asJsonString(p3))
8                           .contentType(MediaType.APPLICATION_JSON)
9                           .accept(MediaType.APPLICATION_JSON))
10      .andExpect(status().isCreated());
11
12  mockMvc
13      .perform(get("/v2/polls?page=1&size=2")
14              .contentType(MediaType.APPLICATION_JSON)
15              .accept(MediaType.APPLICATION_JSON))
16      .andExpect(status().isOk())
17      .andExpect(jsonPath("$._embedded.pollList[0].question")
                                    .value("您使用 Spring 框架多久 ?"))
18      .andExpect(jsonPath("$._embedded.pollList[0].options[0].value")
                                    .value("3年 "))
19      .andExpect(jsonPath("$._links.first.href")
                    .value("http://localhost/v2/polls?page=0&size=2"))
20      .andExpect(jsonPath("$._links.prev.href")
                    .value("http://localhost/v2/polls?page=0&size=2"))
21      .andExpect(jsonPath("$._links.self.href")
                    .value("http://localhost/v2/polls?page=1&size=2"))
22      .andExpect(jsonPath("$._links.last.href")
                    .value("http://localhost/v2/polls?page=1&size=2"))
23      .andExpect(jsonPath("$.page.size").value("2"))
24      .andExpect(jsonPath("$.page.totalElements").value("3"))
25      .andExpect(jsonPath("$.page.totalPages").value("2"))
26      .andExpect(jsonPath("$.page.number").value("1"));
27  }
```

8. should get http 404 when query poll not found

🎯 範例：/ch13-easy-poll/src/test/java/lab/easyPoll/controller/
PollControllerIntegrationTest.java

```
1   @Test
2   @Order(8)
3   public void Should_get_404_When_query_poll_not_found() throws Exception {
4       // When & Then
5       mockMvc
6           .perform( get("/v1/polls/1")
7                           .contentType(MediaType.APPLICATION_JSON)
8                           .accept(MediaType.APPLICATION_JSON))
9           .andExpect(status().isNotFound())
10          .andExpect(jsonPath("$.title").value("Resource Not Found"))
```

```
11    .andExpect(jsonPath("$.detail").value("Poll with id 1 not found"))
12    .andExpect(jsonPath("$.developerMessage")
              .value("lab.easyPoll.exception.ResourceNotFoundException"));
13 }
```

13. should get http 500 when update poll failed

範例：/ch13-easy-poll/src/test/java/lab/easyPoll/controller/
PollControllerIntegrationTest.java

```
1  @Test
2  @Order(13)
3  public void Should_get_500_When_update_poll_failed() throws Exception {
4    // When & Then
5    Poll tobe = Poll.of("", "tobe option");
6    mockMvc
7    .perform( patch("/v1/polls/6")
8                    .content(asJsonString(tobe))
9                    .contentType(MediaType.APPLICATION_JSON)
10                   .accept(MediaType.APPLICATION_JSON))
11   .andExpect(status().is5xxServerError())
12   .andExpect(jsonPath("$.title").value("Request Validation Error"))
13   .andExpect(jsonPath("$.developerMessage")
                    .value("lab.easyPoll.exception.RestControllerException"));
14 }
```

Spring REST API 開發與測試指南｜使用 Swagger、HATEOAS、JUnit、Mockito、PowerMock、Spring Test

作　　者：曾瑞君
企劃編輯：蔡彤孟
文字編輯：江雅鈴
設計裝幀：張寶莉
發 行 人：廖文良

發 行 所：碁峰資訊股份有限公司
地　　址：台北市南港區三重路 66 號 7 樓之 6
電　　話：(02)2788-2408
傳　　真：(02)8192-4433
網　　站：www.gotop.com.tw
書　　號：ACL064400
版　　次：2021 年 12 月初版
建議售價：NT$580

國家圖書館出版品預行編目資料

Spring REST API 開發與測試指南：使用 Swagger、HATEOAS、JUnit、Mockito、PowerMock、Spring Test / 曾瑞君著. -- 初版. -- 臺北市：碁峰資訊, 2021.12
　　面；　公分
　　ISBN 978-626-324-029-2(平裝)
　　1.網頁設計　2.電腦程式設計　2.Java(電腦程式語言)
312.1695　　　　　　　　　　　　　　　　　110019403

讀者服務

● 感謝您購買碁峰圖書，如果您對本書的內容或表達上有不清楚的地方或其他建議，請至碁峰網站：「聯絡我們」\「圖書問題」留下您所購買之書籍及問題。(請註明購買書籍之書號及書名，以及問題頁數，以便能儘快為您處理)
http://www.gotop.com.tw

● 售後服務僅限書籍本身內容，若是軟、硬體問題，請您直接與軟體廠商聯絡。

● 若於購買書籍後發現有破損、缺頁、裝訂錯誤之問題，請直接將書寄回更換，並註明您的姓名、連絡電話及地址，將有專人與您連絡補寄商品。